Wolfgang Nutsch

Handbuch Technisches Zeichnen
und Entwurfszeichnen – Holz

Wolfgang Nutsch

Handbuch
Technisches Zeichnen
und Entwurfszeichnen –
Holz

Deutsche Verlags-Anstalt
Stuttgart

Wolfgang Nutsch, Dipl.-Ing. (FH).
Techniker der Fachrichtung Holz, Tischlermeister.
Wissenschaftlicher Lehrer, seit 1979 Leiter der
Fachschule für Holztechnik in Stuttgart.

CIP-Kurztitelaufnahme der Deutschen Bibliothek

Nutsch, Wolfgang:
Handbuch Technisches Zeichnen und
Entwurfszeichnen – Holz / Wolfgang Nutsch. –
5., völlig neu bearb. Aufl. –
Stuttgart: Deutsche Verlags-Anstalt, 1989.
  ISBN 3-421-02899-0

5., völlig neu bearbeitete Auflage 1989

© 1980 Deutsche Verlags-Anstalt GmbH, Stuttgart
Alle Rechte vorbehalten
Lektorat: Renate Jostmann
Umschlagentwurf: Dieter Frey, Leonberg
Gesamtherstellung: Vaihinger Satz + Druck, Vaihingen/Enz
Printed in Germany

Inhaltsverzeichnis

Einleitung

Technisches Zeichnen ist die lineare Ausdrucksform konstruktiver Gedanken und Ideen. Durch eine technische Zeichnung lassen sich Gedanken bildlich darstellen, sei es zur Unterstützung eigener Vorstellungen oder um sich anderen Menschen verständlich zu machen. Je nach Adressaten kann die technische Zeichnung mehr allgemeinverständlich oder in einer nur vom Techniker lesbaren Zeichensprache angelegt werden. Eine Entwurfszeichnung sollte zum Beispiel so plastisch und anschaulich sein, daß sie vom Kunden, der ja in der Regel ein Laie ist, verstanden wird. Eine Fertigungszeichnung dagegen wird meistens nur vom Praktiker gelesen. Sie ist Bestandteil der Arbeitsanweisung und muß darum vollständig und fehlerfrei sein. Eine genormte Zeichensprache sorgt dafür, daß sich Planer und Ausführende verstehen.

Die Aufgabe dieses Buches ist es, für die genormte Zeichensprache das »Alphabet« und die »Vokabeln« aufzuführen, damit man sich auch in der Holzverarbeitung in einer einheitlichen Zeichensprache unterhalten kann. Grundlage sind hierfür die vielen DIN-Vorschriften, wie die DIN 919 – Technische Zeichnungen für Holzverarbeitung, DIN 406 – Maßeintragungen in Zeichnungen und DIN 1356 – Bauzeichnungen. Zum anderen werden für die Anfertigung von Entwurfszeichnungen zahlreiche gestalterische Kniffe verraten, mit denen sich Entwurfszeichnungen plastischer, effektvoller und somit für den Kunden verständlicher machen lassen. In diesem Kapitel werden für den Entwerfer einige Entwurfsgrundsätze aufgezeigt.

Wer das Buch liest, kann sicher noch nicht perfekt zeichnen oder entwerfen. Technisches Zeichnen ist neben geistig-schöpferischer Tätigkeit auch eine manuell-schematische Arbeit, und diese Fähigkeiten können eben nur durch dauernde Übungen erworben werden. Das Buch bietet dem Lernenden ein umfangreiches anspruchsvolles Rüstzeug und ist in klarer Gliederung und Darstellung leicht verständlich. Dem Fortgeschrittenen ist es ein willkommenes Nachschlagewerk für die Beantwortung strittiger Darstellungs-, Bemaßungs- oder Tolerierungsfragen. Die im Anhang tabellarisch aufgeführten genormten Abkürzungen für Hölzer, Plattenwerkstoffe, Verbindungsmittel, Kunst- und Klebstoffe sowie die gezeichneten geometrischen Grundkonstruktionen, die Grundlagen der Perspektive und Parallelkonstruktionen erhöhen darüber hinaus den Wert des Buches als Arbeitsunterlage für den Konstrukteur und Innenarchitekten.

1 Zeichnungsträger, Zeichenhilfen und -geräte

Für die Qualität einer Zeichnung sind nicht nur die manuellen Fähigkeiten des Zeichners entscheidend, sondern auch die Beschaffenheit der Zeichengeräte, Zeichenhilfen und Zeichnungsträger sowie deren richtige Handhabung.

1.1 Zeichnungsträger

Zeichnungsträger sind meistens Papiere, seltener Folien. Sie können klar (transparent) oder opak (nicht transparent) sein.

1.1.1 Transparente Zeichenpapiere

Transparente Zeichenpapiere, auch Klarpapiere genannt, lassen einen hohen Anteil UV-Licht durch. Zeichnungen auf solchen Papieren können dadurch in Lichtpausmaschinen vervielfältigt werden. Änderungen in Zeichnungen sind durch Auflegen von Klarpapier leichter durchzuzeichnen. Transparente Zeichenpapiere werden aus sehr fein gemahlenen und gebleichten Zellstoffen hergestellt. Zusätze von Blaufarbstoffen vermindern den Gelbstich des Papiers. Ein Nachgilben und Versprören der normalen Klarpapiere ist aber auf die Dauer nicht ganz auszuschalten.

Folgende Eigenschaften werden von einem Klarpapier erwartet:
- Hohe Transparenz, damit die Linien auch in Lichtpausen scharf herauskommen.
- Hohe Einreiß- und Fortreißfestigkeit des Papiers.
- Große Härte, damit das Papier unter dem hohen Druck einer Zeichenmine nicht zerstört wird.
- Gute Linienstabilität und Radierfestigkeit. Durch eine ausreichende Beleimung des Papiers können Linien – selbst mit wäßriger Tusche gezogen – nicht zerfließen. Eine durchgehende Beleimung ermöglicht auch nach dem Radieren einen randscharfen Tuschestrich.

- Optimale Oberflächenbeschaffenheit. Je nach verwendetem Zeichengerät kann die Oberfläche mehr oder weniger rauh sein. Für Bleizeichnungen wird eine rauhe Oberfläche des Papiers gewählt. Hierauf reiben sich auch härtere Graphitminen besser ab und ergeben scharfe lichtpausfähige Linien. Für Tuschezeichnungen sollten glatte Papiere verwendet werden, hierauf werden die Tuschelinien randschärfer und die Zeichengeräte nicht unnötig abgenützt.
- Hohe Fingerdruck-Unempfindlichkeit. Durch Berühren des Papiers mit den Fingern verbleiben auf ihm Fettspuren, die eine Annahme der leichten Zeichentusche verhindern, es gibt Papiere, die die Fingerdruckempfindlichkeit auf ein Minimum reduzieren.
- Hohe Alterungsbeständigkeit. Sie kann besonders bei lang zu erhaltenden Originalen verlangt werden. Normale Klarpapiere gilben nach einigen Jahren nach und verspröden. Diese Gefahr ist besonders bei hoher Wärmeeinwirkung gegeben.

Klarpapiere werden in den Flächengewichten von 40 bis 170 g/m^2 hergestellt. Transparente Zeichenpapiere mit dem Gewicht 40/45 g/m^2 und 50/55 g/m^2 werden als Skizzenpapier verwendet. Für die üblichen Zeichenarbeiten eignen sich am besten Klarpapiere mit den Gewichten 60/65, 70/75, 80/85 und 90/95 g/m^2. Diese gewährleisten noch eine gute Lichtpausqualität. Dickere Papiere sind nicht mehr so hochtransparent, dafür aber stabiler. Sie werden für häufig verwendete Originale und zum Bedrucken benötigt.
Transparentpapiere können beidseitig mit matter oder glatter Oberfläche oder je mit matter und glatter Seite hergestellt werden.

Transparentpapier aus Hadern
Hadern sind die etwa 6 mm langen Samenhaare der Baumwollkapsel, aus denen sich hochtransparente Zeichenpapiere herstellen lassen. Transparentpapiere aus Hadern sind besonders fest und extrem alterungsbeständig. Sie werden eingesetzt, wenn die Originale dokumentarischen Wert besitzen und lange aufbewahrt werden müssen. Sie vertragen auch höhere Temperaturen und eignen sich deshalb für die Xerographie. Alle anderen Eigenschaften in bezug auf die Bezeichenbarkeit entsprechen den normalen Transparentpapieren.
Transparentpapiere aus Hadern gibt es in den Gewichten 60/65, 70/75, 80/85, 90/95 und 100/105 g/m² sowie in den Oberflächen glatt/matt.

Mit Kunststoffolie verstärkte Transparentpapiere
Die Basis der mit Kunststoffolie verstärkten Transparentpapiere bildet eine etwa 25 g/m² schwere klare Polyesterfolie. Sie wird beidseitig mit 45 g/m² schwerem hochtransparentem Zeichenpapier kaschiert. Dieser Zeichnungsträger weist dadurch die Oberfläche des üblichen Transparentpapiers auf und erhält durch die Folie zusätzlich eine hervorragende Einreißfestigkeit und eine ausgezeichnete Planlage.
Mit Kunststoffolie verstärkte Transparentpapiere lassen sich für wertvolle Zeichnungen verwenden, die als Dokumente lange aufbewahrt werden müssen und für den häufigen Gebrauch möglichst unempfindlich sein sollen. Durch die Transparentpapier-Oberfläche sind keine besonderen Zeichengeräte oder Tuschen zum Zeichnen erforderlich.

1.1.2 Zeichenkartons

Zeichenkartons sind nicht transparent und können deshalb nur für nicht pausfähige Zeichnungen verwendet werden. Sie eigenen sich im allgemeinen für besondere Architekturzeichnungen, wie Wettbewerbe, und für Farbstudien. Gute Zeichenkartons sind radierfest,

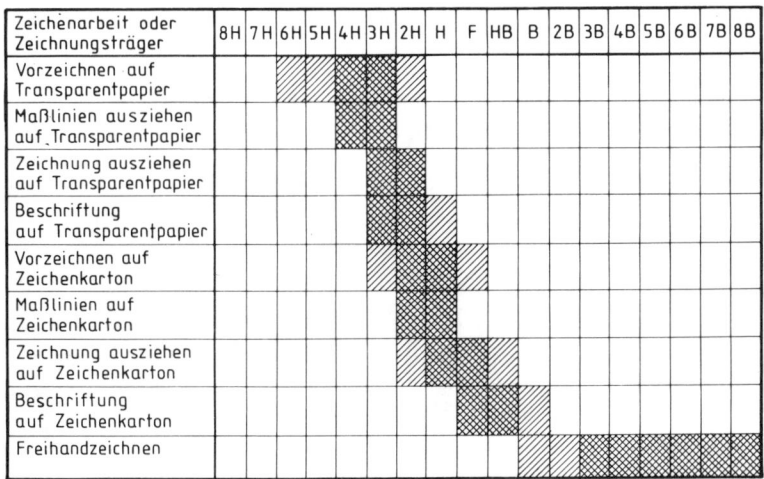

B 1.2-1 Empfohlene Härtegrade bei Zeichenminen in bezug auf die Zeichenaufgabe und den Zeichnungsträger.

besonders zäh und hart sowie zeitbeständig mit hoher Lichtechtheit.

Sie werden in den Gewichten von 150 bis 300 g/m² hergestellt, bis zu einer Dicke von 3 mm sind sie zweifach bis vierfach kaschiert. Die Oberfläche der Zeichenkartons kann glatt oder rauh sein.

1.2 Minenzeichengeräte und -spitzer

Für »Bleizeichnungen« können Holzbleistifte, Minenhalter mit lose einsetzbaren Zeichenminen oder Feinminenstifte benutzt werden.

Die Zeichenminen bestehen aus Graphit und werden in verschiedenen Härtegraden hergestellt. Sie werden beim Zeichnen durch die mehr oder weniger rauhe Oberfläche des Zeichenpapiers abgerieben. Je weicher die Mine und je rauher das Papier, desto stärker ist auch ihr Abrieb. Allerdings nimmt mit erhöhtem Abrieb auch die Qualität des Graphitstriches ab. Er wird bröselig, nicht randscharf und schmiert leicht. Deshalb sind für die jeweiligen Arbeiten, Zeichnungsträger und Druckkräfte der Hand die geeigneten Minen und Härtegrade auszuwählen. Auch die relative Luftfeuchtigkeit im Raum wirkt sich auf die Aggressivität des Papiers aus. Bei feuchter Luft wird auch das Papier feuchter und reibt die Graphitminen weniger ab. Zur Auswahl stehen Zeichenminen von 9 H (härteste Mine) bis zu 8 B (weichste Mine).

Der Durchmesser der Minen beträgt normal 2 mm. Bei einigen Fa-

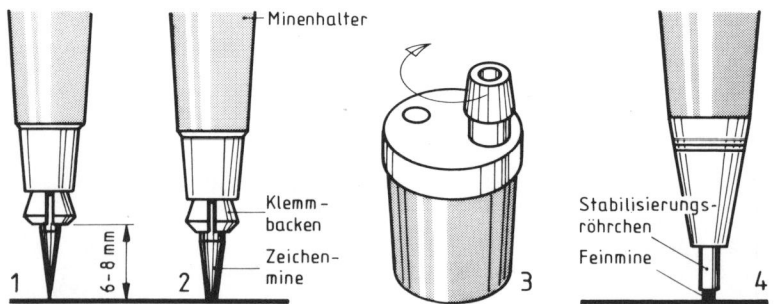

B 1.2-2 Minenzeichengeräte und Spitzer. (1) Minenhalter mit fein ausgespitzter Zeichenmine zum Zeichnen, (2) mit abgestumpfter Zeichenmine zum Beschriften, (3) Spitzdose, (4) Feinminenstift.

brikaten sind die weicheren Zeichenminen dicker (ab 4 B 3,15 mm). Empfohlene Härtegrade bei den Zeichenminen in bezug auf die Zeichenaufgabe und den Zeichnungsträger siehe B 1.2-1.

Als Spitzgeräte für Zeichenminen haben sich die Spitzdosen mit Auffangbehälter für den Graphitstaub bewährt. Die Zeichenminen werden durch Kreisbewegungen des Zeichenstiftes meistens an einem Schleifring angespitzt. Dadurch ist die Minenspitze nadelfein zum Zeichnen oder abgestumpft zum Beschriften auszubilden. Kleinere Minenspitzer weisen in der Regel Messer auf, die nach der Abnutzung ausgewechselt werden können (B 1.2-2).

Feinminenstifte sind den »Druckbleistiften« ähnlich. Sie sind für 0,3, 0,5, 0,7 oder 0,9 mm dicke, nahezu bruchfeste Polymerminen vorgesehen, so daß man mit ihnen die entsprechende Linienbreite zeichnen kann. Ein Anspitzen der Minen entfällt. Die Feinminen werden in einem Stahlröhrchen stabilisiert. Trotzdem muß bei der Verwendung von Feinminenstiften mit geringem Druck gezeichnet werden. Feinminen gibt es in den Härtegraden 5 H bis 2 B.

1.3 Tuschezeichengeräte

Bei den Tuschezeichengeräten werden zwei Systeme unterschieden, das Zeichensystem für die Verwendung schwerer Zeichentuschen, wie Perltusche, und das Zeichensystem für die leichtere Zeichentusche für Röhrchentuschezeichner.

Der Graphos ist für schwere Zeichentuschen geeignet. Er ist ein Halter, auf den ziehfederartige Federn zum Zeichnen verschiedener Linienbreiten, Röhrchenfedern zum Beschriften in Schablonen oder Federn zum Schreiben von Kunstschriften und für Federzeichnungen aufgesteckt werden können. Der Vorteil dieses Systems liegt darin, daß wasserfeste und absolut radierfeste Tuschen verwendet und durch die ziehfederartigen Aufsatzfedern besonders randscharfe Linien gezeichnet werden können. Die Nachteile dieses Systems sind das umständliche Füllen und schwierige Reinigen des Gerätes.

Die Röhrchentuschezeichner sind heute für Tuschezeichnungen am gebräuchlichsten. Sie bestehen aus dem Halterschaft, der Ver-

schlußkappe mit elastischer Dichtung, dem Vorderteil mit Zeichenkegel und dem abnehmbaren Tuschetank (B 1.3-1). Der Tuschetank
kann nachfüllbar sein, oder man verwendet bereits gefüllte Tusche-
patronen. Die Tusche fließt aus dem Tuschetank in das Zeichenröhrchen, welches durch den Regulierdraht bzw. Reinigungsdraht
mit dem aufgesetzten Fallgewicht frei von Tuscheverkrustungen
gehalten wird. Das Zeichenröhrchen ist auf die Liniendicke abge-
dreht. Durch Einführung der Mikronorm m̲ paßt der Schaft des
Röhrchens in die entsprechenden Schriftschablonen. Zeichengerät
sowie Schablonen sind für die entsprechenden Linienbreiten farbig
gekennzeichnet.
Durch ein kontinuierliches Druckausgleich- und Regelsystem kann
trotz Erwärmung des Halters bis zur völligen Leere des Tankes sowie
bei unterschiedlichen Ziehgeschwindigkeiten beim Zeichnen immer

Linien-breite	Kenn-farbe	Linien-breite	Kenn-farbe	Linien-breite	Kenn-farbe
0,13	violett	0,35	gelb	1,0	orange
0,18	rot	0,5	braun	1,4	grün
0,25	weiß	0,7	blau	2,0	grau

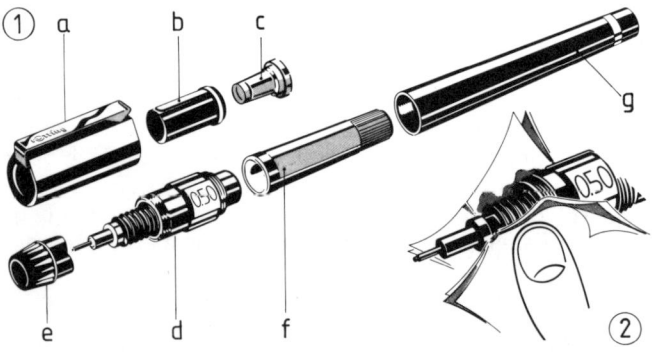

B 1.3.-1 (1) Teile des Röhrchentuschezeichners, (a) Verschlußkappe, (b)
Einsatz in Verschlußkappe, (c) elastische Dichtung, (d) Zeichenkegel, (e) Ab-
deckkappe der Tuschewendel, (f) Tuschetank und (g) Halterschaft. (2) Reini-
gung der Tuschewendel.

die richtige Menge Tusche zur Zeichenspitze gefördert werden. Von einem guten Röhrchentuschezeichner wird erwartet:

- zuverlässige Anschreibbereitschaft,
- Sicherheit gegen Eintrocknen,
- einfache und zeitsparende Wartungsmöglichkeit,
- gleichmäßige Strichqualität auch bei unterschiedlicher Ziehgeschwindigkeit,
- randscharfe und gleichmäßig scharfe Linien,
- keine Klecksen,
- gute Abriebfestigkeit des Zeichenröhrchens.

Für das Zeichnen auf Kunststoffolien und für die Verwendung in numerisch gesteuerten Zeichenmaschinen sind besondere Röhrchentuschezeichner entwickelt worden. Sie weisen Zeichenspitzen aus Hartmetall auf und zeichnen sich durch eine gute Anschreibbereitschaft aus.

1.4 Faserschreiber

Faserschreiber oder Tintenzeichner sind universell einsatzfähige Zeichen- und Schreibgeräte, die häufig mit einer nachstellbaren Zeichenspitze, einem Tintenflußreguliersystem und mit einem nachfüllbaren Tampon-Tintentank ausgestattet sind. Es gibt sie in den Linienbreiten 0,3; 0,4; 0,5; 0,6 und 0,7 mm. Die Faserspitze wird in einem Stahlröhrchen geführt, so daß diese beim linearen Zeichnen nicht zerstört werden kann. Die Linien sind gut deckend, wasserfest, verlaufen nicht und bleichen nicht aus. Die Geräte erlauben ein flottes Zeichnen und sind deshalb besonders für Skizzen, Entwurfsdarstellungen oder für freihändige Beschriftungen geeignet.

1.5 Zeichentusche

Die Qualität der Tuschelinien hängt im hohen Maße von der Beschaffenheit der Zeichentusche ab, sie muß gute Fließeigenschaften im Röhrchentuschefüller aufweisen und darf im Zeichengerät nicht verkrusten. Sie soll schnell und wischfest auf dem Zeichnungsträger antrocknen und radierfest sein. Die Tusche muß auf der Zeichnung einen hohen Schwarzweißkontrast bringen und darf für die Erlangung guter Lichtpausen besonders das ultraviolette Licht nicht durchlassen.

Zum Zeichnen auf Plottern ist eine spezielle Plotter-Zeichentusche zu verwenden, die eine höhere Zeichengeschwindigkeit zuläßt. Zeichentuschen gibt es außer in Schwarz noch in weiteren sechs intensiven, lichtpausfähigen Farben.

1.6 Radiermittel

Zwischen Radiermitteln für Bleizeichnungen und Tuschezeichnungen ist zu unterscheiden.

Von den *Bleiradierern* wird ein gründliches Ausradieren der Bleilinien ohne zu schmieren verlangt. Sogenannte tuschefreundliche Bleiradierer weisen keine Schleifmittelzusätze auf und sind geeignet, Bleistift-Hilfslinien auf Tuschezeichnungen gründlich zu entfernen, ohne daß die Tuschelinien an Kontrastwirkung verlieren.

Bei *Tuscheradierern* sind im Plastikmaterial kleine Mikrokapseln mit Tuschelösungsmitteln eingeschlossen, die beim Radieren die Tuschelinien entfernen, ohne die Oberfläche des Zeichnungsträgers anzugreifen oder zu verschmieren. Auf die korrigierte Fläche kann ohne Vorbehandlung sofort wieder mit Tusche gezeichnet werden. Glasradierer und Rasierklingen sind ebenfalls für die Entfernung von Tuschelinien aus der Transparentzeichnung geeignet. Sie greifen aber die Oberfläche des Zeichnungsträgers an, so daß die korrigierten Stellen durch einen Radiergummi mit feinen Schleifmitteln, einem harten Tintengummi, geglättet werden müssen, bevor man wieder mit Tusche darüber hinwegzeichnet.

1.7 Zirkel

Früher benötigte man einen Kasten mit verschiedenen Zirkeln, wie Stechzirkel, Fallnullenzirkel und Einsatzzirkel. Heute kommt man in der Regel mit einem großen robusten Teilzirkel aus, der schnell und stufenlos für Radien von ca. 0,35 bis 170 mm eingestellt werden kann. Der Zirkel muß eine gute Feineinstellung der Radien ermöglichen. Die Schenkel des Zirkels dürfen sich beim Zeichnen nicht von allein spreizen und müssen besonders für den Einsatz von Tuschegeräten abknickbar sein, damit die Tuschezeichner nahezu rechtwinklig auf dem Zeichnungsträger stehen können.

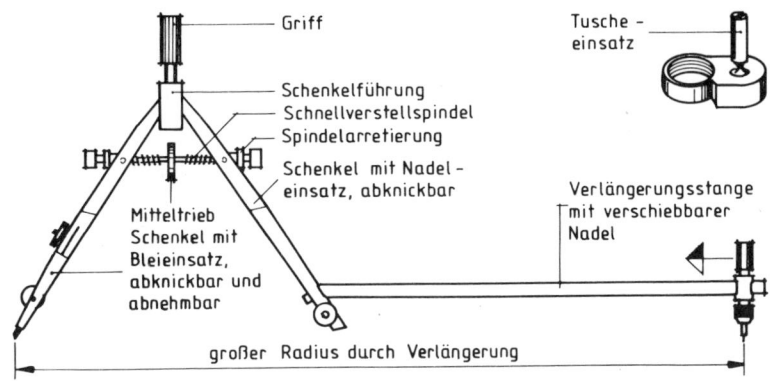

B 1.7-1 Teilzirkel mit Verlängerung.

Diese Zirkel sollten durch eine Verlängerungsstange für größere Kreisdurchmesser bis 600 mm und durch ein Ansatzstück für Tuschezeichner ergänzt werden (B 1.7-1).

1.8 Maßstäbe

Maßstäbe dienen zum Messen. Sie sollen eine deutlich lesbare Präzisionsteilung aufweisen und gut greifbar sein. Bei maßstäblich verkleinerten Zeichnungen erleichtern *Reduktionsmaßstäbe* das Umrechnen der Maße. Für Zeichnungen in der Holzverarbeitung haben sich die Dreikantmaßstäbe mit der Reduktions-Teilung »F« 1:2,5; 1:5; 1:20; 1:25; 1:50; 1:100 bewährt.

1.9 Zeichenschablonen

Mit Zeichenschablonen lassen sich häufig wiederkehrende oder schwierig zu zeichnende geometrische Formen schnell und sicher zeichnen. Sie sind jeweils auf die Spitzen der Zeichengeräte, wie Tuscheröhrchen, Kugelschreiber oder Bleistiftminen, abgestimmt. Um ein Verschmieren beim Zeichnen mit Schablonen zu vermeiden, sollte die Schablone vom Zeichnungsträger einen geringen Abstand aufweisen oder an den Kanten abgefast sein (B 1.9-1).
Nach den Aufgabenbereichen sind allgemeine und spezielle Zei-

chenschablonen zu unterscheiden. *Allgemeine Zeichenschablonen* sind z.B.: Kreisschablonen, Kurvenlineale, Burmester-Kurven, Ellipsenschablonen, Quadratschablonen, Dreieckschablonen, Sechseckschablonen, Dimetrie-Schablonen. Die *speziellen Zeichenschablonen* werden von verschiedenen Berufsgruppen benötigt und erleichtern hier z.B. das Zeichnen von Symbolen aus der Elektrotechnik, der Haustechnik, der Chemie, der Datenverarbeitung, der Pneumatik und des Maschinenbaus.

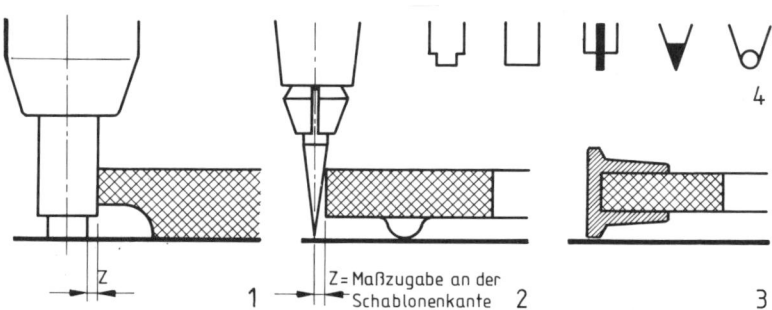

B 1.9-1 Zeichenschablonen; (1) mit abgefaster Kante, (2) mit Abstandsnocken, (3) mit aufsteckbaren Kantenprofilen, (4) Symbole für die zu verwendenden Zeichengeräte, von links: für Röhrchentuschezeichner mit abgefastem Zeichenröhrchen, mit zylindrischen Zeichenröhrchen, für Feinminenstifte, für Bleistifte, für Kugelschreiber.

1.10 Schriftschablonen

Zur Beschriftung von Zeichnungen können besondere Schriftschablonen benutzt werden. Sie weisen die Kennzeichnung oder das Farbsymbol des zur Schablone passenden Zeichengerätes auf. Buchstaben und Ziffern sind so in die Schablonen gefräst, daß sich deren Mindestabstände ablesen lassen. Weitere Markierungen geben den normgerechten Zeilenabstand an (B 1.10-2). Schriftschablonen gibt es z.B. für folgende Schriften: gerade und schräge ISO- und DIN-Normschrift, verschiedene Architekten-, Fraktur-, Antiqua- und Poseidonschriften sowie für arabische, griechische oder russische Schriftzeichen (B 1.10-1).

Micronorm, schräge Mittelschrift, DIN 16

Micronorm, gerade Mittelschrift, DIN 17

Isonorm Typ B, schräg, ISO 3098

Isonorm Typ B, gerade, ISO 3098

B 1.10-1 Schablonenschriften für technische Zeichnungen.

Buchstabenabstand   Zeilenabstand   Zeichen für
                                                                      Micronorm

B 1.10-2 Ermitteln des Buchstaben- und Zeilenabstandes beim Beschriften
mit Schablonen.

1.11 Beschriftungsgeräte

Beschriftungsgeräte, die sogenannten NC-scriber, können in der
Linealhalterung der Zeichenmaschine befestigt und so für die
Beschriftung in Position gebracht werden. Sie weisen ein getrenn-
tes Zahlen- und Buchstabenfeld sowie etliche Funktionstasten auf.
Zur Beschriftung wird ein Röhrchentuschezeichner oder Faser-
schreiber der gewünschten Linienbreite in den Schreibarm des
Gerätes gesetzt. Eine Skala gibt die Position der Zeichenspitze an.
Kurze Texte lassen sich speichern. Der zu schreibende alphanume-
rische Text wird in einem Display angezeigt. Die Schrifthöhe, der
Schriftzeichenabstand und die Schriftneigung können verändert
werden. Man kann mit dem Beschriftungsgerät nicht nur beschrif-
ten, sondern auch bemaßen, Toleranzen angeben, Pfeile, Kreise
und technische Symbole zeichnen.
Die Scriber sind mit einem etwa aktentaschengroßen Steuergerät
verbunden. In dieses Gerät können wahlweise verschiedene Spei-
cherkassetten eingesetzt werden, durch welche die Schriftart, die
Symbole usw. vorprogrammiert sind.
NC-plotscriber sind plotterartige Beschriftungsgeräte, die ein
Aktionsfeld in der Größe von etwa DIN A3 aufweisen und auf

größere Zeichnungen aufgesetzt werden können. Sie bieten durch die weiteren Funktionen wesentlich mehr Möglichkeiten als die kleineren Beschriftungsgeräte. Außerdem kann der Plotscriber über eine eingebaute Schnittstelle mit einem Personal-Computer verbunden und so als Präzisions-Plotter verwendet werden.

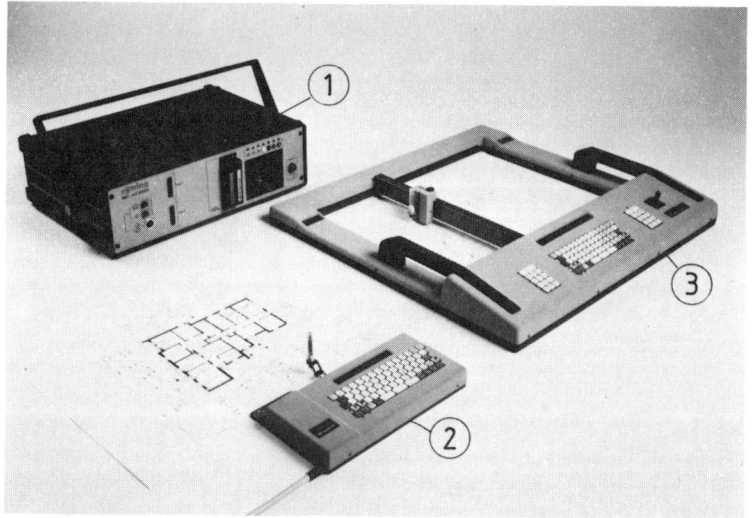

B 1.11-1 Beschriftungsgeräte. 1 Steuergerät; 2 NC-scriber, kann an den Kopf der Zeichenmaschine montiert werden; 3. NC-plotscriber.

1.12 Reißschiene und Zeichendreieck

Die Reißschiene bzw. das Parallellineal dient zum Zeichnen waagerechter paralleler Linien. Für das Zeichnen der hierzu senkrecht oder geneigt verlaufenden Linien werden Zeichendreiecke benutzt. Da die häufigsten Winkel in Zeichnungen 30°, 45°, 60° und 90° zur Waagerechten betragen, weisen die Zeichendreiecke die Winkel 30°- 60°- 90° oder 45°- 90°- 45° auf. Die aufliegenden Kanten der Zeichendreiecke und Parallellineale sollten beim Einsatz von Tuschezeichengeräten abgefälzt sein, damit die Tusche nicht unter die Lineale läuft.

1.13 Zeichenunterlage und Zeichenbrettauflage

Feste Zeichenunterlagen können Zeichenbretter oder Zeichenplatten in der Größe und dem Format der Zeichnung sein. Bei der Verwendung von Parallellinealen muß für diese an den Kanten der Zeichenunterlage eine einwandfreie exakte Führung möglich sein. Entscheidend für die Qualität einer Zeichnung kann auch die Zeichenbrettauflage sein. Bei Zeichnungen auf Transparentpapier sind helle Zeichenbrettauflagen besonders zu empfehlen. Diese sollten für Bleistiftzeichnungen elastisch sein, wie PVC-Auflagen und Zeichenbrettauflagen aus Karton mit Alu-Einlage. Harte Zeichenbrettauflagen, wie Melaminharzplatten und harte PVC-Folien, verhindern das Eingraben der Bleistiftlinien im Zeichnungsträger, so daß der abgeriebene Graphit auf der Fläche liegt und somit die Zeichnung leicht verschmiert (B 1.13-1).

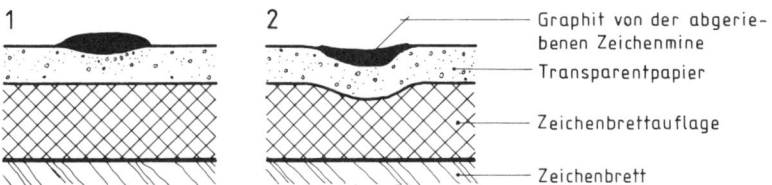

B 1.13-1 Querschnitt durch eine Graphit-Linie bei (1) harter und (2) weicher Zeichenbrettauflage.

1.14 Zeichenmaschinen

Zeichenmaschinen erleichtern das Zeichnen und ermöglichen das Arbeiten an geneigten Zeichenbrettern. Zu unterscheiden ist zwischen Parallelogramm- und Laufwagenmaschinen.
Bei *Parallelogramm-Zeichenmaschinen* wird der Zeichenkopf durch ein Parallelogrammgestänge geführt. Ein Gegengewicht sorgt bei geneigten Brettern für eine Stabilisierung des Zeichenkopfes. Parallelogramm-Zeichenmaschinen sind in jeder Bewegungsrichtung leicht gängig, erzeugen geringe Bewegungsgeräusche und sind wartungsfreundlich. Nachteilig sind der seitliche Überstand des Parallelogrammgestänges, der obere Überstand des Gewichtes und des Befestigungsarmes der Maschine am Zeichenbrett sowie die fehlende Arretierungsmöglichkeit des Zeichenkopfes.

Bei *Laufwagen-Maschinen* kann die Bewegung des Zeichenkopfes durch zwei genau rechtwinklig zueinanderstehende Führungs-schienen erfolgen. Die senkrechte Führungsschiene wird mittels Laufwagen T-förmig in der waagerechten Führungsschiene, die an der oberen Brettkante befestigt ist, geführt. Der Zeichenkopf sitzt am senkrecht geführten Laufwagen. Laufwagen-Zeichenmaschinen benötigen ein größeres Zeichenbrett als das Zeichnungsformat, weil die linke Fläche der Zeichenunterlage, der sogenannte Überlauf, nicht mehr genutzt werden kann. Der Zeichenkopf läßt sich in der vertikalen oder in der horizontalen Bewegungsrichtung arretieren. Dadurch ist das Beschriften mit Schablonen sicherer und das Zeichnen langer Linien gut möglich.

Bestechend ist die geschlossene Form der Laufwagen-Zeichenma-schinen. Als Nachteil können die höheren Laufgeräusche betrachtet werden. Außerdem ist der Kraftaufwand zur Bewegung des Zei-chenkopfes größer als bei der Parallelogramm-Zeichenmaschine.

Die Anschaffung einer Laufwagenmaschine ist immer dann richtig, wenn beim Arbeiten ein Arretieren der Laufwagen gewünscht wird, große Zeichnungen gefertigt werden müssen und bei Zeichen-tischen die Platte für Schreibarbeiten von Fall zu Fall flachgestellt werden muß.

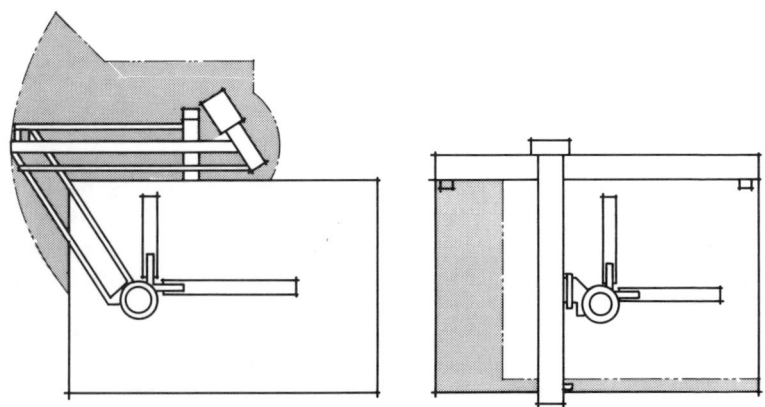

B 1.14-1 Platzbedarf einer modernen Parallelogramm-Zeichenmaschine (links). Nicht nutzbare Zeichenfläche bei Laufwagen-Zeichenmaschinen (rechts).

Der Zeichenkopf ist das eigentliche Instrument der Zeichenanlage. An ihm lassen sich die Zeichenlineale auswechselbar befestigen. Durch Hebel, Tasten oder Knöpfe lassen sich am Zeichenkopf Winkelstellungen vornehmen, die häufigsten Winkel als Rastpositionen festhalten – meist alle 15° – und die Winkelstellung arretieren. Der jeweils eingestellte Winkel läßt sich über die Winkelanzeige am gegenüberliegenden Nonius exakt ablesen. Besondere Zeichenköpfe können zusätzlich noch mit Basisverstellung und mit Winkelanschlag ausgerüstet sein. Die *Basisverstellung* ermöglicht die Einstellung der Nullpunktlage der Winkelanzeige auf die für eine Zeichnung im bestimmten Winkel geneigte Grundebene. Alle anderen Winkel können nun zu dieser veränderten Grundebene direkt abgelesen werden, ohne die Neigung der neuen Basis addieren oder subtrahieren zu müssen. *Winkelanschläge* ermöglichen die Arretierung weiterer wichtiger Winkel, die beim Zeichnen häufig vorkommen können, z. B. die Winkel 7° und 42° bei einer dimetrischen Projektion. An dieser Stelle sei darauf hingewiesen, daß es auch Zeichenköpfe und Zeichenmaschinen für Linkshänder gibt.

Laufwagen-Zeichenmaschinen mit mikroprozessorgesteuertem Digitalisierer weisen am Zeichenkopf eine Digitalisierungslupe und am vertikalen Laufwagen ein Tastenfeld mit Zahlen und Funktionen auf. Diese Laufwagenmaschinen sind in der Regel an einen Rechner angeschlossen. Mit dem Fadenkreuz der Lupe werden die einzelnen Punkte der Zeichnung angesteuert und mit dem Tastenfeld die Befehle an den Rechner zum Digitalisieren erteilt. Je nach System können hiermit auch Flächen- und Volumenberechnungen sowie Maßstabsveränderungen durchgeführt werden. Außerdem kann das System angewiesen werden, Flächen zu spiegeln, zu drehen, zu bemaßen oder zu beschriften. Zeichenmaschinen dieser Art werden beim rechnerunterstützten Zeichnen, dem CAD-System (**C**omputer **A**ided **D**esign), als Eingabe- und auch Dialoggerät eingesetzt (B 1.14-2).

1.15 Computerunterstütztes Zeichnen

In Konstruktionsbüros größerer Betriebe sowie in den Architektur-
büros hält das computerunterstützte Zeichnen mehr und mehr Ein-
zug. Es wird als CAD (**C**omputer **A**ided **D**esign) bezeichnet. Hierun-
ter versteht man das Konstruieren von Werkstücken, das Entwerfen
von Grundrissen und Ansichten sowie das Entwickeln von Bewehr-
ungsplänen mittels Computer über einen Bildschirm.
Manchmal findet man die Abkürzung CAM (**C**omputer **A**ided **M**anu-
facturing). Diese bedeutet die automatische Fertigung durch den
Einsatz von NC-Maschinen (**N**umerisch **C**odiert) sowie die entsprechend erforderliche Organisation mittels elektronischer Datenverarbeitung. Die Kombination der beiden Abkürzungen CAD/CAM weist
darauf hin, daß man von der Zeichnung auf dem Bildschirm direkt in
die Fertigung eingreifen kann.

Unabhängig von der Zeichenaufgabe werden für computerunter-
stütztes Zeichnen folgende Geräte, die sogenannte Hardware, be-
nötigt:
- Rechner (Computer), für kleinere Aufgaben ein PC (Personal-
  Computer) mit Festplatte,
- Graphik-Bildschirm mit hoher Auflösung durch zahlreiche Bild-
  punkte,
- Eingabegeräte oder Dialoggeräte wie Tastatur und Funktionsta-
  stenfeld, Digitalisierungsstift und Menübrett, Zeichenmaschine
  mit Digitalisiereinrichtung,
- Positionierungshilfen wie die Maus oder die Fadenkreuz-Lupe,
- Plotter wie Tischplotter oder Flachbrettplotter und Trommel-
  plotter
- Drucker.

Außerdem wird das für die Zeichenaufgabe angepaßte Programm
(Software) benötigt. Ohne Programm ist die Hardware nicht arbeits-
fähig. Das Programm verlangt in den meisten Fällen eine ganz
bestimmte Gerätekonfiguration und Leistungsfähigkeit. Grundsätz-
lich ist zwischen 2D- und 3D-Systemen zu unterscheiden. Außerdem wird den Anwendergruppen entsprechende Software angebo-
ten, wie zum Beispiel für den Maschinenbau, die Architektur, Statik,
Fördertechnik und verschiedene Installationen. Spezielle Pro-
gramme für die Holzverarbeitung sind bisher selten.

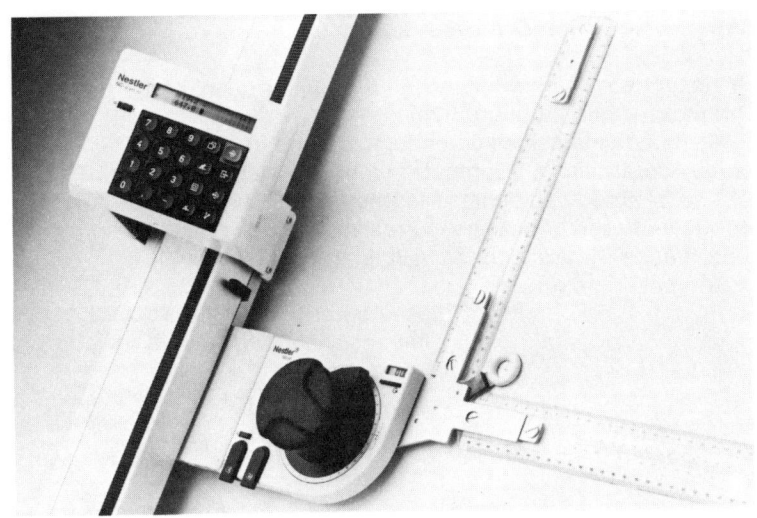

B 1.14-2 Zeichenmaschine mit mirkoprozessorgesteuertem Digitalisierer (Firma Nestler).

B 1.15-1 CAD-Arbeitsplatz (Rotring Euro-CAD).

29

1.16 Besondere Zeichenhilfen

Als besondere Zeichenhilfen sind die Rasterfolien, Klebefolien und Anreibeschriften zu betrachten.

Rasterfolien sind selbstklebende, klare und dadurch gut lichtpausfähige Acetatfolien mit schwarzen randscharfen Aufdrucken. Es gibt weit mehr als 300 verschiedene Rasterstrukturen, wie Punkt-, Linien-, Netz-, Verlauf- und Strukturraster, sowie architektur- und branchenübliche Symbole, die auf alle glatten Zeichnungsträger aufge-

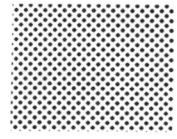

Punktraster, mechanisch in verschiedener Dichte von 10% bis 80%   Punktraster, nicht mechanisch   Verlaufsraster

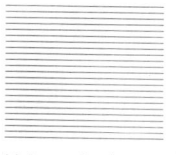

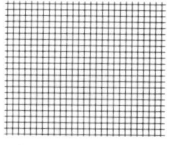

Linienraster in verschiedener Dichte und Linienbreite   Netzraster, rechtwinklig, positiv und negativ

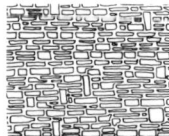

Strichraster   Strukturraster, Naturstein- und Ziegelmauerwerk

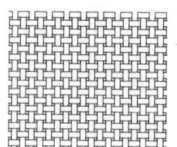
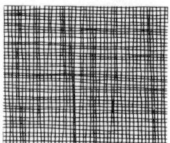

Strukturraster, Geflechte oder Stoffmuster

B 1.16-1 Rasterfolien.

klebt werden können. Die Rasterfolien können nach dem Aufkleben noch mit dem Messer genau zugeschnitten werden und die Überreste vom Zeichnungsträger wieder entfernt werden, da nach dem Abziehen kein Klebstoffrückstand auf der Zeichnung verbleibt. Rasterfolien werden besonders in Formgebungs- und Wettbewerbszeichnungen sowie für druckfähige Unterlagen zur Rasterung

DOKUMENTATION	BAND		AUFTRAG-NR.	
lage 23.3013.01				
nport UdSSR	W	SACHSCHLÜSSEL-NR.	POS.-NR.	BG-NR.
6-04/63 055-117				
ER-SCHILDE-HAAS AG	W	GERÄT-NR.	IDENT.-NR.	
430 BAD HERSFELD				

B 1.16-2 Klebefilme.

der Fläche und zur Erzielung interessanter Effekte eingesetzt oder wenn schwierige Symbole und sehr zeitaufwendige Zeichenarbeiten wiederholt durchzuführen sind (B 1.16-1).

Klebefilme beinhalten meistens Details, die sich bei der Anfertigung von Zeichnungen oft wiederholen und sich schwierig darstellen lassen, häufig sind es aber auch Symbole, Firmenzeichen und Namen oder auch Schriftkästen. Sie sind auf glasklare Folien reproduziert und können nach Entfernen eines Schutzpapiers in die Zeichnung eingeklebt werden (B 1.16-2).

Mit *Anreibeschriften* kann man Schriften in verschiedenen Größen und Ausführungen so herstellen, daß sie wie gedruckt wirken (B 1.16-3). Die Anreibebuchstaben sind unter einer Trägerfolie aufgebracht und müssen durch Reiben mit dem Anreibelöffel oder

B 1.16-3 Anreibeschrift. Die rechten Spationierungsstriche sind jeweils mit anzureiben. Sie markieren den richtigen Abstand der Buchstaben.

B 1.16-4 Anreibekugel und Anreibelöffel.

B 1.16-5 Anreibezeichen, -figuren und -strukturen.

der Anreibekugel von der Trägerfolie auf den Zeichnungsträger
übertragen werden (B 1.16-4).

Neben Anreibeschriften gibt es *Anreibezeichen, -strukturen* und
-figuren, die wie die Anreibeschriften auf den Zeichnungsträger
aufzureiben sind. Auch Firmennamen und -zeichen sowie firmenei-
gene Symbole lassen sich in dieser Art herstellen. Dadurch wird die
Zeichenarbeit ebenfalls erleichtert (B 1.16-5).

Marker (Magic-Marker, Art-Marker o. ä.) sind besondere Faserstifte,
die es in zahlreichen Farben gibt. Die Farben sind wasserfest
übereinanderstreichbar und mischbar. Mit ihnen lassen sich Zeichnungen auf Karton und Transparent farbig anlegen.

2 Arbeitsplatz, Arbeitsmittel, Arbeitsplatzumgebung

Die Aufgabe eines technischen Zeichners bzw. Konstrukteurs gliedert sich in eine geistig-schöpferische und manuell-schematische Tätigkeit. Die Arbeitsmittel im Arbeitsablauf und der Arbeitsplatz einschließlich der Arbeitsplatzumgebung müssen so konzipiert sein, daß sie den Menschen in diesem Arbeitssystem in seiner geistig-schöpferischen Tätigkeit nicht stören und daß die Abläufe der manuell-schematischen Tätigkeit des Konstrukteurs den ergonomischen Gesetzen entsprechen.

2.1 Arbeitsmittel

Die Arbeitsmittel sind die Elemente des Arbeitsplatzes. Zu den Arbeitsmitteln gehören die Zeichenanlage, der Schreibtisch oder der Ablagetisch und das Sitzmöbel sowie alle Zeichengeräte.

Die *Zeichenanlage* besteht aus dem Zeichentisch mit der Zeichenmaschine. Zeichentische sollen es ermöglichen, daß jeder Punkt der Zeichenfläche bei günstiger Körperhaltung in Sehdistanz zu bringen ist. Das ist durch Höhenverstellung und Schrägstellung des Zeichenbrettes zu erreichen. Hierbei müssen die Bedienungselemente günstig zu erreichen und mit geringem Kraftaufwand zu betätigen sein sowie sinngerechte Handhabung und kurze Bewegungen bei der Betätigung zulassen. Je nach System sind Säulenzeichentische, Parallelogramm-Zeichentische, Wandzeichentische und Kombinationszeichentische zu unterscheiden.

Bei *Säulenzeichentischen* wird der Hub der Zeichenfläche durch Gasfedern oder Hydrauliksysteme erreicht. Eine schwere Grundplatte sorgt für einen sicheren Stand.

Parallelogramm-Zeichentische weisen einen einfachen Verstellmechanismus auf, der durch einen Gewichtsausgleich mittels Gegengewicht oder Federn erfolgen kann.

Wandzeichentische werden dann vorgesehen, wenn die Zeichenmaschinen nicht ständig benutzt werden. Sie lassen sich platzsparend an die Wand klappen und stehen in dieser Ruhestellung nur ca. 10 cm vor der Wand vor.

Kombinationszeichentische ermöglichen eine Nutzung als Zeichentisch oder als Schreibtisch. Sie sind für reine Zeichenanlagen nicht zu empfehlen, sondern werden dann angeschafft, wenn gelegentlich Zeichenarbeiten an diesem Arbeitsplatz vorkommen.

Die *Schreibtische* im Zeichenbüro unterscheiden sich wesentlich von den Schreibtischen in der Verwaltung. Im Konstruktionsbüro wird das Arbeitsplatzelement Schreibtisch etwa nur zu einem Drittel für Schreibarbeiten benutzt. Darüber hinaus hat der Schreibtisch eine ständige Ablagefunktion zu erfüllen. Die Schreibtische weisen eine Arbeitsebene und ein bis zwei Ablageebenen auf. Die eigentliche Arbeitsebene ist die Schreibtischplatte, die zum Schreiben, Skizzieren, Entwerfen, Rechnen und Diktieren dient.

Die erste Ablageebene liegt unter der Schreibplatte. Hier können Zeichnungen, die ständig im Gebrauch sind, bis zu einer Größe von DIN A 0 abgelegt werden. Die zweite Ablageebene sind die Schubkästen, Fächer oder Auszüge, die Zeichenutensilien, Stempel, Papier, Diktiergerät, Fachliteratur, Handakten, Karteien und Ordner aufnehmen können.

Aktentische erweitern die Funktionsebenen der Schreibtische, d. h. sie erweitern sowohl die Arbeitsebene als auch die Ablageebene.

Das *Sitzmöbel* als Element des Konstruktionsarbeitsplatzes muß Haltungsfehler und gesundheitliche Beeinträchtigungen durch falsche Sitzpositionen vermeiden. Geeignet sind Drehrohrstühle mit hohen Rückenlehnen, deren Sitzfläche und Rückenlehne schwenkbar und in gewünschten Neigungen schnell und einfach zu fixieren sind oder auf die Bewegungen des sitzenden Menschen automatisch reagieren. Wird vorwiegend im Stehen gezeichnet, können pendelnde Stehsitze benutzt werden.

Zum Ausgleich und zur besseren Durchblutung der Muskulatur sowie zur Anregung des Kreislaufs ist ein zeitweiliges Stehen an der Zeichenanlage ohne weiteres zu empfehlen.

2.2 Arbeitsplatz

Bei der Gestaltung des Arbeitsplatzes geht es um den zweckmäßigen Aufbau des räumlichen Bereichs des Konstrukteurs mit den genannten Arbeitsmitteln. Die freie Bewegungsfläche zwischen den Arbeitsplatzelementen darf nicht schmaler als ein Meter sein. Die

Arbeitsplatzgestaltung muß unter Berücksichtigung der Körpermaße des Konstrukteurs sowie dessen Körperhaltung, Körperkräfte und Körperbewegungen erfolgen. Größe und Format der Zeichnungsträger, der Wechsel zwischen Stehen und Sitzen bei der Tätigkeit, der Arbeitsablauf bei der Konstruktionsarbeit, wie Skizzieren, Entwerfen, Rechnen, Zeichnen, Diktieren, Besprechen, sind die Kriterien für die Arbeitsplatzgestaltung. Außerdem dürfen bei den mechanischen Zeichenanlagen die sicherheitstechnischen Forderungen an den Arbeitsplatz nicht ignoriert werden (B 2.2-1).

Die Einzelarbeitsplätze können miteinander zu einer Gesamtanlage kombiniert werden. Je nach Aufgabe des Konstrukteurs bzw. des Zeichenteams sowie der Kommunikationshäufigkeit und der Kommunikationswege im Büro sind verschiedene Arbeitsplatztypen geeignet; zu unterscheiden sind im allgemeinen die H-, L- und die U-Anordnung (B 2.2-2).

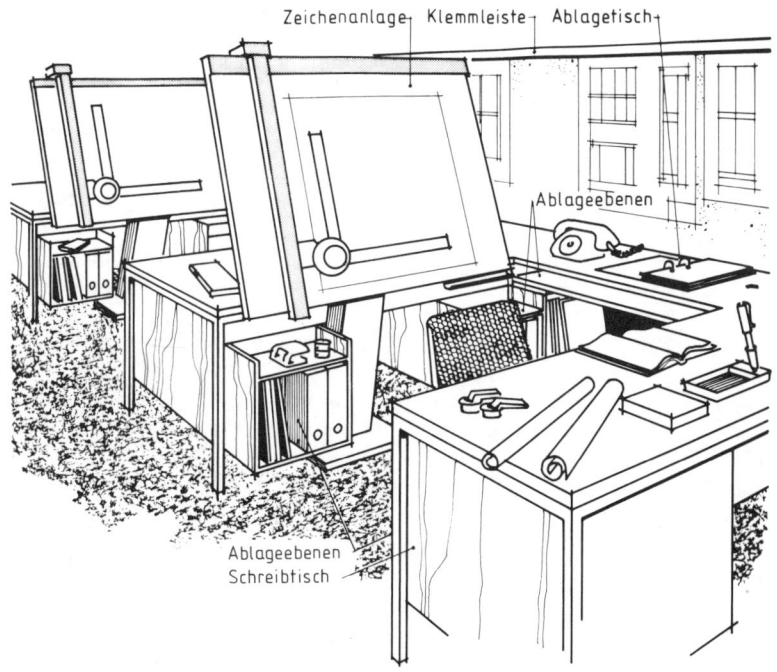

B 2.2-1 Arbeitsplatz des Konstrukteurs.

Die H-Anordnung der Arbeitstische ist eine einfache Reihenaufstellung der Zeichentische und Schreibtische. Der Konstrukteur muß sich um 180° drehen, um an seinen Schreibtisch zu gelangen. Er hat die Möglichkeit, bei geeigneten Schreibtischen die Ordner und Arbeitsliteratur in der Rückseite des Schreibtisches des Vordermanns abzulegen.

In der L-Anordnung stehen Zeichenanlage und Schreibtisch im rechten Winkel zueinander. Durch bloße Kopfdrehung kann vom Schreibplatz zum Zeichenbrett oder umgekehrt geblickt werden.

Die U-Anordnung ist die Zusammenfassung der H- und L-Anordnung. Die U-Anordnung bringt große Ablageflächen und vereinigt die Vorteile von L- und H-Anordnung.

Für den Gruppenleiter des Zeichenteams wäre ein U-förmig angeordneter Arbeitsplatz mit zusätzlichen Sitzmöbeln für Besprechungen sinnvoll. Für die Detailbearbeitungen kann eine H-förmige Anordnung genügen. Neben den Arbeitsplätzen ist die *Zeichnungsablage* und die Sammlung von *Schriftgut* zu überlegen. In den meisten Fällen wird eine Gruppenablage für das gesamte Team statt Einzelablagen im Arbeitsplatzbereich zweckmäßig sein.

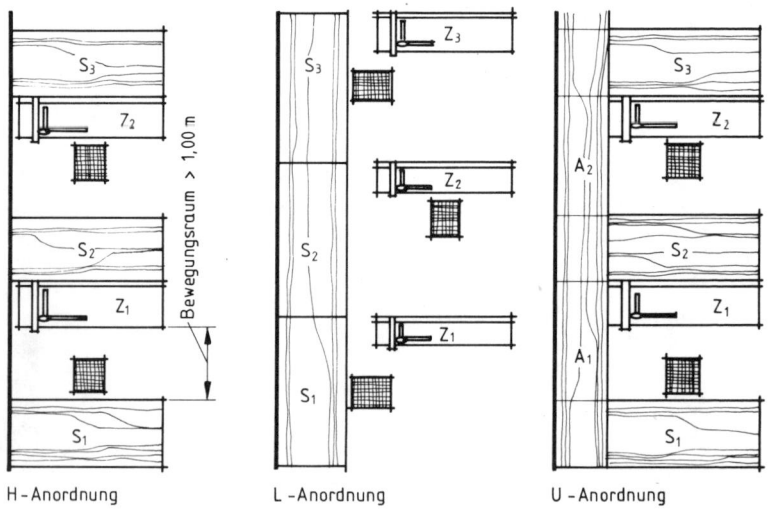

H-Anordnung   L-Anordnung   U-Anordnung

B 2.2-2 Anordnungsmöglichkeiten der Arbeitsplätze.

2.3 Arbeitsplatzumgebung

Die Arbeitsplatzumgebung beeinflußt die Leistungsbereitschaft des Menschen wesentlich. Zur Arbeitsplatzumgebung gehören Beleuchtung, Akustik, Klima und Farbe.
Für die besonders anstrengenden Sehaufgaben im Konstruktionsbüro sollte die Beleuchtungsstärke im Raum 1000 bis 1500 lx betragen. Eine tageslichtähnliche, weiße und blendfreie Allgemeinbeleuchtung ist einer Arbeitsplatzbeleuchtung vorzuziehen. Richtige und ausreichende Beleuchtung steigert die Güte der Arbeitsleistung, verringert die Ermüdung und erhöht die Konzentrationsfähigkeit.
Darüber hinaus kann Lärm die Konzentrationsfähigkeit beim Konstruieren beeinträchtigen. Durch schallschluckende und schalldämmende Maßnahmen sind Arbeits- und Besprechungsgeräusche im Innenraum sowie Außengeräusche zu reduzieren. Im Konstruktionsbüro sollten sich die Lärmstärken noch unter 40 dB (A) bewegen.
Das richtige Raumklima muß im Behaglichkeitsbereich des Menschen liegen, d. h. bei der leichten körperlichen Zeichenarbeit wären eine Lufttemperatur von 20 bis 21°C und eine Luftfeuchte von 50% richtig. Die Luftbewegung sollte 0,1 m/sec und die Strahlungstemperatur der Umgebung 2°C nicht überschreiten. Im Sommer kann die Temperatur um 2°C höher liegen. Ein richtig eingestelltes Klima beeinflußt nicht nur das Wohlbefinden der in diesem Raum Beschäftigten im positiven Sinne, sondern wirkt sich auch stark auf die Krankheitshäufigkeit der Belegschaft aus. Außerdem weisen als angenehme Nebenerscheinung die hygroskopischen Zeichnungsträger eine konstante Oberflächenbeschaffenheit auf.
Die Farbgebung der Arbeitsplatzumgebung wirkt sich im besonderen Maße psychologisch auf den Menschen aus. Grün beruhigt, Braun und Gelb sowie Orange sind anregend. Helle Farben wirken leicht, freundlich, aufheiternd und verpflichten zur Sauberkeit. Dunkle Fußböden erscheinen fest und trittsicher. Bei Arbeiten mit erhöhter Anforderung an die Konzentration sollte man mit der Farbgebung im allgemeinen zurückhaltend bleiben. Aus Gründen ausreichender Lichtreflexion sind die Wand- und Deckenfarben möglichst hell zu wählen (Reflexionsgrad bis 0,6). Nur einige Flächen können als Blickfang mit intensiven Farbtönen gestrichen werden.

3 Linien in Zeichnungen

Die Linie ist das Element der Zeichnungen, zwischen verschiedenen Linienbreiten und Linienarten ist zu unterscheiden. Durch die unterschiedlichen Linienbreiten und -arten werden Kontraste geschaffen, die die Aussagekraft einer Zeichnung wesentlich beeinflussen. Einige Linien treten aufgrund ihrer Breite und Art als Hauptlinien hervor, andere wiederum als Nebenlinien in den Hintergrund, außerdem erhalten die Linien durch ihre unterschiedlichen Arten einen abstrahierenden Symbolwert.

3.1 Linien nach Norm

Bei den Linienarten sind die breite und schmale Vollinie, die schmale Strichlinie, die breite und schmale Strichpunktlinie, die schmale Strich-Zweipunktlinie und die Freihandlinie zu unterscheiden.

Die Linienbreiten sind gemäß DIN 15, Teil 1, in verschiedene Gruppen unterteilt. Für die technischen Zeichnungen in der Holzverarbeitung bieten sich die Liniengruppen 0,5 oder 0,7 an. Zu der Liniengruppe 0,5 gehören die Linienbreiten 0,5; 0,35 und 0,25 mm (0,35 mm für Beschriftung), zu der Liniengruppe 0,7 gehören die Linienbreiten 0,7; 0,5 und 0,35 mm (0,5 mm für Beschriftung). Die Stufung der Linienbreiten entspricht der $\sqrt{2}$-Reihe, d. h. $0,35 \times \sqrt{2}$ entspricht 0,5, und $0,5 \times \sqrt{2}$ entspricht 0,7. Diese Abstufung hat bei technischen Zeichnungen den Vorteil, daß eine einwandfreie Mikroverfilmung und Rückvergrößerung möglich ist. Selbst eine Rückvergrößerung auf andere Formate bringt wiederum genormte Linienbreiten.

Die Schriftschablonen sind auch auf diese genannten Linienbreiten abgestimmt; Linienbreite 0,25 für die Schriftgröße 2,5 mm, Linienbreite 0,35 für die Schriftgröße 3,5 mm, Linienbreite 0,5 für die Schriftgröße 5 mm usw. Damit ist eine wesentliche Rationalisierung der Zeichenarbeiten verbunden.

Bei der ISO-Normung und in der DIN 15, Teile 1 und 2, sind nur noch zwei Linienbreiten mit höherem Kontrastwert vorgesehen. Sie sollen dann im Verhältnis 1:2, also 0,25–0,5 bzw. 0,35–0,7 mm liegen. Diese zwei Linienbreiten haben besonders bei der Anfertigung von Zeichnungen mit programmgesteuerten Maschinen einen großen Vorteil. Jede weitere Linienbreite würde einen höheren Programmierungsaufwand und zusätzliche Speicherplätze bedeuten.

In der DIN 1356, Bauzeichnungen, sind die Linienarten und Linienbreiten besonders genormt. Unterschieden werden die breite, mittelbreite und schmale Vollinie, die mittelbreite und schmale Strichlinie, die breite, mittelbreite und schmale Strichpunktlinie sowie die Freihandlinie und die schmale Punktlinie. Sie stufen sich nach dem Verhältnis 2:1:0,7 ab und entsprechen damit auch den Anforderungen der Mikroverfilmung.

3.2 Linien in der Zeichenpraxis

Für die technischen Zeichnungen in der Holzverarbeitung eignet sich die Liniengruppe 0,5 oder 0,7 nach der DIN 15. Die Liniengruppe 0,5 hat aber den Nachteil, daß die Hauptlinien, also die sichtbaren Kanten und Umrisse in Schnitten, zu schwach herauskommen. Die Liniengruppe 0,7 dagegen bringt kräftige Zeichnungen. Da aber die Linienbreite der Schriftzeichen bei 3,5 mm Schriftgröße der Linienbreite der Schraffur und Maßlinien entspricht, ist hier kein ausreichender Kontrast mehr gegeben. Darüber hinaus weist die DIN 1356, Bauzeichnungen, für sichtbare Kanten und Begrenzungen schmaler und kleiner Flächen geschnittener Bauteile im Maßstab 1:1 eine mittelbreite Vollinie von 0,7 mm aus. Da Zeichnungen in der Holzverarbeitung, gerade bei Bauarbeiten, neben der Darstellung der Holzkonstruktion auch die Darstellung von Bauteilen erfordern, sollte auch die dickste Vollinie bei Zeichnungen in der Holzverarbeitung 0,7 mm betragen.

Aus den genannten Gründen wird folgende Linienbreitenabstufung für technische Zeichnungen in der Holzverarbeitung empfohlen:

0,25 – 0,35 – 0,7 mm.

Wobei die Linienbreite 0,35 mm nur noch für die Beschriftung und für Maßangaben verwendet wird.

Die Stufensprünge dieser Linienbreiten verhalten sich wie 0,7:1:2. Diese Stufung entspricht den Anforderungen der Mikroverfilmung und gewährleistet zudem ein reibungsloses Übergehen bei der

Detaillierung von Innenausbauteilen nach DIN 919 zu den Bauteilen des Rohbaus nach DIN 1356. Außerdem läßt die DIN 15, Teil 1, in Punkt 4 diese Stufungen zu, solange gesichert ist, daß sich benachbarte Linienbreiten in einer Zeichnung eindeutig unterscheiden. Ferner soll nach DIN 6774 für Zeichnungen auf größeren Formaten als DIN A1 die Linienbreite 0,7 gewählt werden.

3.2.1 Linienarten und Linienbreiten in technischen Zeichnungen für Holzverarbeitung

Die nachfolgenden Beispiele zeigen die Anwendung der Linienarten und Linienbreiten bei technischen Zeichnungen für Holzverarbeitung nach DIN 15 und DIN 919.

Linienarten	Liniengruppe 0,7 DIN 15	Liniengruppe 0,5 DIN 15	Vorschlag für kontrastreiche Zeichnungen
ⓐ Vollinie, breit	0,7 mm	0,5 mm	0,7 mm
ⓑ Vollinie, schmal	0,35 mm	0,25 mm	0,25 mm
ⓒ Strichlinie	0,35 mm	0,25 mm	0,25 mm (0,35 mm)
ⓓ Strichpunktlinie, breit	0,7 mm	0,5 mm	0,7 mm
ⓔ Strichpunktlinie, schmal	0,35 mm	0,25 mm	0,25 mm
ⓕ Strich-Zweipunktlinie	0,35 mm	0,25 mm	0,25 mm
ⓖ Freihandlinie	0,35 mm	0,25 mm	0,25 mm
Maße und Texte sowie graphische Symbole	0,5 mm	0,35 mm	0,35 mm

B 3.2-1   Übersicht: Linienarten und Linienbreiten.

Vollinie, breit

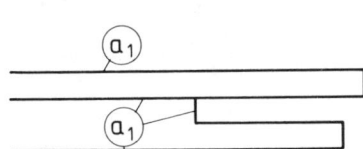

Ansicht

Anwendung der breiten Vollinie:

(a₁) sichtbare Körperkanten in Zeichnungen im Maßstab 1:1 und 2:1

(a₂) Umrisse und

(a₃) Fugen in Schnitten in Zeichnungen im Maßstab 1:1 und 2:1

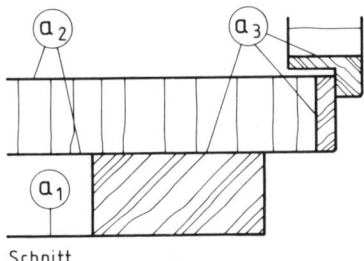

Schnitt

Vollinie, schmal

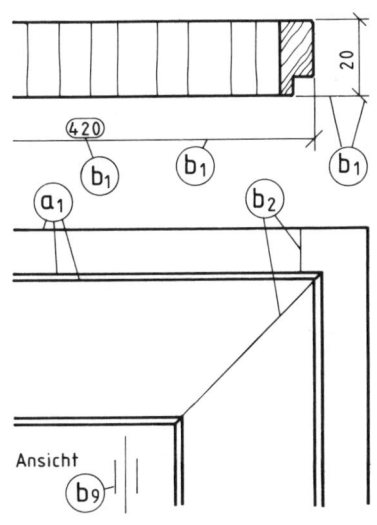

Ansicht

Anwendung der schmalen Vollinie:

(b₁) Maßlinie, Maßhilfslinie, Schrägstriche für die Maßlinienbegrenzung, Umrahmungen von Prüfmaßen

(b₂) konstruktionsbedingte, bündige Fugen in Ansichten, in Zeichnungen im Maßstab 1:1 und 2:1

41

(b₃) Schraffur in Schnittflächen aus Metall

(b₄) Furnierbegleitlinien, Bezugslinien (Oberflächenzeichen aber so breit wie die Beschriftung)

(b₅) Diagonalkreuze

(b₆) Lichtkanten

(b₇) Gewindedarstellungen

(b₈) Umrahmungen von Einzelheiten

(b₉) Symbol für Oberflächenstruktur

(b₁₀) kurze und sich kreuzende Mittellinien

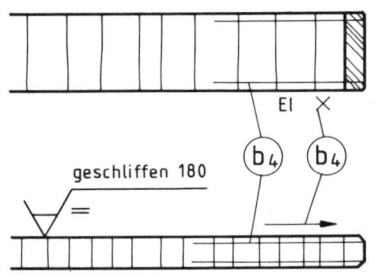

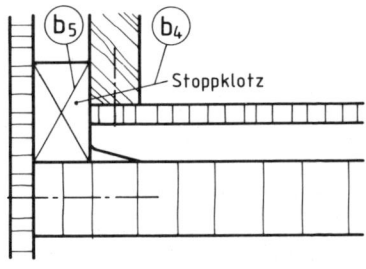

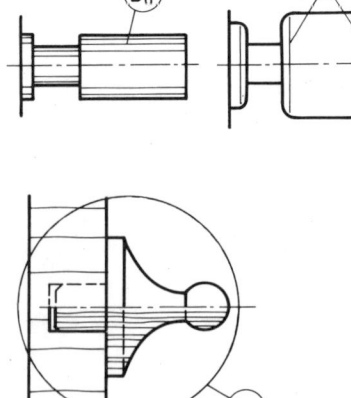

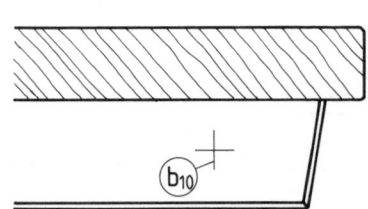

Strichlinie

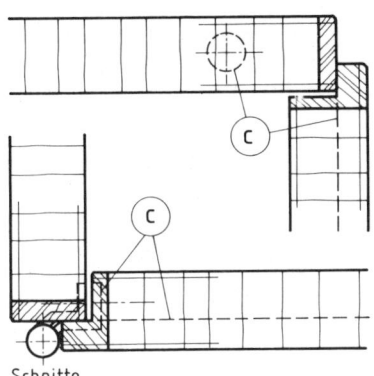

c

c

Schnitte

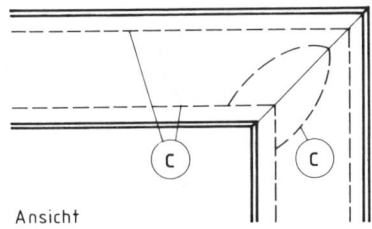

c   c

Ansicht

Anwendung der Strichlinie:

verdeckte nicht sichtbare Kanten und Umrisse (c), durchsichtige Werkstoffe wie Glas werden dabei wie undurchsichtige behandelt. Strichlinien beginnen und enden an den Kanten mit den Strichen, bei der Verlängerung einer Vollinie jedoch mit der Lücke. Ecken aus Strichlinien sind stets geschlossen. Die Strichlänge beträgt etwa 5 mm, ca. das 10fache der Linienbreite, der Abstand ca. 1,25 mm, ca. das 2,5fache der Linienbreite. (Damit die Zeichnung klar bleibt, sollten nur die verdeckten Kanten und Umrisse gezeichnet werden, die den Aussagewert der Zeichnung erhöhen. In von Hand gefertigten Zeichnungen sollte die Strichlinie etwas dicker als die Schraffur, z.B. 0,35 mm statt 0,25 mm breit, gezeichnet werden.)

Strichpunktlinie, breit

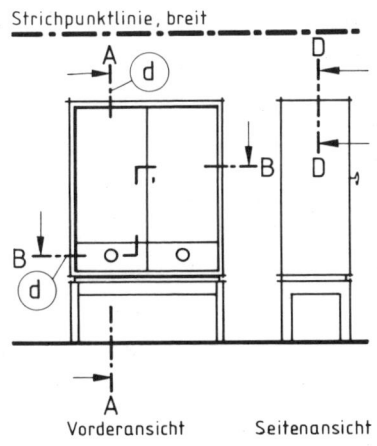

A   d   D

d   B   D

B

d

A

Vorderansicht   Seitenansicht

Anwendung der Strichpunktlinie, breit:

d)   Angabe des Schnittverlaufs. Bei Schnittversprüngen wird der Wechsel in die andere Schnittebene angegeben (Schnitt B - B).

Strichpunktlinie, schmal und lang;

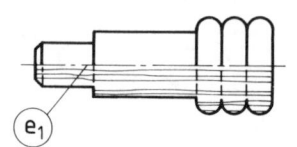

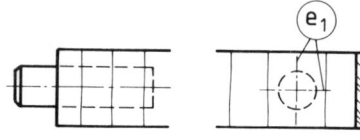

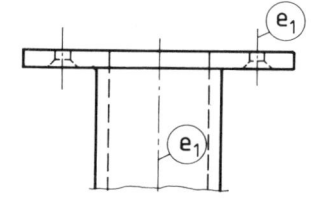

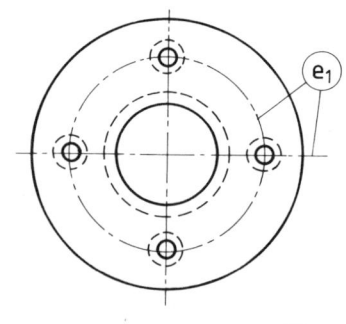

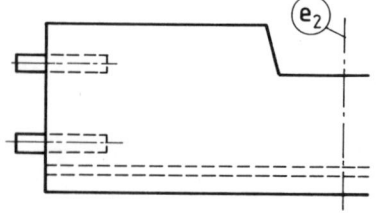

Anwendung der Strichpunktlinie, schmal:

(e₁) Mittellinie und Lochkreise bei Flanschen. Kreuzen sich zwei Mittelachsen bei Bohrungen oder anderen symmetrischen Körpern oder Flächen, dann sollten sich die Striche der Linie kreuzen. (Anmerkung: Werden Verbindungsmittel nur durch die Mittelachse dargestellt, dann sollte diese in von Hand erstellten Zeichnungen ausnahmsweise 0,35 mm statt 0,25 mm breit gezeichnet werden, da sie sonst in der Schraffur der Werkstoffdarstellung nicht genügend herauskommen.)

(e₂) Symmetrieachse bei symmetrischen Werkstücken. Symmetrische Werkstücke können nur bis zur Hälfte, etwas über die Symmetrieachse hinaus, gezeichnet werden.

44

Strich-Zweipunktlinie,

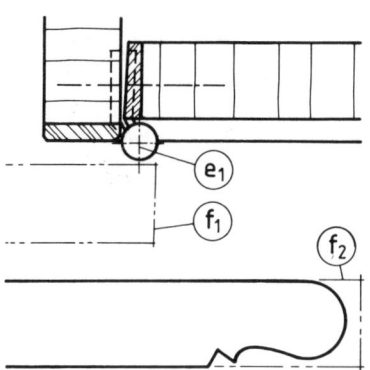

**Anwendung der Strich-
Zweipunktlinie, schmal:**

(f₁) Grenzstellung beweglicher Teile
(f₂) Bearbeitungszugaben
(f₃) Einzeichnen der Fertigteile in
      Rohteile
(f₄) Umrisse oder Kanten, die vor
      oder über dem dargestellten
      Schnitt liegen
(f₅) Umgrenzung des Feldes für be-
      sondere Kennzeichnungen

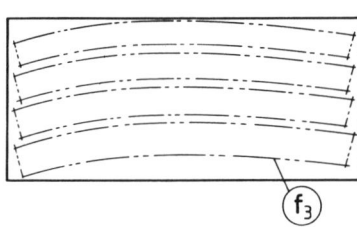

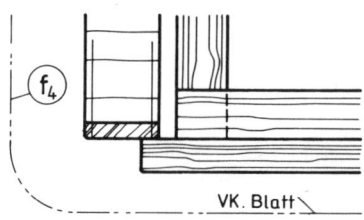

VK. Blatt

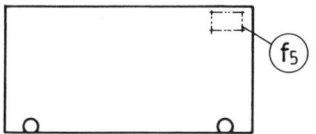

Freihandlinie, schmal

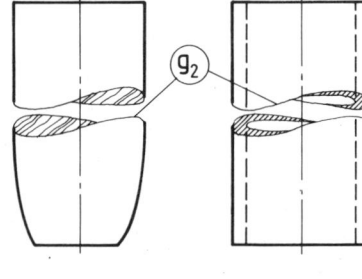

Anwendung der Freihandlinie, schmal:

(g₁) Schraffurlinien in Schnittflächen von Vollholz und Holzwerkstoffen

(g₂) Bruchlinie. Bruchlinien werden in unterbrochenen Zeichnungen, wie in Teilschnittzeichnungen, nicht gezeichnet

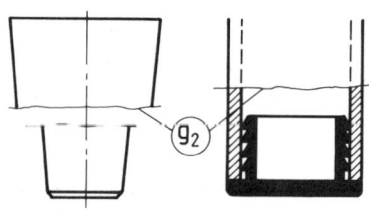

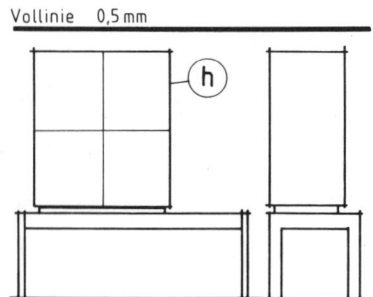

Vollinie   0,5 mm

Vollinien bei Ansichten und Schnitten im verkleinernden Maßstab 1:10 oder 1:20 werden nur 0,5 mm breit gezeichnet (h).

3.2.2 Linienarten und Linienbreiten in Bauzeichnungen

Die nachfolgenden Beispiele zeigen die Anwendung der Linienarten und Linienbreiten bei Bauzeichnungen nach DIN 1356. Die Linienbreiten sind je nach Verkleinerungsmaßstab der Bauzeichnungen verschieden breit zu zeichnen. Die angegebenen Linienbreiten beziehen sich jeweils auf die Maßstäbe 1:1, 1:5 (10), 1:50, 1:100.

Vollinie, breit   1,4 / 1,0 / 0,7 / 0,5 mm

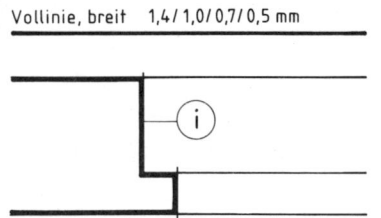

Anwendung der Vollinie, breit:

(i) Begrenzung von Flächen der geschnittenen Bauteile

Vollinie, mittelbreit   0,7 / 0,5 / 0,35 / 0,25 mm
Vollinie, schmal   0,5 / 0,35 / 0,25 / 0,18 mm

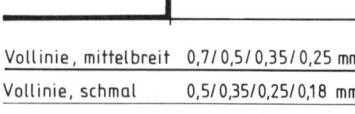

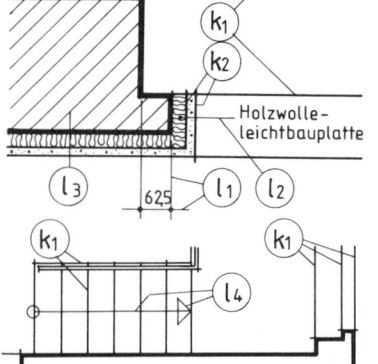

Holzwolle-leichtbauplatte

625

Anwendung der Vollinie, mittelbreit:

(k_1) sichtbare Kanten von Bauteilen in Schnitten
(k_2) Begrenzung schmaler oder kleiner Flächen geschnittener Bauteile

Anwendung der Vollinie, schmal:

(l_1) Maßlinien
(l_2) Hinweislinien
(l_3) Schraffuren
(l_4) Lauflinien und Pfeile
(l_5) Rasterlinie (Seite 48 oben)

Strichlinie, mittelbreit   0,7 / 0,5 / 0,35 / 0,25 mm

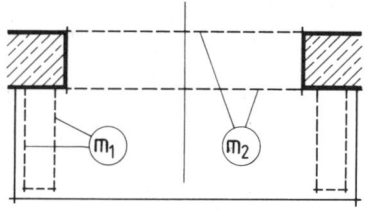

Anwendung der Strichlinie, mittelbreit:

(m_1) unsichtbare Kanten
(m_2) Kanten über der Schnittebene

47

Strichlinie, schmal   0,5/ 0,35/ 0,25/ 0,18 mm

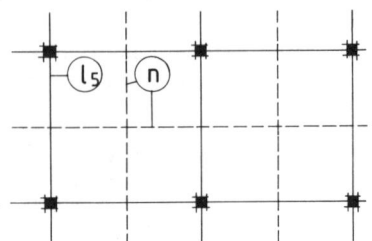

Anwendung der Strichlinie, schmal:

(n) Nebenrasterlinien und Schraffurlinien im Beton

Strichpunktlinie, breit   1,4/ 1,0/ 0,7/ 0,5 mm

Strichpunktlinie, mittelbreit 0,7/ 0,5/ 0,35/ 0,25

Strichpunktlinie, schmal 0,5/ 0,35/ 0,25/ 0,18 mm

Anwendung der Strichpunktlinie, breit:

(o) Kennzeichnung der Schnittebene

Anwendung der Strichpunktlinie, mittelbreit:

(p) Mittelachsen von Bauteilen und Symmetrieachsen

Anwendung der Strichpunktlinie, schmal:

(q) Kennzeichnung von Änderungen im Schnittverlauf

Freihandlinie   0,5/ 0,35/ 0,25/ 0,18 mm

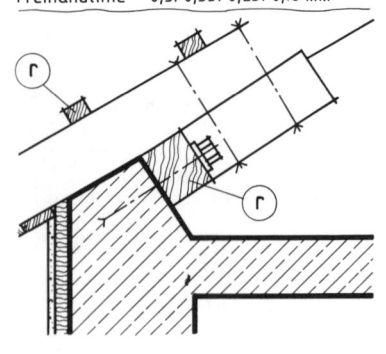

Anwendung der Freihandlinie:

(r) Schraffur von Holz in Schnitten (Angabe der Linienbreiten gilt nur für Bauzeichnungen)

48

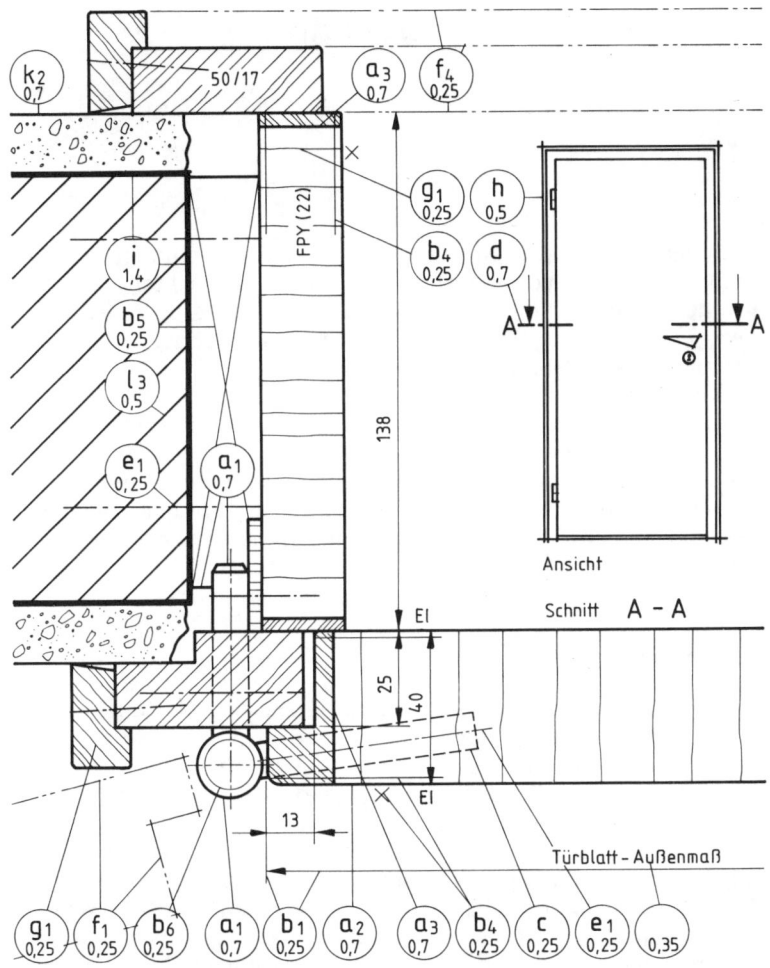

B 3.2-2 Die verschiedenen Linienarten und Linienbreiten in einer Zeichnung.

4 Ansichten und Schnitte

Will man sich ein Bild von der Form eines Gegenstandes machen, muß man diesen von verschiedenen Seiten betrachten. Soll aber Klarheit über die Konstruktion des Gegenstandes gewonnen werden, wird man den Gegenstand zerlegen oder sogar an den aufschlußreichsten Stellen zerschneiden.

Solche Ansichten und Schnitte stellt der technische Zeichner dar, um über Form und Konstruktion des Gegenstandes genaue Angaben machen zu können. Damit die Darstellung auch von den Technikern verstanden wird, müssen sich die Zeichner und Konstrukteure sowie die Ausführenden einer einheitlichen Sprache bedienen. Deshalb sind die Ansichten und Schnitte sowie ihre Lage und Werkstoffdarstellung genormt.

4.1 Lage der Ansichten

Von einem Körper lassen sich die Vorderansicht, die Seitenansichten, die Draufsicht, die Rückansicht und die Unteransicht zeichnen. Sie liegen nach DIN 6, wie in B 4.1-2 angegeben. Die Vorderansicht ist die Hauptansicht, rechts von ihr liegt die Seitenansicht von links, links die Seitenansicht von rechts gesehen. Die Draufsicht liegt so unter der Vorderansicht, daß die Front des Gegenstandes nach unten kommt; die Untersicht so über der Vorderansicht, daß die Möbelfront nach oben zeigt. Die Rückansicht wird in weiterer Abwicklung des Körpers rechts neben die Seitenansicht gestellt. Muß von dieser Regel aus zeichnungstechnischen Gründen abgewichen werden, kann man die Blickrichtung mit einem Großbuchstaben und einem Pfeil besonders angeben. Als Buchstaben sind die letzten im Alphabet zu wählen, der Pfeil muß größer als die Maßpfeile sein. Die Ansicht selbst erhält dann z.B. die Bezeichnung »Ansicht Z«. Der Buchstabe ist einen Schrifthöhensprung größer als die Maßzahlen zu schreiben (B 4.1-3).

Für die unmißverständliche Darstellung und Bemaßung eines Ge-

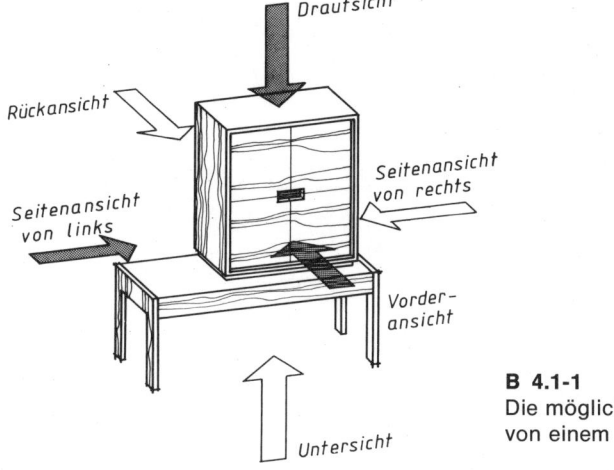

B 4.1-1
Die möglichen Ansichten
von einem Möbel.

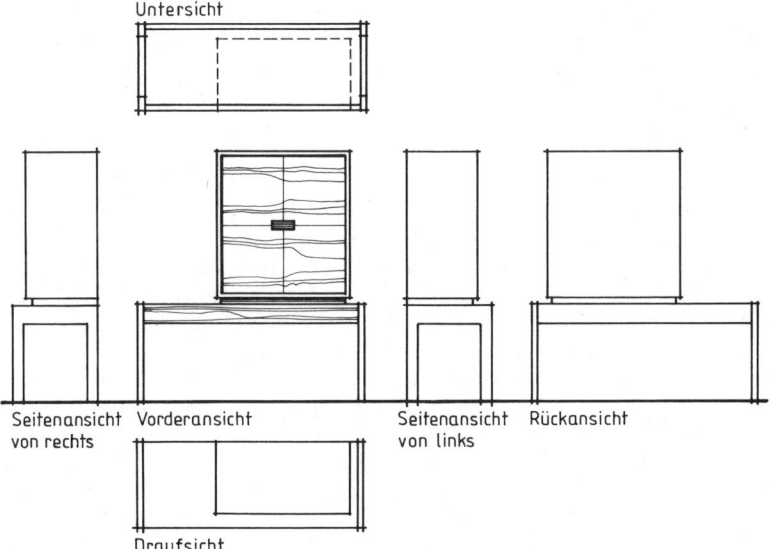

B 4.1-2 Die Lage der Ansichten nach DIN 6.

51

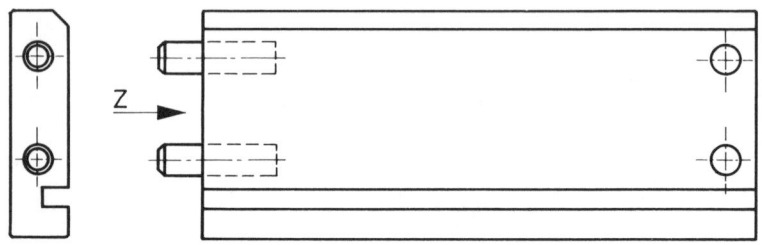

Ansicht Z

B 4.1-3 Kennzeichnung der Ansichten bei Abweichungen vom Normalfall.

genstandes müssen aber nicht immer alle Ansichten gezeichnet werden. In der Regel genügen für ein Möbelstück die Vorderansicht, die Seitenansicht und die Draufsicht (B 4.1-4). Nur bei freistehenden Möbeln, wie Schreibtische oder Raumteiler, ist von Fall zu Fall noch die Rückansicht erforderlich. In vielen Fällen bringt auch die Draufsicht nicht mehr viel, so daß man auch diese weglassen kann und mit zwei Ansichten – Vorderansicht und Seitenansicht – auskommt. Bei Einbauschränken, Fenstern und Türen sind die Draufsicht und Seitenansicht uninteressant. Deshalb werden anstelle der Draufsicht ein Querschnitt und für die Seitenansicht ein oder mehrere Höhenschnitte gezeichnet (B 4.1-5).

Die Hauptansicht ist bei Möbeln und bei Einbauschränken die Vorderansicht. Sie ist stets in der Gebrauchslage zu zeichnen, das heißt, die Möbel stehen auf dem Boden, und die Vorderansicht muß in dieser Lage auf dem Blatt stehen. Bei Raumteilern wird die interessanteste Seite zur Vorderansicht erklärt, die Gegenseite ist dann die Rückseite. Bei Schreibtischen, die freigestellt werden können, wird die Seite, an der der Schreibtischbenutzer sitzt, zur Vorderansicht. Unklar ist die Situation bei Fenstern und Türen. Die Architekten sehen Fenster und Haustüren von außen und werden deshalb die Außenansicht als Vorderansicht betrachten. Den Tischler und Fensterbauer aber interessiert bei Fenstern die Anschlagseite bzw. die Innenseite, für ihn ist deshalb die Innenseite die Vorderansicht. Auch Zimmertüren werden von der Anschlagseite (Bandseite) her gezeichnet (B 4.1-6).

Bei Haustüren dagegen ist das äußere Bild wesentlich und wird deshalb auch vom Konstrukteur und Hersteller als die wichtigste Ansicht angesehen; bei Haustüren ist deshalb die Außenansicht die Vorderansicht (B 4.1-7).

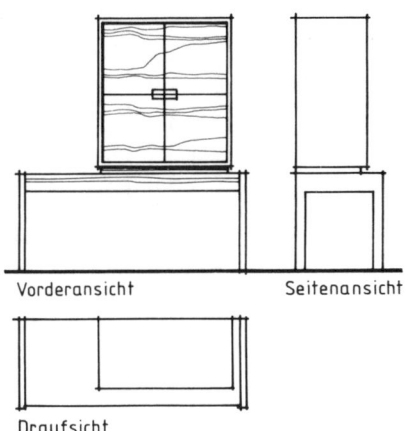

Vorderansicht   Seitenansicht

Draufsicht

B 4.1-4
Die erforderlichen Ansichten
bei einem Einzelmöbel.

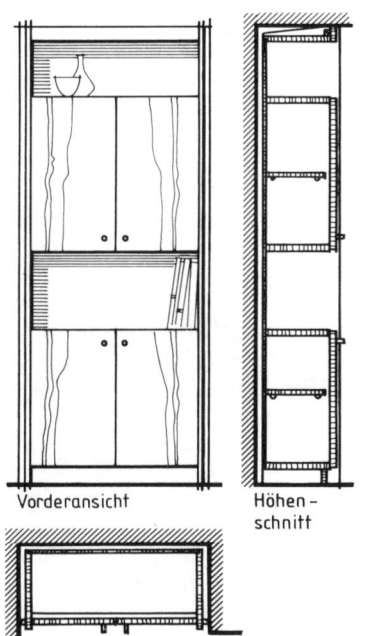

Vorderansicht   Höhen-
             schnitt

Querschnitt

B 4.1-5
Statt Seitenansicht
und Draufsicht
werden bei Einbauschränken
Höhenschnitt und
Querschnitt gezeichnet.

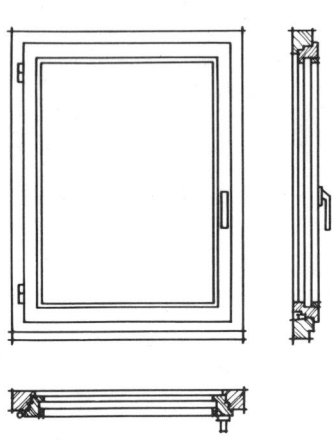

B 4.1-6
Bei Fenstern ist die Innen-
ansicht die Hauptansicht.

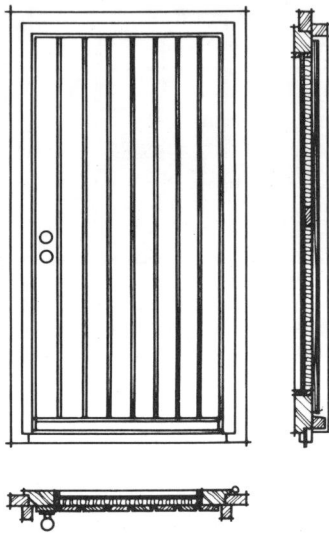

B 4.1-7
Bei Haustüren ist die Außenansicht die Hauptansicht.

Nicht klar geregelt ist die Darstellung der Deckenansichten. Hier
kann einmal die Deckenuntersicht gezeichnet werden, die dann
spiegelbildlich zum Grundriß liegt. Zum anderen ist eine Projektion
der Deckenuntersicht in den Grundriß möglich. Bei der Deckenuntersicht muß der Zeichner die Decke in einen spiegelbildlichen
Grundriß eintragen, der Ausführende muß sich alle Konstruktionen,
auf dem Rücken liegend, vorstellen. Bei der Projektion der Deckenuntersicht in den Grundriß ist die Zeichenarbeit leichter, weil ja der
Grundriß meistens in dieser Lage vorliegt.
Der Ausführende muß aber dann bei der Herstellung die Konstruktionen aus dem Grundriß an die Decke zurückprojizieren.
Beide Zeichenverfahren werden angewandt. Für die Ausführenden
ist es in der Regel einfacher, aus dem Grundriß heraus die Decke zu
fertigen als nach einer Deckenuntersicht. Vielleicht wird hier auch
die Gewohnheit eine Rolle spielen. Auf jeden Fall ist für Deckenansichten anzugeben, ob es sich um eine Deckenuntersicht oder um
eine in den Grundriß projizierte Deckenansicht handelt (B 4.1-8).

54

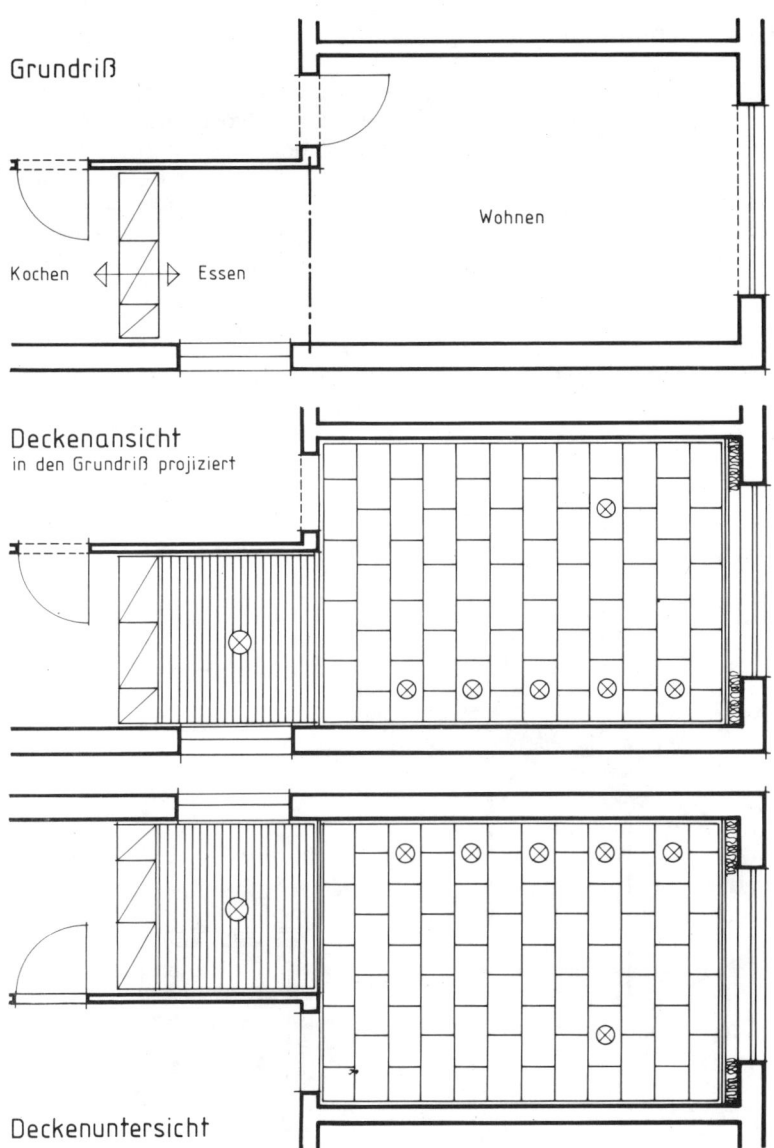

Grundriß

Kochen ⟵⟶ Essen

Wohnen

Deckenansicht
in den Grundriß projiziert

Deckenuntersicht

B 4.1-8 Darstellungsmöglichkeiten der Decken.

55

4.2 Schnitte

Ein Schnitt ist das gedachte Zerschneiden eines Gegenstandes in einer oder in mehrere Ebenen. Die Schnitte sollen über die Konstruktion eines Gegenstandes Aufschluß geben. Sie sind deshalb an den Stellen durchzuführen, an denen am meisten von der Konstruktion zu sehen ist. Die Schnittführung soll nur in den Ansichten angegeben werden, Schnitte von Schnitten sind zu vermeiden. Nach der Schnittführung unterscheidet man Horizontalschnitte, Vertikalschnitte und Frontalschnitte.

Der *Horizontalschnitt*, auch Querschnitt genannt, wird waagerecht durch den Gegenstand und rechtwinklig zur Vorderansicht geführt. In der Regel werden Horizontalschnitte von oben gesehen gezeich-

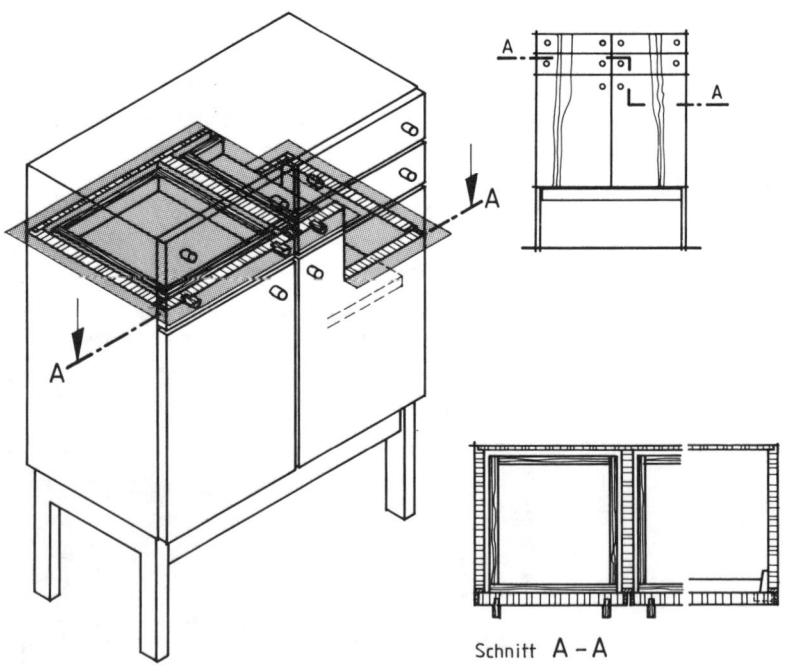

Schnitt A – A

B 4.2-1 Horizontalschnitt oder Querschnitt.

net. Sie geben Aufschluß über die verschiedenen Breitenmaße und eventuell über die Tiefenmaße des Gegenstandes und zeigen die Materialquerschnitte und die Lage der horizontal geschnittenen Teile, beim Möbel z. B. die Türanschläge bzw. -überschläge, die Mittelanschlüsse von Türen, die Eckverbindungen der Schubkasten und den Einbau der Rückwand (B 4.2-1).

Der *Vertikalschnitt,* auch Höhenschnitt genannt, wird senkrecht durch den Gegenstand und rechtwinklig zur Vorderansicht geführt. In der Regel werden Vertikalschnitte von links gesehen gezeichnet.

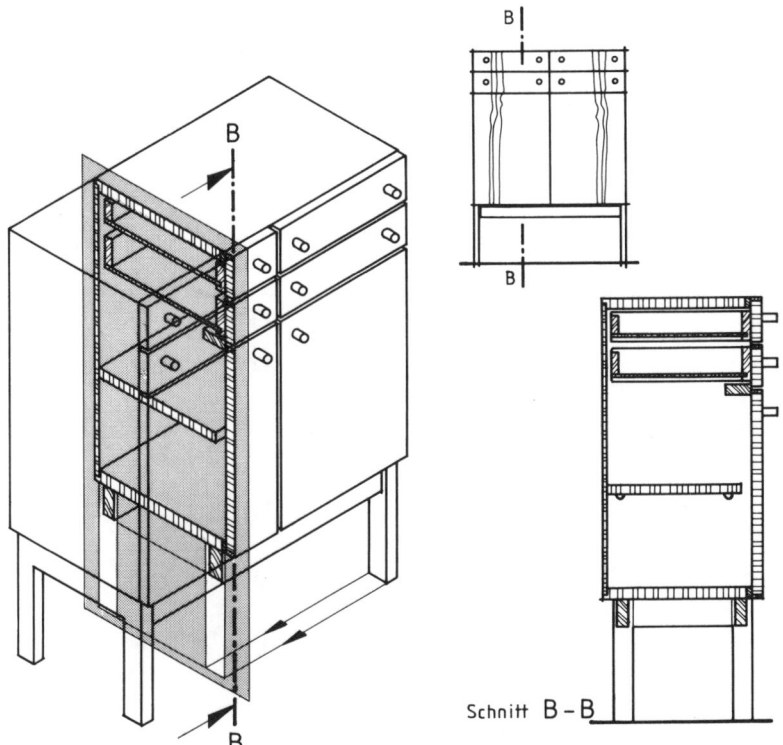

Schnitt B-B

B 4.2-2 Vertikalschnitt oder Höhenschnitt.

Sie geben Aufschluß über die Höhenmaße und eventuell über die Tiefenmaße des Gegenstandes. Sie zeigen die Materialquerschnitte und die Lage dieser vertikal geschnittenen Teile, z.B. beim Möbel die Querschnitte der Schubkasten-Vorder- und -Hinterstücke, der Vorder- und Hinterzargen bzw. Sockelstücke, der oberen und unteren Türanschlüsse und Klappenanschläge (B 4.2-2).

Der *Frontalschnitt* wird senkrecht durch den Gegenstand und parallel zur Vorderansicht bzw. rechtwinklig zur Seitenansicht geführt. Er wird meistens von vorne gesehen gezeichnet und selten als Voll-

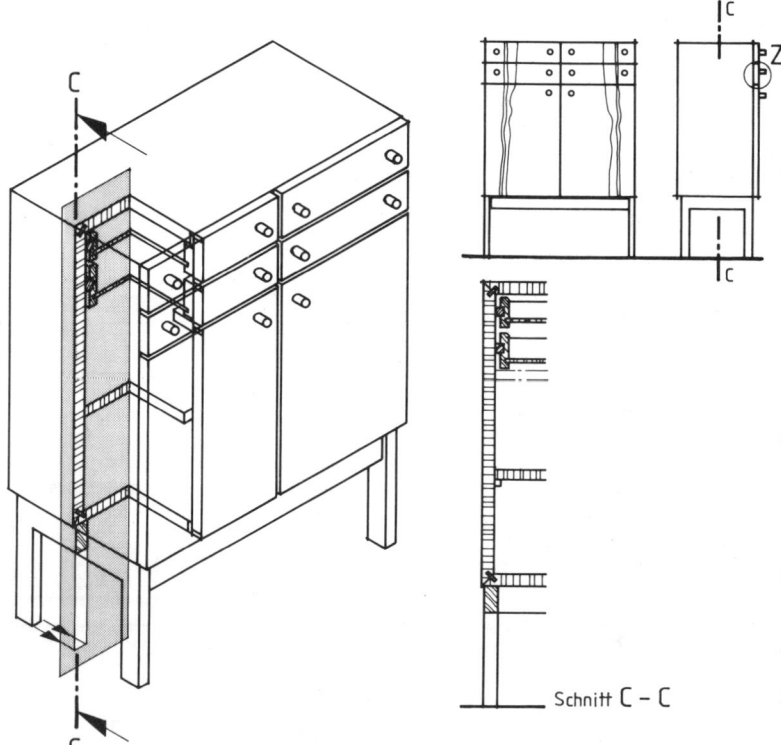

Schnitt C – C

B 4.2-3 Frontalschnitt.

schnitt angelegt. Frontalschnitte geben Aufschluß über die verschiedenen Höhenmaße, die Eckverbindungen des Korpusses, die Querschnitte der Schubkastenseiten, die Führung der Schubkasten, die Ausbildung der Seitenzargen bei Fußgestellen usw. (B 4.2-3).

Für die Anordnung der Schnitte auf dem Zeichenblatt gelten die gleichen Regeln wie für die Anordnung der Ansichten. Der Schnittverlauf ist bei nicht eindeutiger Schnittführung in den Ansichten besonders anzugeben. Das geschieht durch die dicke Strich-Punkt-Linie. Sie wird nur am Rand des Gegenstandes gezeichnet und nicht über die gesamte Ansicht geführt. Springt der Schnittverlauf in eine andere Ebene, so ist die Stelle des Versprungs in der Ansicht anzugeben. Die verschiedenen Schnitte werden mit Großbuchstaben gekennzeichnet, die an den Anfang und an das Ende der Schnittlinien zu setzen sind. Beispiel: Schnitt A-A, Schnitt B-B usw. (B 4.2-4). Die Blickrichtung auf den Schnitt wird durch Pfeile angegeben. Die Pfeile schließen einen Winkel von 15° ein und sind 1,5 mal so lang wie die normalen Maßpfeile. Sind Zweifel ausgeschlossen, kann auf die Angabe der Blickrichtung durch die Pfeile verzichtet werden. Dann werden die Großbuchstaben anstelle der Pfeile an die Schnittlinie gesetzt (B 4.2-4). Die Buchstaben sollten etwa 1,5 mal so groß sein wie die Maßzahlen. Bei 3,5 mm großen Maßzahlen werden die Buchstaben für die Schnittangabe 5 mm groß.

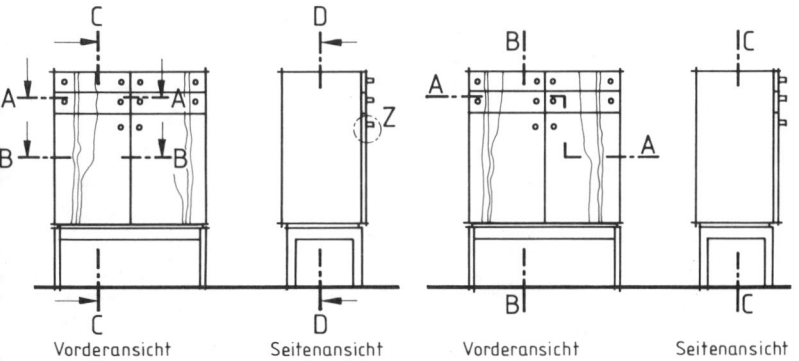

B 4.2-4 Angabe des Schnittverlaufs in den Ansichten.

Nach Umfang des Schnittes sind Vollschnitte, Halbschnitte, Teil-schnitte und Profilschnitte zu unterscheiden:

Vollschnitte stellen den Schnitt durch den ganzen Gegenstand dar (B 4.1-5).

Halbschnitte stellen den Schnitt durch den halben Gegenstand dar. Meistens wird hier bis zur Symmetrieachse geschnitten (B 4.2-5, Schnitt A-A und B-B).

Teilschnitte stellen Schnitte durch die wichtigsten Konstruktions-punkte des Gegenstandes dar. Frontalschnitte werden häufig als Teilschnitte angelegt. Auch Fertigungszeichnungen für Einzelferti-

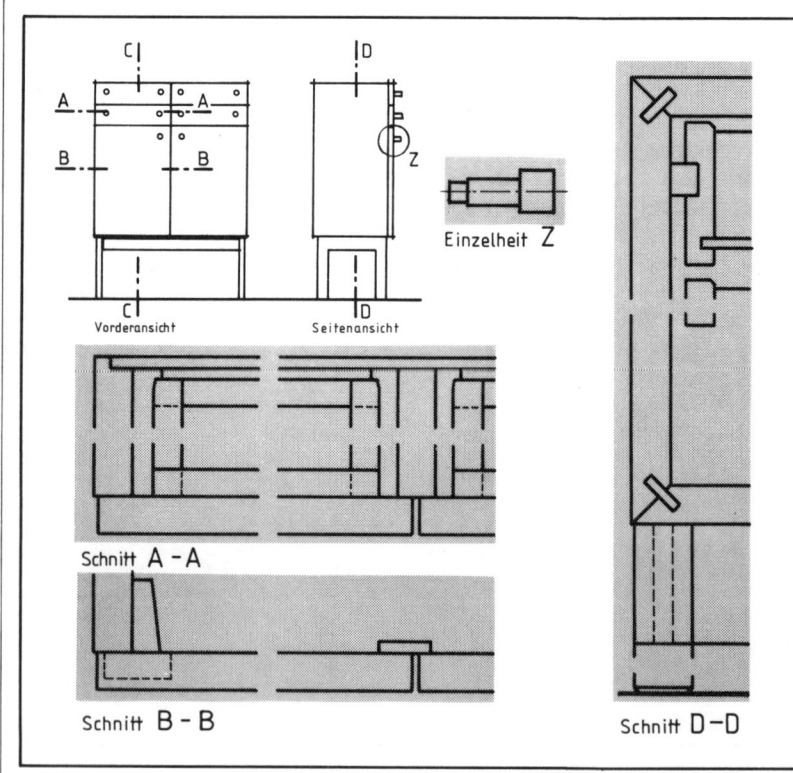

gungen sind meistens Teilschnitt-Zeichnungen. Hier sind alle Schnitte nur Teilschnitte (B 4.2-5, Schnitt C-C und D-D).

Profilschnitte zeigen den Querschnitt durch ein Profil, wie zum Beispiel Profilleisten, Fensterrahmen, Schubkastenseiten (B 4.2-7).

Einzelheiten, die wichtig sind, können in Zeichnungen besonders dargestellt oder größer herausgezeichnet werden. Der Vergrößerungsmaßstab ist dann anzugeben. Um die herauszuzeichnende Stelle wird ein Kreis mit dünner Vollinie geschlagen und mit einem Großbuchstaben gekennzeichnet. Um Verwechslungen mit Schnittverlaufangaben zu vermeiden, sind hier die letzten Buchstaben des

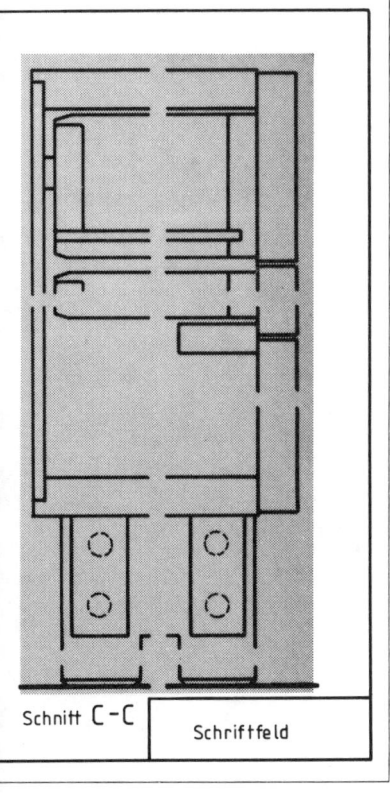

Schnitt C-C   Schriftfeld

B 4.2-5
Lage der Teilschnitte
auf der Zeichnung.

Alphabets zu wählen. Beispiel: Einzelheit Z, Einzelheit X (B 4.2-3 und 4.2-6).

Damit sich *Schnittflächen* von Ansichtsflächen unterscheiden, werden die Schnittflächen mit einer breiten Linie umrandet oder besser schraffiert. In Schnitten sollten daher *niemals* Ansichtsflächen schraffiert oder mit Holzmaserung angelegt werden. Die Schraffurart hängt von dem geschnittenen Werkstoff ab (siehe Kapitel 5, Werkstoffdarstellungen).

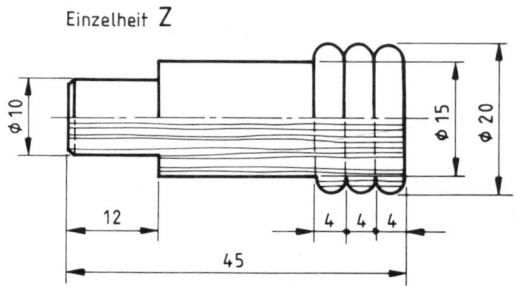

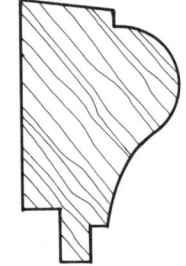

B 4.2-6 Darstellung der Einzelheit Z.   **B 4.2-7** Profilschnitt.

Die Schraffur wird normalerweise mit dünnen schwarzen Linien angelegt. Da in größeren Gesamtzeichnungen die Schnitte manchmal ineinandergelegt werden, ist in solchen Zeichnungen für die Holzverarbeitung ausnahmsweise für Schnitte eine farbige Schraffur zulässig. Höhenschnitte werden dann blau schraffiert, die Ansichtskanten zum Höhenschnitt mit blauen Begleitlinien versehen; Querschnitte werden rot schraffiert, die Ansichtskanten zum Querschnitt mit roten Begleitlinien gezeichnet; die Frontalschnitte werden hellbraun schraffiert und die Ansichtskanten zum Frontalschnitt mit hellbraunen Begleitlinien versehen. Die farbige Schraffur ist nicht mehr genormt und als alte handwerkliche Überlieferung zu betrachten. Sie hat aber bei Aufrissen, die auch heute noch für die Einzelfertigung in der Werkstatt angefertigt werden, ihre Berechtigung.

5 Darstellung von Werkstoffen, Beschlägen und Baustoffen

In den Zeichnungen sollte man die verschiedenen Werkstoffe, Beschläge, Verbindungen, Baustoffe usw. schon durch die für sie charakteristische Darstellungsart erkennen können. Deshalb werden die Schnittflächen der Werkstücke schraffiert. Durch die unterschiedlichen Schraffurarten sind nun die verschiedenen Werkstoffe symbolisch gekennzeichnet. Zusätzlich können die Werkstoffkurzzeichen, Symbole, Normbezeichnungen usw. in das Material eingeschrieben oder durch Bezugslinien herausgezogen werden. Die Schraffur ist für Maßzahlen und Beschriftung auszusparen.

5.1 Vollholz

Das Vollholz kann in Schnitten als Hirnholz oder Längsholz erscheinen.
Hirnholz wird unter 45° freihändig schraffiert. Liegen zwei Schnittflächen verschiedener Teile aneinander, wird die Schraffurrichtung gewechselt. Kommen drei aneinandergrenzende Schnittflächen vor, wird eine Hirnholzfläche in gleicher Richtung, aber enger schraffiert. Teile, die miteinander verleimt oder auf andere Art fest miteinander verbunden sind, werden unter 45° in gleicher Richtung schraffiert. Der Abstand der Schraffurlinie ist der Größe der Schnittflächen anzupassen. Kleinere Querschnitte erhalten enge Schraffurlinien – große Querschnitte weitere Schraffurlinien (B 5.1-1).

Längsholz wird dem Faserverlauf des Holzes entsprechend parallel zur Werkstücklänge freihändig schraffiert. Werden zwei Teile miteinander verleimt oder entsprechend miteinander verbunden, wird die dünnere Fläche enger schraffiert (B 5.1-1).

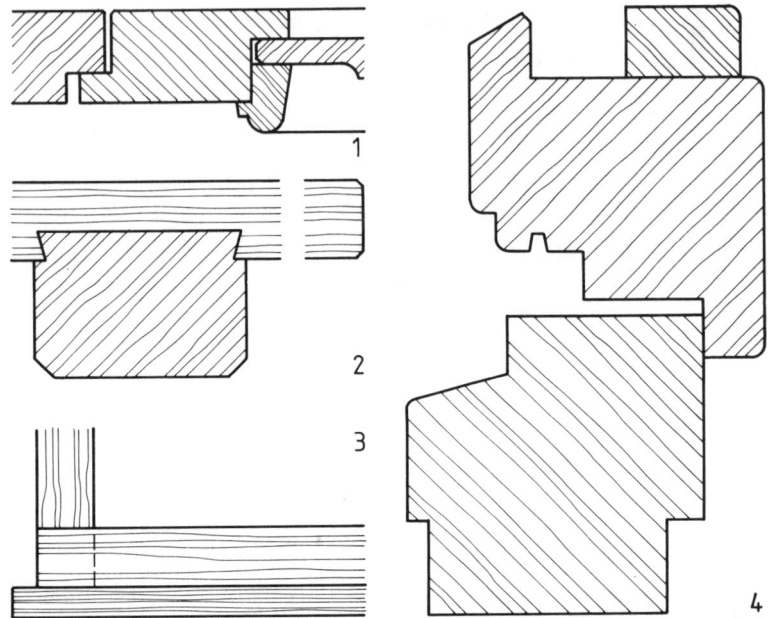

B 5.1-1 Schnitte durch Werkstücke aus Vollholz: (1) Mittelanschluß einer Rahmentür mit Vollholzfüllung, (2) Gratleisten im Vollholzbrett, (3) Schubkastenvorderstück mit Vollholzdoppel, (4) Unterstück eines Fensterrahmens und -flügels.

5.2 Holzwerkstoffe

Holzwerkstoffe sind im engeren Sinn Furniersperrholz, Stabsperrholz (Tischlerplatten) und sonstige Verbundplatten sowie Spanplatten und Faserplatten. Die Schraffur kommt wohl vom Stabsperrholz, den sogenannten Tischlerplatten her, die hier die Abstände der einzelnen Leisten der Mittellagen symbolisieren. Holzwerkstoffe erhalten alle eine weite Schraffur, die möglichst rechtwinklig zur Plattenebene verläuft. Die Abstände der Schraffurlinien betragen ca. ½ der Plattendicke. Dadurch werden also dicke Platten weiter schraffiert als dünne. Da alle Holzwerkstoffe die gleiche Schraffur erhalten, ist die Plattenart besonders zu kennzeichnen. Hierfür sind die im Anhang aufgeführten Abkürzungen zu wählen. Die Abkürzun-

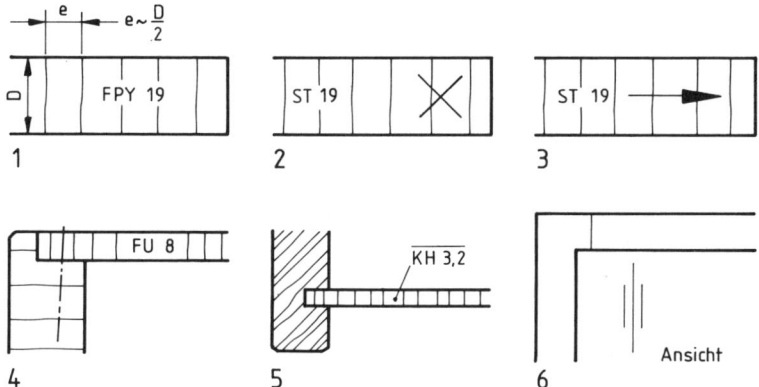

B 5.2-1 Schnitte durch Werkstücke aus Holzwerkstoffen: (1) Flachpreßplatte, (2) Stabsperrholz (Tischlerplatte), Mittellage Hirnholz, (3) Stabsperrholz
(Tischlerplatte), Mittellage Längsholz, (4) Furniersperrholz als Rückwand, (5)
einseitig kunststoffbeschichtete, dekorative Holzfaserplatte als Schubkasten-
boden, (6) Angabe des Furnierverlaufs in der Ansicht.

gen werden bei dicken Platten in die Plattenmitte, bei dünnen
Platten mit Bezugslinie auf die Platte gesetzt (B 5.2-1).
Da bei Stabsperrholz (Tischlerplatten) der Verlauf der Vollholzmittel-
lage für die Konstruktionen entscheidend ist, muß der Verlauf der
Mittellage durch Symbole gekennzeichnet werden.
Stabsperrholz, bei dem die Mittellage in der Schnittfläche als
Längsholz erscheint, erhält einen Pfeil. Diese Pfeile werden – mit
der Spitze immer zur Plattenkante zeigend – so eingezeichnet, daß
sie am Plattenanfang und in der Mitte der Plattendicke liegen. Die
Pfeile schließen etwa einen Winkel von 15° ein und sind etwa 1,5 mal
so lang wie die Maßpfeile. Sie werden entsprechend der Linienbreite der Beschriftung, also bei 3,5 mm hoher Schrift 0,35 mm breit
ausgezogen (B 5.2-1 Punkt 3).
Stabsperrholz, bei dem die Mittellage in der Schnittfläche Hirnholz
zeigt, wird mit einem liegenden Kreuz gekennzeichnet. Das Kreuz
wird immer am Ende oder am Anfang der Platte eingezeichnet. Es
ist etwa halb so groß, wie die Platte dick ist, und wird wie die
Linienbreite der Beschriftung ausgezogen (B 5.2-1.2).

5.3 Deckfurniere und Beschichtungen

Holzwerkstoffe können furniert oder mit Folien kaschiert oder kunstharzbeschichtet sein. Diese dünnen Veredelungsschichten können, wenn erforderlich, durch kurze Begleitlinien innerhalb des Umrisses gekennzeichnet werden. Diese Begleitlinien werden, immer an den Plattenkanten beginnend, gezeichnet, sind ca. 3 cm lang und werden mit dünner Vollinie (0,25 mm Linienbreite) ausgezogen. Damit die Begleitlinien mit den Umrißlinien nicht verfließen, sollen diese mindestens einen Abstand von 1 mm haben. Der Faserverlauf des Furniers wird bei Hirnholz in der Schnittfläche mit einem kleinen liegenden Kreuz und bei Langholz mit einem Pfeil angegeben. Pfeil und Kreuz werden 0,25 mm dick ausgezogen. Die Pfeilspitze entspricht den Maßpfeilen, das Kreuz ist etwa 3 mm groß. Müssen diese Symbole aus besonderen Gründen auf beiden Seiten der Platte angegeben werden, sollten sie übereinanderliegen. Die Holzart des Furniers bzw. die Art des Beschichtungsmate-

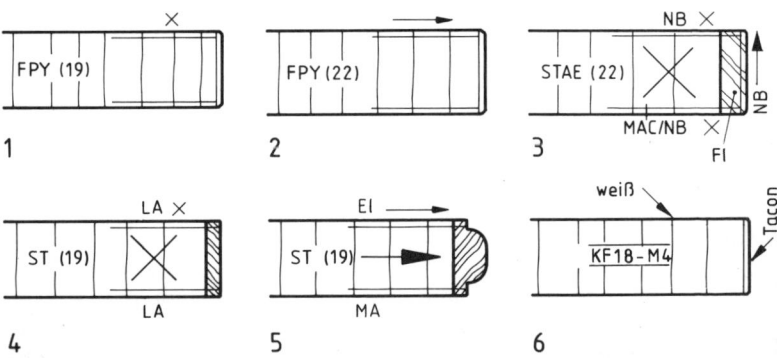

B 5.3-1 Schnitte durch furnierte oder beschichtete Holzwerkstoffe: (1) furnierte Flachpreßplatte mit Furnierkanten, Furnier zeigt Hirnholz, (2) furnierte Flachpreßplatte, Furnier zeigt Längsholz, (3) Stäbchensperrholz, Furnier und Mittellage Hirnholz, Fichtenholzanleimer mit Furnierkante, quer furniert, innen wechselt das Furnier von Nußbaum auf Makore, (4) Stabsperrholz mit Lärche furniert, Vollholzanleimer, überfurniert, (5) Stabsperrholz, Furnier und Mittellage zeigen Längsholz, (6) beidseitig kunststoffbeschichtete, dekorative Flachpreßplatte mit Kunststoffkante.

rials kann unter Verwendung der genormten Abkürzungen besonders angegeben werden. Die Plattendicke der Rohplatte wird dann in Klammern gesetzt (B 5.3-1).

Handelt es sich um fertig beschichtete Platten, dann kann die Beschichtung auch durch kurze Begleitlinien unmittelbar am Kurzzeichen symbolisiert werden. Die Lage der Begleitlinien am Kurzzeichen gibt an, welche Flächen bereits vom Plattenhersteller beschichtet wurden (Bild 5.3-2).

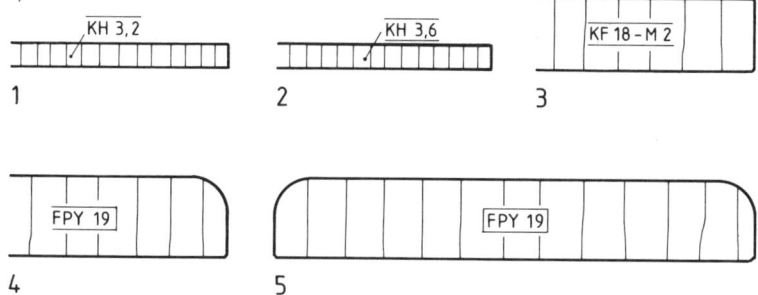

B 5.3-2 Begleitlinien bei Fertigplatten. (1) KH-Platte, einseitig beschichtet, (2) KH-Platte, beidseitig beschichtet, (3) KF-Platte, zweiseitig beschichtet, (4) FPY-Platte, dreiseitig beschichtet, (5) FPY-Profil, allseitig ummantelt.

Der Faserverlauf des Deckfurniers kann auch in Ansichten durch ein Symbol gekennzeichnet werden. Hierfür zeichnet man drei schmale parallele Vollinien (0,25 mm), von denen die mittlere Linie etwas länger zu zeichnen ist. Die Größe des Symbols richtet sich nach dem Darstellungsmaßstab (B 5.2-1).

5.4 Belagstoffe

Belagstoffe können Kunststoffplatten, Leder, Glas, Marmor usw. sein. Im allgemeinen werden dünne Belagstoffe, bei denen die Umrißlinien nur sehr geringen Abstand voneinander aufweisen, voll schwarz gezeichnet. Grenzen mehrere geschwärzte Schnittflächen aneinander, so werden sie durch helle Fugen voneinander getrennt. Dicke Belagstoffe werden im Schnitt gepunktet oder nur mit breiter Vollinie umrandet (B 5.4-1).

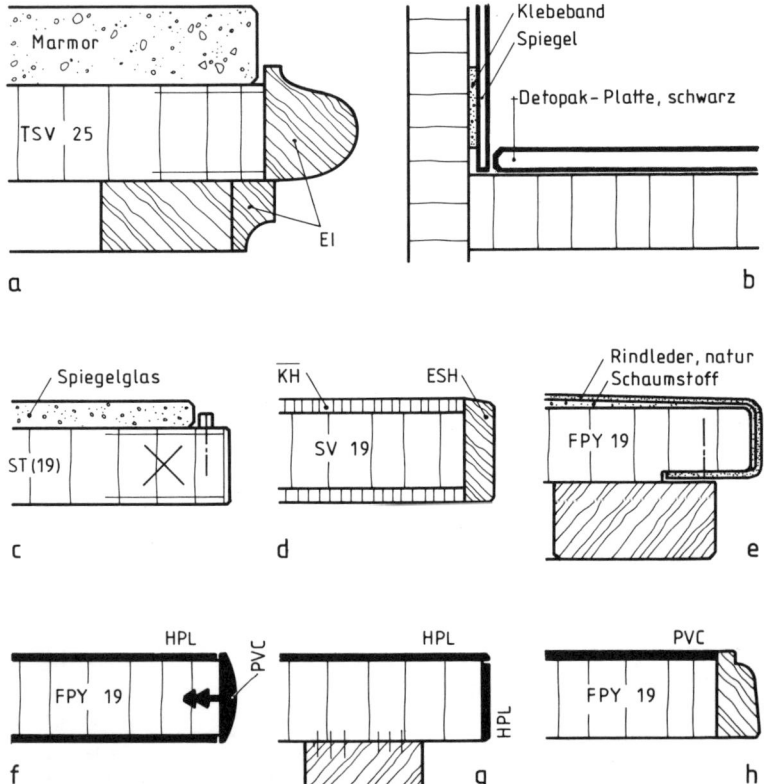

B 5.4-1 Querschnitte von Beschichtungs- oder Belagstoffen: (a) Marmor, (b) Glas und Klebeband, (c) Spiegelglasaufleger, (d) kunststoffbeschichtete, dekorative Holzfaserplatte, (e) Rindleder über Schaumstoff gespannt, (f) Schichtpreßstoff-Platten mit PVC-Umleimer, (g) Plattenkante und -fläche mit Schichtpreßstoff belegt, (h) Plattenfläche mit PVC beleimt.

5.5 Kunststoffe, Metalle, Glas

In den technischen Zeichnungen für die Holzverarbeitung müssen außer Holz auch andere Werkstoffe, wie Kunststoffe, Metalle und Glas, dargestellt werden (die Darstellungsart von Baustoffen und Bauteilen siehe unter 5.12).

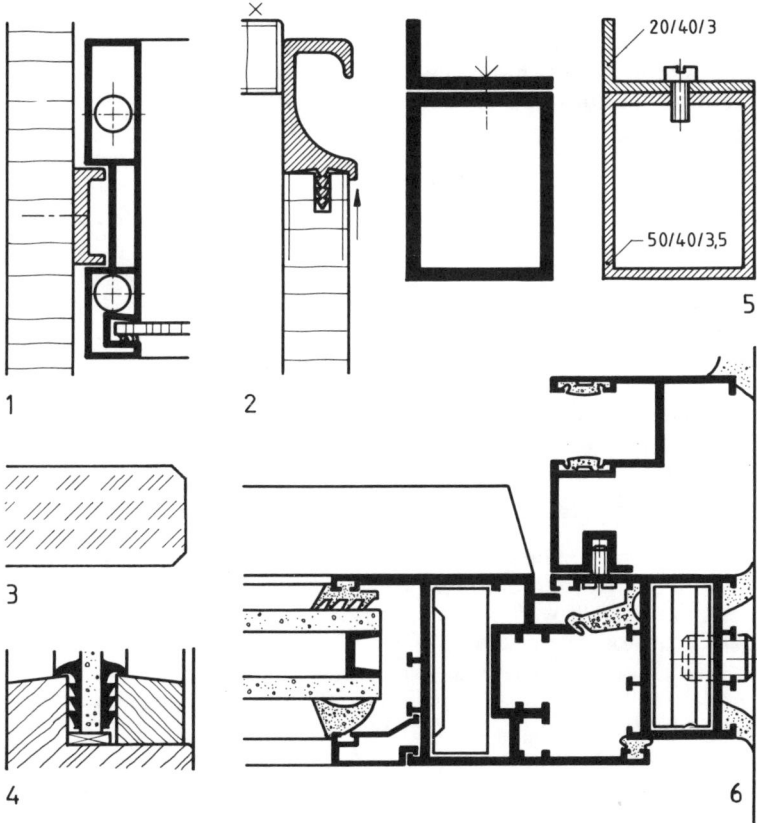

B 5.5-1 Schnitte durch Kunststoff, Metall oder Glas: (1) Schnitt durch eine Kunststoff-Schublade und Kunststofführung, (2) durch eine Leichtmetall-Griffleiste, (3) durch ein dickes Gußglasteil, (4) durch eine Trockenverglasung, (5) durch verschraubte Stahlprofile und (6) durch ein Aluminiumfenster.

Kunststoffe werden voll schwarz gezeichnet. Grenzen mehrere geschwärzte Schnittflächen aneinander, so sind diese durch helle Fugen voneinander zu trennen (B 5.5-1).

Metalle werden in den technischen Zeichnungen für die Holzverarbeitung unter 45° am Lineal eng schraffiert. Sind die Schnittflächen für eine Schraffur zu eng, können sie auch voll geschwärzt werden. Die aneinandergrenzenden geschwärzten Schnittflächen sind durch helle Fugen voneinander zu trennen. Die Verbindungsmittel in den Metallen werden nicht geschnitten dargestellt. Selbst wenn der Schnittverlauf durch die Bohrung verläuft, wird das Verbindungsmittel nur in der Ansicht gezeichnet (B 5.5-1).

Glas wird im geschnittenen Zustand gepunktet. Dicke Glasmassen werden gemäß DIN 201 auch mit Schraffurbündeln wie drei kurze, gleich lange und unter 45° gruppenweise zusammengefaßte Schraffuren gekennzeichnet (Bild 5.5-1).

Kitt wird dichter als Glas gepunktet, *Dichtungsmassen* kreuzweise unter 45° am Lineal eng schraffiert (Bild 5.12-1 und 2).

5.6 Verbindungsmittel

Verbindungsmittel sind Schrauben, Stifte, Heftklammern, Dübel und Federn.

Holzschrauben können, wie in B 5.6-2 angegeben, nach DIN 27 oder vereinfacht nur durch die *Mittelachse* oder durch ein Achsenkreuz dargestellt werden. Das Achsenkreuz kennzeichnet den Sitz der Schraube in der Ansicht, die Mittelachse gibt die Lage der Schraube in ihrer Längsrichtung an. Nach DIN 919 und DIN 15 werden Mittelachsen schmal, also 0,25 mm breit gezeichnet. Die Schraubensymbole heben sich dadurch nicht mehr klar von der Schraffur ab. Es ist zu überlegen, ob in diesem Fall die Mittelachse als Symbol für Schrauben in von Hand gefertigten Zeichnungen nicht ausnahmsweise 0,35 mm dick gezeichnet werden sollte. An die Mittelachse bzw. das Achsenkreuz wird mittels Bezugslinie die DIN-Kurzbezeichnung der jeweils verwendeten Schraube geschrieben. Statt der DIN-Kurzbezeichnung kann auch die Positionsnummer aus der Stückliste verwendet werden.

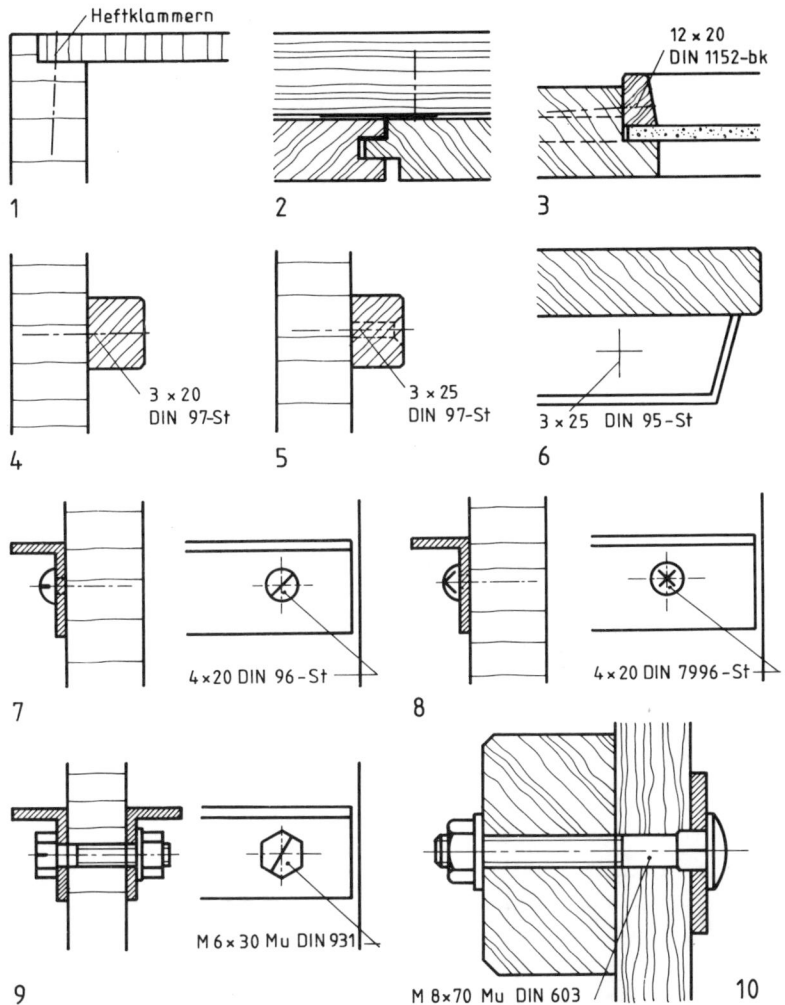

B 5.6-1 Darstellung von Verbindungsmitteln: (1) und (2) Heftklammern, (3) Drahtstifte mit Stauchkopf, blank, (4) und (5) Senkholzschraube, Stahl, (6) Linsensenkholzschraube, Sitz in der Ansicht, (7) Halbrundholzschraube, Stahl in Schnitt und Ansicht, (8) Halbrundholzschraube mit Kreuzschlitz, (9) Gewindeschraube, Schaft- und Gewindedurchmesser 6 mm, mit Mutter, (10) Flachrundschraube mit Vierkantansatz und Mutter, Schaft- und Gewindedurchmesser 8 mm.

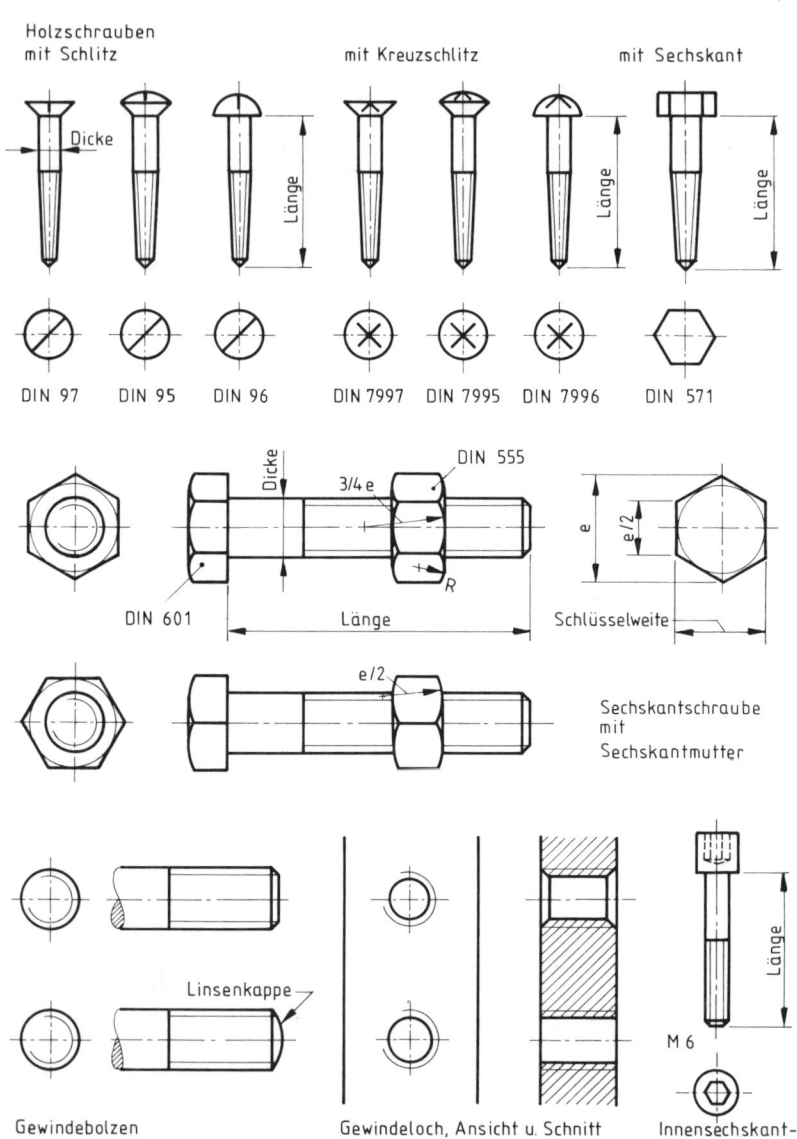

B 5.6-2 Darstellung der Schrauben nach DIN 27.

Beispiel: **3×20 DIN 97 St**; Kennzeichnung einer Senkholzschraube, 3×20, Stahl (weitere DIN-Kurzzeichen siehe Seite 262).

Stifte und Klammern werden wie die Holzschrauben im Schnitt ebenfalls nur durch die Mittelachse angegeben und durch das jeweilige DIN-Kurzzeichen bzw. die Positionsnummer der Stückliste gekennzeichnet.
Beispiel: **14 × 25, DIN 1151 A-bk**; Kennzeichnung eines runden Drahtstiftes, Flachkopf A, blank.

Gewindeschrauben werden nach DIN 27 in Zeichnungen n i c h t geschnitten dargestellt. Wird nicht durch die Verbindung geschnitten, sind die verdeckten Kanten der Gewindeschrauben einzustricheln. Wird durch die Verbindung geschnitten, also der Schnitt lang durch die Gewindeschraube geführt, werden die Gewindeschrauben vereinfacht in der Ansicht dargestellt. Dabei ist der Kerndurchmesser des Gewindes durch eine schmale Linie anzugeben. Durch die Mutter wird das Gewinde nicht gezeichnet (nicht gestrichelt). Bei der Ansicht auf den Gewindebolzen ist der Kerndurchmesser des Bolzens innen durch einen $3/4$ Kreis (schmale Vollinie) anzugeben.

Dübel werden n i c h t geschnitten dargestellt. Sie sind deshalb mit Strichlinien einzuzeichnen und als Rundkörper durch die Mittelachse zu kennzeichnen. Dübel sind kürzer als die Bohrungen. Nach DIN 919 wird die Luft des Dübels im Dübelloch eingezeichnet. So können Dübel und Dübellochtiefen gesondert ausgemaßt werden. Die Schraffurlinien werden über die eingestrichelten Dübel hinweggezogen (B 5.6-4). Nach DIN 919 kann für die Darstellung von Dübeln auch ein Symbol verwendet werden, das aus Mittelachse und den Endstrichen für Dübellänge oder Bohrlochtiefe besteht. Die

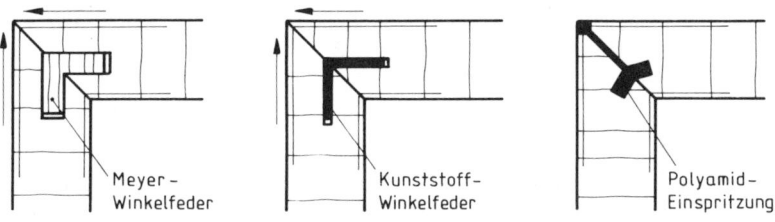

Meyer-Winkelfeder   Kunststoff-Winkelfeder   Polyamid-Einspritzung

B 5.6-3 Eckverbindungen auf Gehrung mit Winkelfedern und Polyamid-Einspritzung.

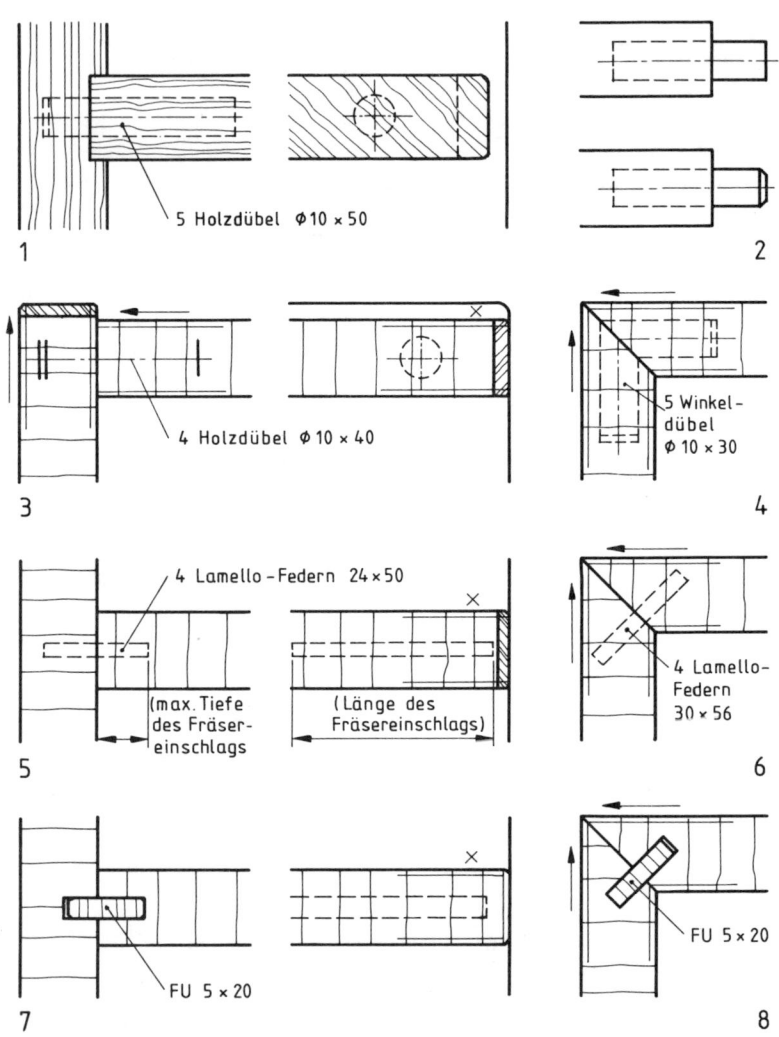

B 5.6-4 Darstellung von Dübeln und Federn: (1) Dübel in Vollholz, (2) Dübel in der Werkstücksansicht ohne oder mit Fase, (3) Dübel in Holzwerkstoffen, links in der Ansicht vereinfacht mit Symbol dargestellt, (4) Winkeldübel, (5) und (6) Lamellofedern, (7) und (8) durchgehende Federn aus Furnierplatte.

Endstriche sollen in der Länge der Dübeldicke entsprechen
(B 5.6-4).

Lamellofedern werden nur durch stellenweises Einsetzen des Frä-
sers genutet. Deshalb sollten Lamellofedern wie die Dübel eingestrichelt werden (B 5.6-4).

Federn, die durchgehend eingenutet sind, werden bei der Schnittführung zwangsläufig mit geschnitten und müssen deshalb auch als
Schnittfläche schraffiert werden. Die Federn können aus Vollholz,
Furnierplatte oder Kunststoff sein. Die Werkstoffart der Feder wird
durch die entsprechende Schraffur gekennzeichnet (B 5.6-3).

5.7 Leimfugen

Leimfugen werden nur dann angegeben, wenn aus konstruktiven
Gründen hierauf besonders hinzuweisen ist. Die Leimfuge kann
durch vier kurze Freihandlinien rechtwinklig zur Leimfuge symbolisiert werden. Die Linien weisen untereinander einen engen Abstand
auf. Falls erforderlich, kann durch entsprechende Wortangabe mit

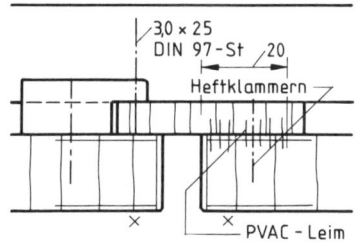

B 5.7-1 Angabe der Leimfuge.

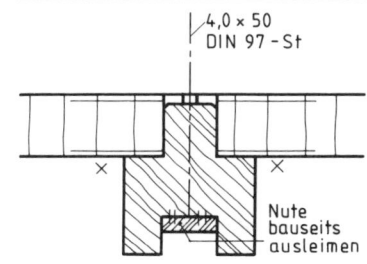

Bezugslinie auf die verwendete Leimart oder die angewandte Verleimung hingewiesen werden (B 5.7-1). Wird nur ein Teil der Fuge
verleimt, kann die Größe der Leimfuge mit mehr Symbollinien
gekennzeichnet und ausgemaßt werden.

5.8 Beschläge

Beschläge sind vereinfacht darzustellen. Bänder und Scharniere werden mit Ausnahme der Stangenscharniere nicht geschnitten. Die im Holz eingelassenen Teile der Beschläge werden gestrichelt dargestellt, die sichtbaren Umrißlinien voll ausgezogen. Der Drehpunkt wird durch ein Achsenkreuz gekennzeichnet (mit Ausnahme der Bänder mit mehreren Drehpunkten). Die Lage der Befestigungsschrauben kann durch Einzeichnen der Mittelachsen angegeben werden. Auf die Art und Ausführung des verwendeten Bandes oder Scharniers ist durch Beschriftung mittels Bezug- oder Hinweislinie hinzuweisen. Bänder oder Scharniere, die geschnitten gezeichnet werden, sind wie Metall voll schwarz anzulegen oder unter 45° eng am Lineal zu schraffieren. Die Kennzeichnung und Angabe des Drehpunktes erfolgt wie bei den nicht geschnittenen Bändern.

Schlösser, die eingelassen sind, werden nicht geschnitten gezeichnet, sondern unter der Schnittebene liegend eingestrichelt. Aufschraubschlösser werden in ihren Umrissen vereinfacht dargestellt. Bei Stangenschlössern ist der Schnitt durch die Hub- oder Drehstange erforderlich, der Schloßkasten wird entweder als Ansicht oder – bei eingelassenen Schloßkästen – gestrichelt dargestellt. Bei allen Schlössern ist das Dornmaß durch eine Strichpunktlinie unbedingt anzugeben.

Für die Darstellung der Beschlagteile gilt die Regel: Die Werkstücke sind vor oder über den Beschlägen zu schneiden, so daß eingelassene Beschläge gestrichelt und aufgeschraubte Beschläge in der Ansicht zu zeichnen sind. Eine Ausnahme bilden die durchlaufenden Beschläge, die ja zwangsläufig geschnitten werden müssen (durchlaufende Getriebestangen oder Stangenscharniere).

5.9 Rundkörper und Rohre

Volle Rundkörper, wie Stangen, gedrehte Füße und Säulen, werden meistens nur in der Ansicht dargestellt. Die Mittelachse ist einzuzeichnen. Sind die Werkstücke in der Länge zu unterbrechen, kann die Unterbrechung durch eine Bruchlinie nach B 5.9-1 Punkt 1 und Punkt 2 geschehen.

Quadratische Stahlrohre oder runde Stahlrohre können in der Ansicht oder teilweise von der Bruchlinie aus oder halb bis zur Mittelachse als Schnitt dargestellt werden (B 5.9-1 Punkt 4).

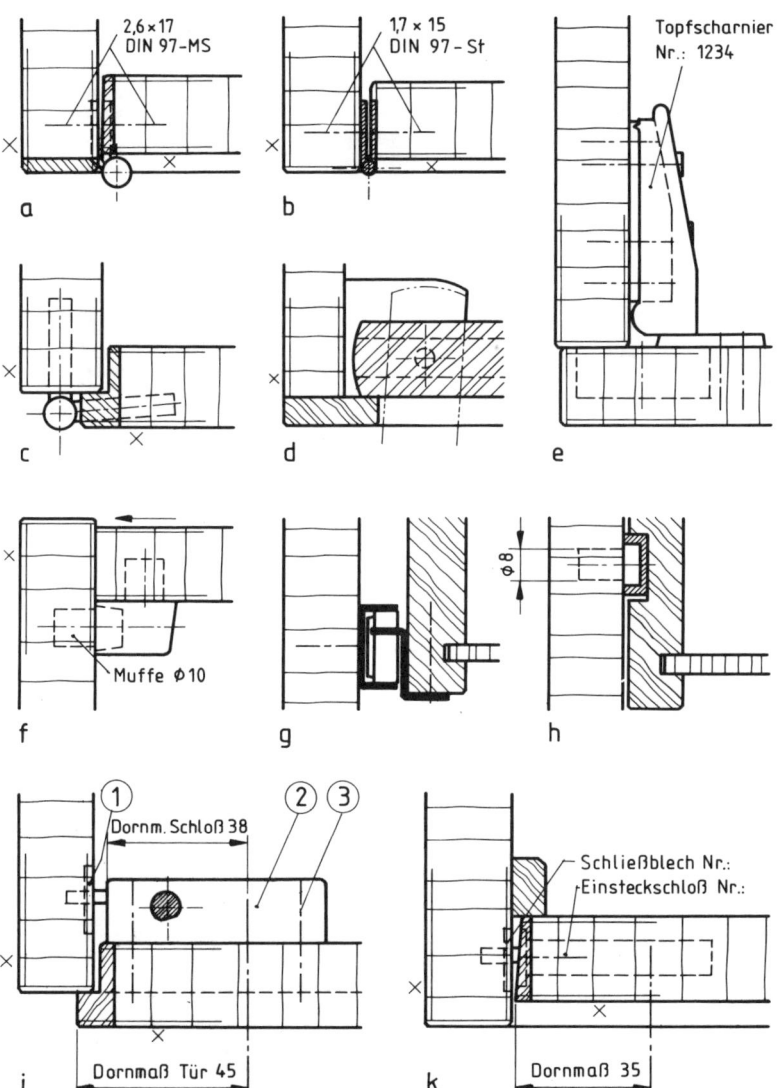

B 5.8-1 Darstellung von Beschlägen: (a) Band nicht geschnitten, (b) Stangenscharnier, (c) Einbohrband, (d) Zapfenband, (e) Topfscharnier, (f) Trapezverbinder, (g) Rollschubführung, (h) Schubkastenführung aus Kunststoff, (i) Drehstangenschloß, 1 Schließblech, 2 Schloßkasten, 3 Befestigungsschraube, (k) Einsteckschloß.

Gedrehte Werkstücke, bei denen das äußere und innere Profil besonders herauszuarbeiten ist, wie Knöpfe, gedrehte Füße, können auf der einen Seite der Mittelachse geschnitten und auf der anderen Seite der Mittelachse als Ansicht dargestellt werden (B 5.9-2).

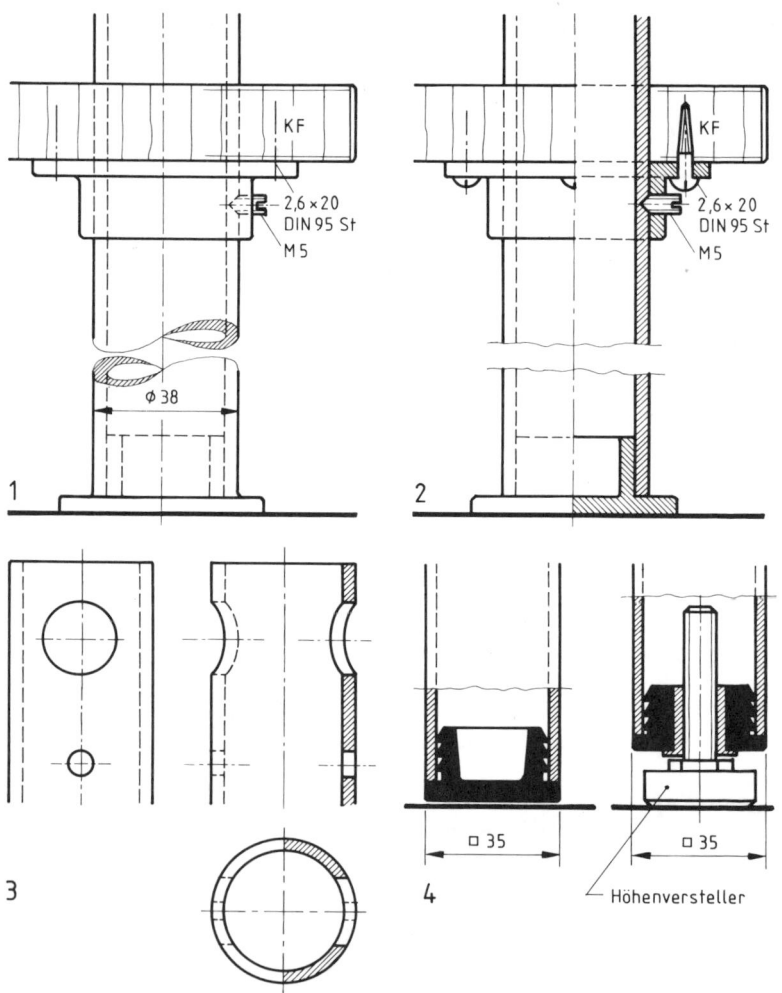

B 5.9-1 Runde oder quadratische Stahlrohre.

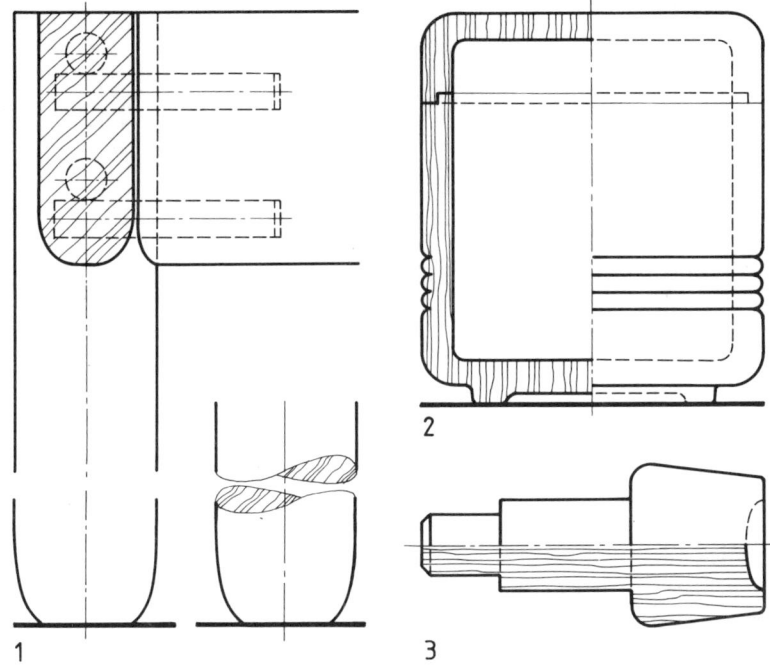

B 5.9-2 Rundkörper aus Holz.

Durchdringen sich die Rundkörper, kann bei wesentlich unterschiedlichen Durchmessern auf die flach verlaufenden Durchdringungskurven verzichtet werden, die Kanten werden dann gerade durchgezogen, z. B. bei seitlichen Bohrungen in großen Rundkörpern (B 5.9-1 Punkt 3).

5.10 Spiegelbildgleiche Teile

Bei spiegelbildgleichen Werkstücken, z. B. linke und rechte Schubkastenseiten, die sich lediglich durch die Lage der Flächen unterscheiden, genügt es in vielen Fällen, nur ein Stück zu zeichnen. Auf der Zeichnung ist in der Nähe des Schriftkastens auf das zweite Stück wie folgt hinzuweisen: »Teil zwei wie Teil eins, jedoch spiegelbildlich wie gezeichnet«. Eine zusätzliche Hilfe kann es sein,

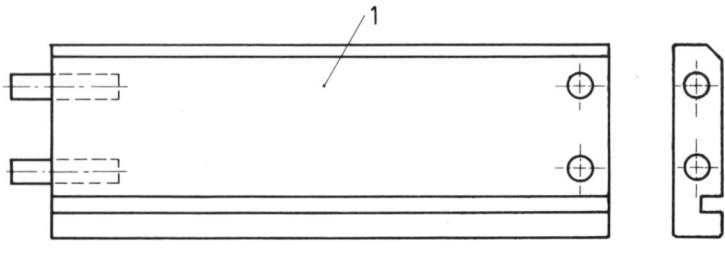

Teil 2 wie Teil 1, jedoch entgegengesetzt
wie gezeichnet (spiegelbildlich)

B 5.10-1 Darstellung spiegelbildgleicher Teile.

wenn das nicht dargestellte Werkstück im verkleinerten Maßstab
ohne Maße neben den schriftlichen Hinweis gesetzt wird (B 5.10-1).

5.11 Kleine ebene Flächen in der Ansicht

Sollen kleine ebene Flächen in Schnittzeichnungen besonders hervorgehoben werden, dann können diese durch ein Diagonalkreuz
mittels schmaler Vollinie gekennzeichnet werden. Vom Diagonalkreuz wird in Zeichnungen für die Holzverarbeitung jedoch nur we-

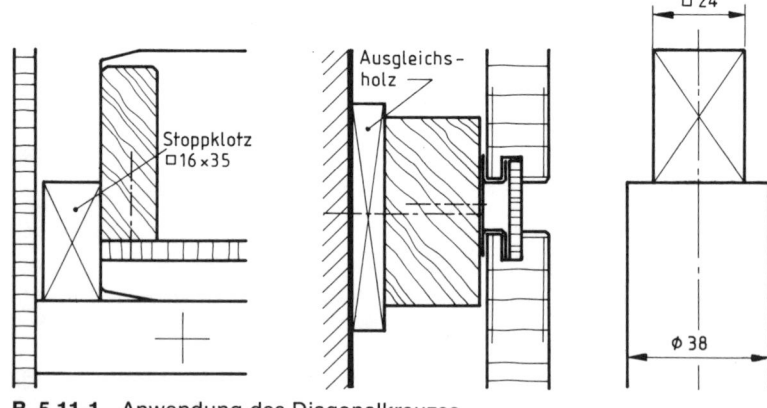

B 5.11-1 Anwendung des Diagonalkreuzes.

80

nig Gebrauch gemacht. Aber auch hier gibt es Fälle, in denen man das Teil ohne Diagonalkreuz in der Schnittzeichnung nicht erkennen kann (B 5.11-1).

5.12 Baustoffe und Bauteile

Die Darstellungsmittel für Baustoffe und Bauteile sind in DIN 1356 genormt. Der Abstand der Schraffurlinien ist jeweils auf die Darstellungsgröße abzustimmen (B 5.12-1).

Bewehrter Beton wird mit schmalen Strichlinien und Vollinien, die abwechselnd unter 45° in den Querschnitt mit dem Lineal einzuzeichnen sind, schraffiert. Die Umrisse vom Beton sind dick auszuziehen. Die Bewehrung wird nicht dargestellt.

Unbewehrter Beton, Stampfbeton, wird unter 45° am Lineal mit schmalen Strichlinien schraffiert. Die Umrisse sind dick auszuziehen.

Mauerwerk aus künstlichen Steinen (Mauerziegel, Kalksandstein) wird unter 45° am Lineal mit schmalen Vollinien schraffiert. Die Umrisse des Mauerwerks sind dick auszuziehen.

Betonfertigteile (wie Verkleidungen, Treppenstufen) werden senkrecht und waagerecht kreuzweise mit schmalen Vollinien schraffiert. Große Querschnitte erhalten dicke Umrisse.

Sperrschichten gegen Feuchtigkeit werden durch Doppellinien dargestellt, die in regelmäßigen Abständen und jeweils in gleichmäßiger Länge schwarz ausgefüllt werden.

Dämmschichten gegen Schall, Wärme oder Kälte werden durch Doppellinien dargestellt, zwischen die eine Wellenlinienschraffur einzutragen ist.

Putz oder Mörtel wird gepunktet.

Stahlprofile werden im Schnitt voll schwarz ausgezogen. Angrenzende Profile werden durch Lichtfugen voneinander getrennt. Größere Stahlquerschnitte in Detailzeichnungen werden unter 45° am Lineal schraffiert.

Holz und Holzwerkstoffe werden auch in Bauzeichnungen – so wie in DIN 919 angegeben – schraffiert.

Dicht- und Sperrstoffe. Die allgemeine Darstellung für Sperrschichten zeigt B 5.12-1 k. In Konstruktionszeichnungen im größeren

Maßstab können die besonderen Symbole für die zeichnerische Darstellung von Abdichtungen nach DIN 4122 (B 5.12-1 l, m, n) verwendet werden.

Darstellungen von Bauteilen, Baustoffen sowie Innenausbauteilen aus Holz und Holzwerkstoffen siehe B 3.2-1; 5.12-2 und 5.12-3.

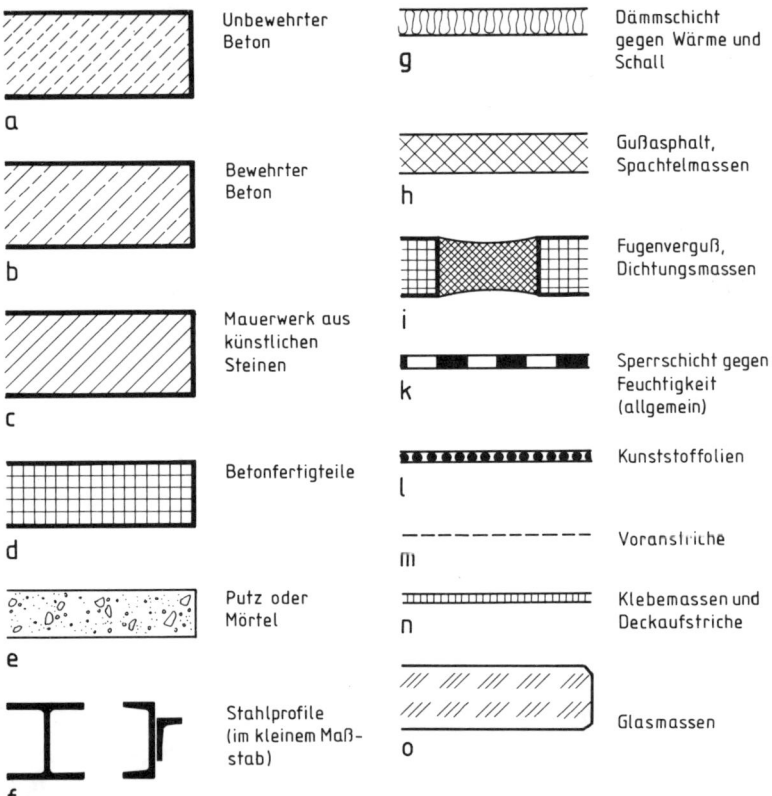

a	Unbewehrter Beton	g	Dämmschicht gegen Wärme und Schall
b	Bewehrter Beton	h	Gußasphalt, Spachtelmassen
c	Mauerwerk aus künstlichen Steinen	i	Fugenverguß, Dichtungsmassen
d	Betonfertigteile	k	Sperrschicht gegen Feuchtigkeit (allgemein)
e	Putz oder Mörtel	l	Kunststoffolien
		m	Voranstriche
		n	Klebemassen und Deckaufstriche
f	Stahlprofile (im kleinem Maßstab)	o	Glasmassen

B 5.12-1 Darstellungsmittel für Baustoffe und Bauteile nach DIN 1356.

B 5.12-2 Querschnitt durch eine aufgedoppelte Tür im Kunststeingewände
B 5.12-3 Höhenschnitt durch den Fußpunkt einer leichten Trennwand mit dem Fußbodenaufbau.

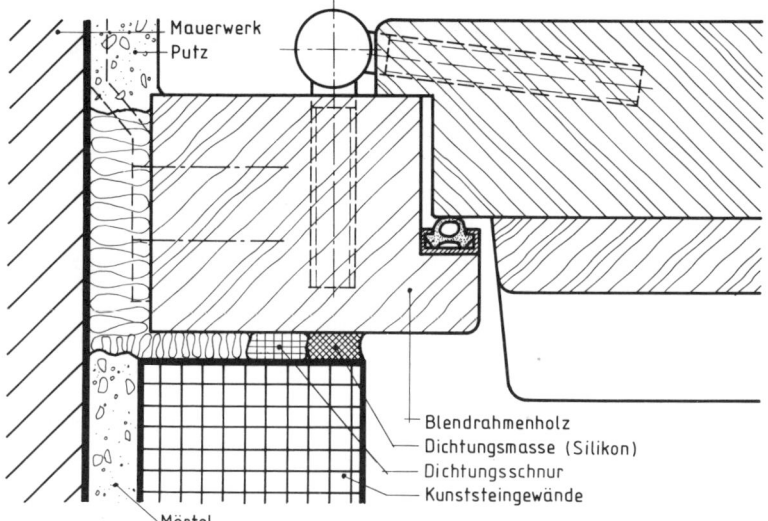

Mauerwerk
Putz

Blendrahmenholz
Dichtungsmasse (Silikon)
Dichtungsschnur
Kunststeingewände

Mörtel

B 5.12-2

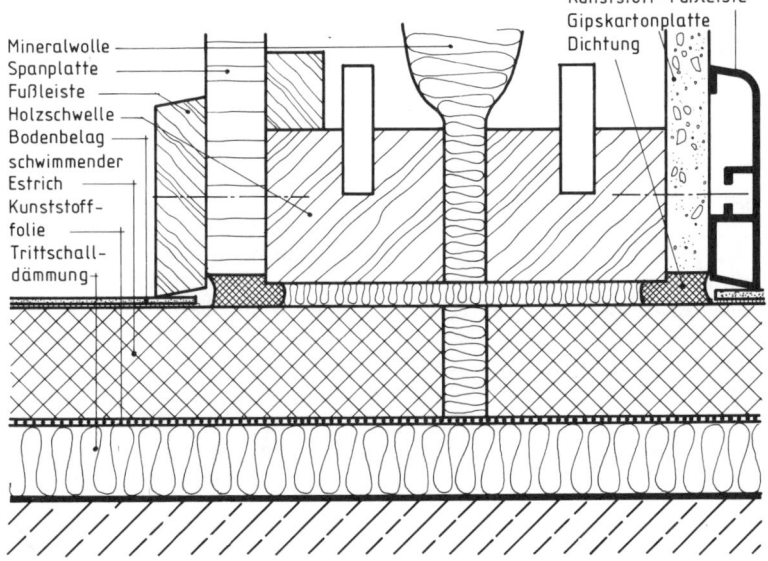

Mineralwolle
Spanplatte
Fußleiste
Holzschwelle
Bodenbelag
schwimmender
Estrich
Kunststoff-
folie
Trittschall-
dämmung

Kunststoff- Fußleiste
Gipskartonplatte
Dichtung

B 5.12-3

83

6 Bemaßung von Zeichnungen

Die Bemaßung ist eine wichtige Teilinformation der Zeichnungen. Wegen ihrer Bedeutung ist ihr größte Sorgfalt beizumessen.

6.1 Bemaßungsgrundsätze

Technische Zeichnungen müssen ausreichend, klar und eindeutig sowie logisch bemaßt werden. Die Bemaßung kann funktions-, fertigungs- und prüfbezogen sein.

Ausreichende Bemaßung: Je nach dem Zweck der Zeichnung (siehe Zeichnungsarten) kann die Bemaßung mehr oder weniger vollständig durchgeführt werden.

In Formgebungs- oder Gestaltungszeichnungen sind nur die wichtigsten Ausdehnungen des Werkstücks und bei Möbeln oder Einbauschränken noch die besonderen Funktionsmaße einzutragen z. B. Höhe, Breite und Tiefe des Gegenstandes, Höhe der Schreibklappe, des Schubkastenteils, der Fachbodenabstände.

Fertigungszeichnungen, wie Teilschnitt-Zeichnungen, sollten dagegen die Maße enthalten, die für die Erstellung einer Stückliste erforderlich sind. Das Herausmessen der Maße aus der Zeichnung oder nachträgliches Errechnen der Maße sollte vermieden werden.

Eine Ausnahme bilden die im Maßstab 1:1 gezeichneten Aufrisse oder Brettrisse. Hier kann auf eine ausführliche Bemaßung verzichtet werden, weil die Teile für eine Einzelfertigung nach dem gezeichneten Brettriß zugeschnitten werden.

Anders ist es bei Teil-Zeichnungen. Sie gehen für in Serie zu fertigende Teile als Arbeitsunterlagen in den Betrieb. Hier darf kein Maß fehlen, wenn es nicht unnötige Rückfragen geben soll. Jedes Maß muß richtig und auf die hiermit zu paarenden Teile abgestimmt sein.

Klare und eindeutige Bemaßung: Die Maße sind nach den Bemaßungsregeln einzutragen (Seite 89 ff.). Dadurch wird ein einheitliches Schreiben und Lesen der Maße erreicht. Die Maßeintragungen

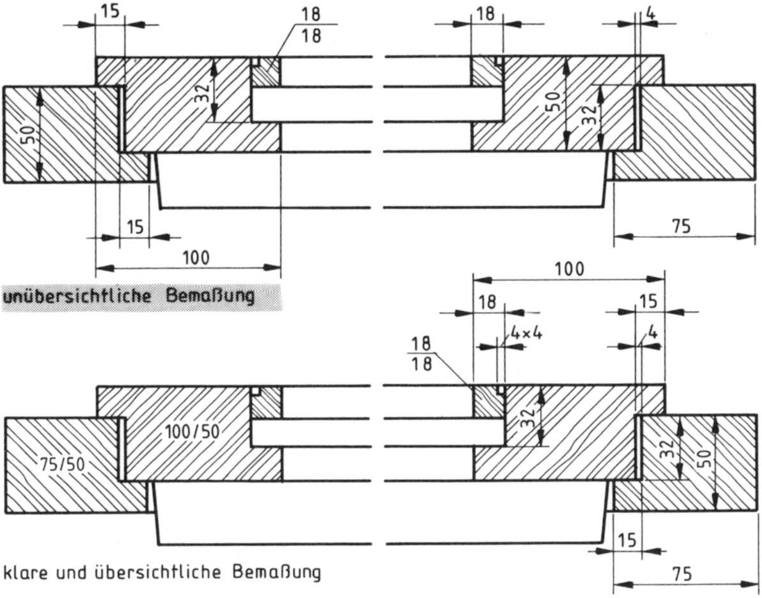

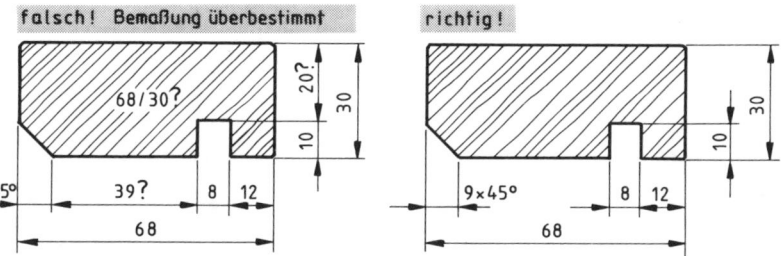

B 6.1-1 Durch die Konzentration der Maße an einem Querschnitt wird die Bemaßung klar und übersichtlich.

B 6.1-2 Überbestimmte Maße sind unnötig und bergen zusätzliche Fehlerquellen.

müssen richtig sein. Die Maße dürfen nicht falsch begrenzt werden. Es genügt, jedes Maß nur einmal einzutragen, und zwar an der Stelle in der Zeichnung, die über die Form des Gegenstandes die klarste Aussage macht. Deshalb sind in einer Zeichnung wiederkehrende Teile nur einmal, aber an der übersichtlichsten Stelle, vollständig

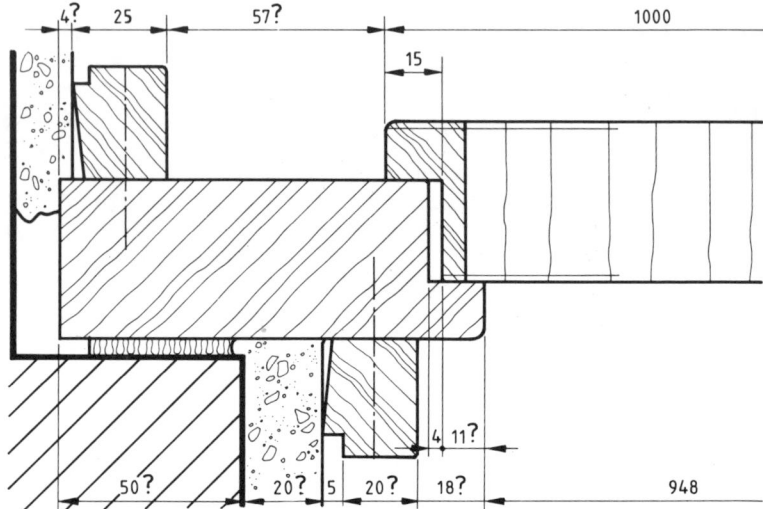

B 6.1-3 Die mit Fragezeichen versehenen Maße können nicht garantiert werden oder sind überbestimmt und sind deshalb wegzulassen.

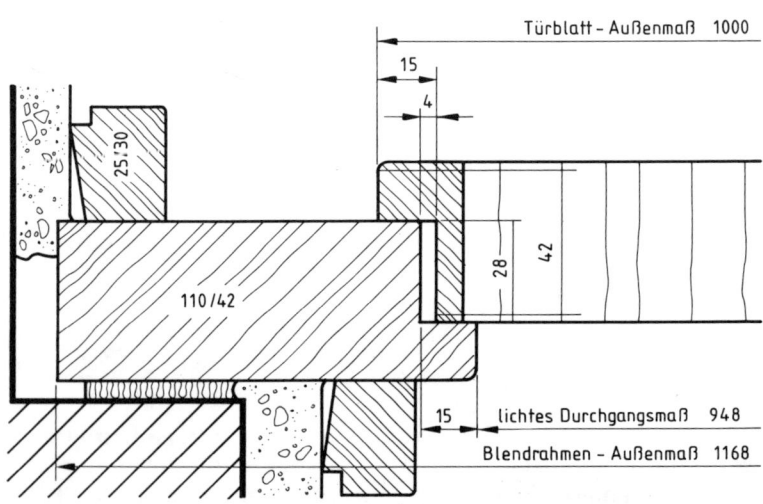

B 6.1-4 Logische Bemaßung. Nur die für die Herstellung des Einbauteils erforderlichen Maße sind eingetragen.

auszumaßen (B 6.1-1). Bei Wiederholungen gleicher Maßangaben kann es sein, daß man falsche Maßangaben an einer Stelle der Zeichnung ändert, aber die gleichen sich wiederholenden Maße an einer anderen Stelle übersieht. Deshalb sind Doppelbemaßungen und auch das Überbestimmen von Maßen zu vermeiden (B 6.1-2).

Logische Bemaßung: Es sollten nur die Maße in Zeichnungen eingetragen werden, die für die Fertigung oder für die Klärung der Funktion des Gegenstandes erforderlich sind. Die Maße, die sich durch die Fertigung oder bei der Montage von Innenausbauten von selbst ergeben, werden nicht eingetragen (B 6.1-3 und 4). Bei wiederkehrenden gleichen Teilen in einer Zeichnung sollte an einem Teil die Bemaßung vollständig durchgeführt werden, und zwar an der übersichtlichsten Stelle in der Zeichnung. Die Maße sind so in Fertigungszeichnungen einzutragen, wie man sie am fertigen Werkstück nachmißt oder wie man die Maße zum Einstellen der Maschine benötigt. Hilfsmaße, die für die Bestimmung des Gegenstandes nicht erforderlich sind, werden eingeklammert (B 6.1-6). Maßketten sind ebenfalls zu vermeiden. Werden Maßketten aber für die Aussage gewünscht, sind die Maße in Klammern zu setzen, die für die Fertigung am unwesentlichsten sind und die Toleranzen am besten aufnehmen können (B 6.1-5).

Funktionsbezogene Bemaßung: Eine funktionsbezogene Bemaßung liegt vor, wenn die Gegenstände auf die spätere Verwendung hin, d. h. auf die Maße des Einbaus hin, bemaßt werden. Durch die Maßeintragung in Werkstückzeichnungen soll unter Beachtung der auftretenden Toleranzen das funktionelle Zusammenpassen der einzelnen Teile gewährleistet sein.

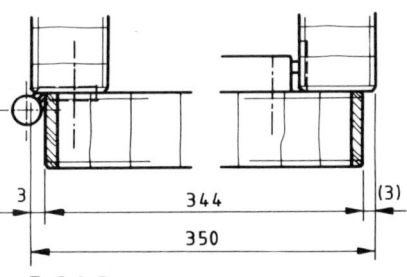 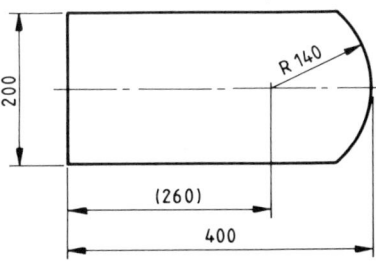

B 6.1-5
Maßkette. Ein informatives, aber unwesentliches Maß wird in Klammern gesetzt.

B 6.1-6
Hilfsmaße, durch die Maße überbestimmt werden, sind in Klammern zu setzen.

87

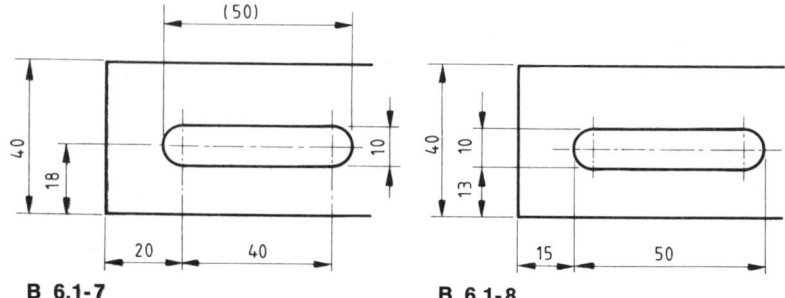

B 6.1-7
Fertigungsbezogene Bemaßung.

B 6.1-8
Prüfbezogene Bemaßung.

Fertigungsbezogene Bemaßung: In Fertigungszeichnungen sollte besonders die fertigungsbezogene Bemaßung angewendet werden, auf die Fertigungsart und die Fertigungsmittel ist Rücksicht zu nehmen. Liegt Einzelfertigung, Serienfertigung oder Massenfertigung vor? Welche Betriebsmittel stehen zur Verfügung, und mit welchen Werkzeugen sind sie bestückt? Wie sehen die innerbetrieblich verwendeten Beschläge und Verbindungsmittel aus? Die Maße sind so in die Zeichnungen einzutragen, daß man beim Fertigen und Einstellen der Maschinen die angegebenen Maße gleich übernehmen kann und nicht erst umrechnen muß. Voraussetzung hierfür ist aber, daß der Konstrukteur über die Fertigungsbedingungen im Betrieb Bescheid weiß (B 6.1-7).

Prüfbezogene Bemaßung ist eine besondere Bemaßung für die Qualitätskontrolle, die das Aufsetzen der Prüflehren berücksichtigt und die Maße, die geprüft werden, direkt ausweist (B 6.1-8).

In einigen Fällen können funktions- und fertigungsbezogene sowie fertigungs- und prüfbezogene Maßeintragungen übereinstimmen. Insbesondere sind die Unterschiede der funktions-, fertigungssowie prüfbezogenen Maßeintragungen beim Tolerieren der Maße zu berücksichtigen (siehe Abschnitt 8).

6.2 Maßangaben

Um ein Maß eindeutig festlegen zu können, benötigt man die Maßlinie, Maßhilfslinie, Maßlinienbegrenzung und Maßzahl.

6.2.1 Maßlinien

Maßlinien sind in der Regel gerade schmale Vollinien, die bei Maßeintragungen im Körper rechtwinklig zu den dargestellten Körperkanten verlaufen und bei herausgezogenen Maßen parallel zu den
Körperkanten. Die Körperkanten selbst oder die Mittellinien dürfen
nicht als Maßlinie benutzt werden. Die Maßzahlen stehen über den

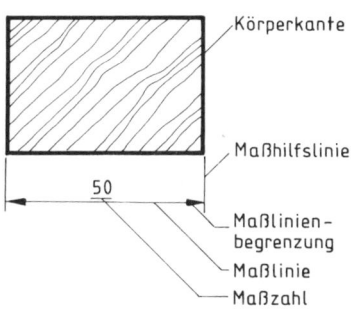

B 6.2-1
Elemente für eine Maßangabe.

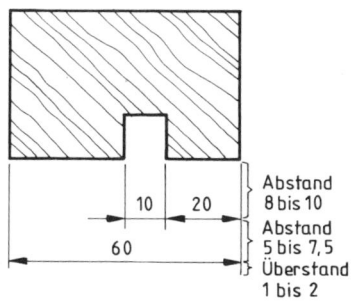

B 6.2.-2
Abstände der Maßlinien untereinander und von den Körperkanten.

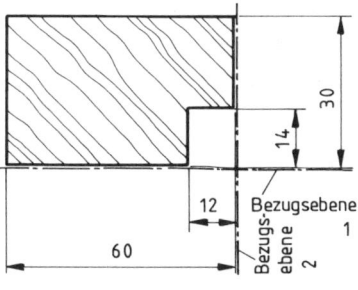

B 6.2-3
Bezugsebenen für die
Maßeintragung.

89

Maßlinien. Die Maßlinien dürfen durch Maßlücken an den Stellen unterbrochen werden, wo es die Übersichtlichkeit der Zeichnung erfordert. Damit genügend Platz für das Einschreiben der Maßzah-

B 6.2-4 Bemaßung von Bogen und Winkeln.

B 6.2-5 Anordnung der Maßhilfslinien.

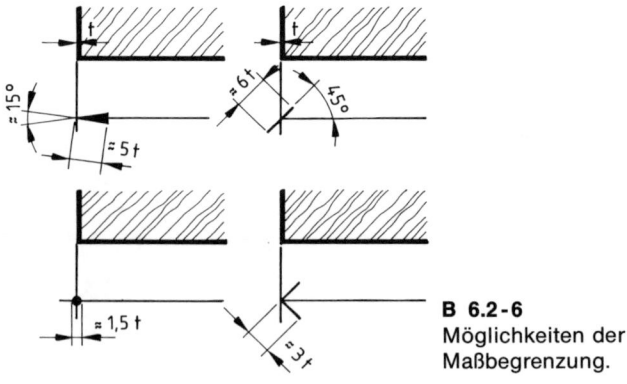

B 6.2-6
Möglichkeiten der
Maßbegrenzung.

len vorhanden ist, sollte die erste Maßlinie etwa 8 bis 10 mm Abstand von der Körperkante, die Maßlinien untereinander sollten etwa 5 bis 7,5 mm Abstand aufweisen. Die Maßlinien sind so einzutragen, daß die Übersichtlichkeit der Zeichnung nicht gestört wird. Im allgemeinen werden die Werkstücke von Bezugsebenen aus eingemaßt. Die Bezugsebenen können Mittelachsen oder Körperkanten sein. Maßlinien sollten sich untereinander oder mit anderen Linien möglichst nicht schneiden. (Bei Maßen, die im Gegenstand liegen, ist das allerdings nicht zu vermeiden.)

Bei großen symmetrischen Werkstücken, die nur etwas über die Hälfte gezeichnet werden, sind auch die Maßlinien nur geringfügig über die Symmetrieachse hinauszuziehen und dann nur einseitig zu begrenzen (B 6.3-1).

Bei der Bemaßung von Bogen und Winkeln ist die Maßlinie eine schmale Kreislinie, die bei der Bogenbemaßung konzentrisch zur Bogenlinie verläuft und bei der Winkelangabe ihren Mittelpunkt im Scheitelpunkt des Winkels hat. In besonderen Fällen kann bei Bogenlängen auch das Sehnenmaß angegeben werden (B 6.2-4).

6.2.2 Maßhilfslinien
Maßhilfslinien sind für die herausgezogenen Maße erforderlich. Die Maßhilfslinien beginnen unmittelbar an den Körperkanten des einzuschließenden Maßes und gehen etwa 2 mm über die äußerste Maßlinie hinaus. Im allgemeinen stehen die Maßhilfslinien rechtwinklig zu den Maßlinien. Sie dürfen aber ausnahmsweise unter einem Winkel von 60° zur Maßlinie gezeichnet werden, wenn dadurch die Zeichnung klarer wird. Auch Mittellinien dürfen als Maßhilfslinien benutzt werden. Die Maßlinie sollte an dem Strich und nicht an dem Punkt der Mittellinie begrenzt werden. Außerhalb des dargestellten Körpers ist die Mittellinie, wenn sie als Maßhilfslinie genutzt wird, als schmale Vollinie herauszuziehen (B 6.2-5).

6.2.3 Maßbegrenzungen
Die Enden der Maßlinien müssen deutlich gekennzeichnet werden. Die DIN 406, Teil 2, läßt für die Maßbegrenzung Pfeile, Schrägstriche und auch Punkte zu. In einer Zeichnung ist immer nur eine Maßbegrenzungsart zu wählen. Nach DIN 919 sollten Schrägstriche bevorzugt angewendet werden. Da Kreisdurchmesser und Radien sowie die vom Nullpunkt aus bezogenen Maße immer einen Maßpfeil erhalten, sind Mischformen der Maßbegrenzung dann nicht auszuschließen.

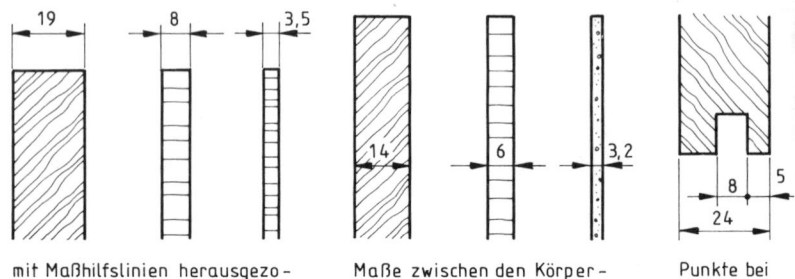

mit Maßhilfslinien herausgezo-
gene Maße

Maße zwischen den Körper-
kanten

Punkte bei
Platzmangel

B 6.2-7 Maßbegrenzung mit Pfeilen.

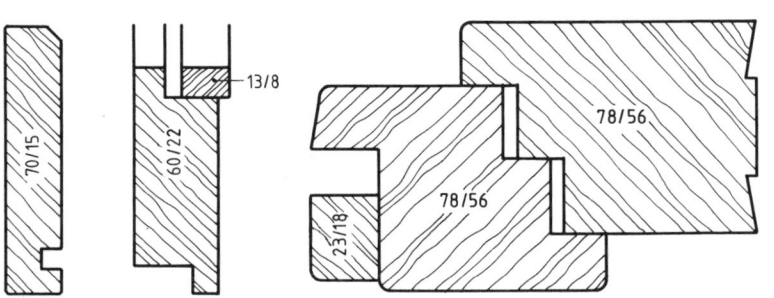

B 6.2-8 Maßangabe in Bruchform bei Holzquerschnitten.

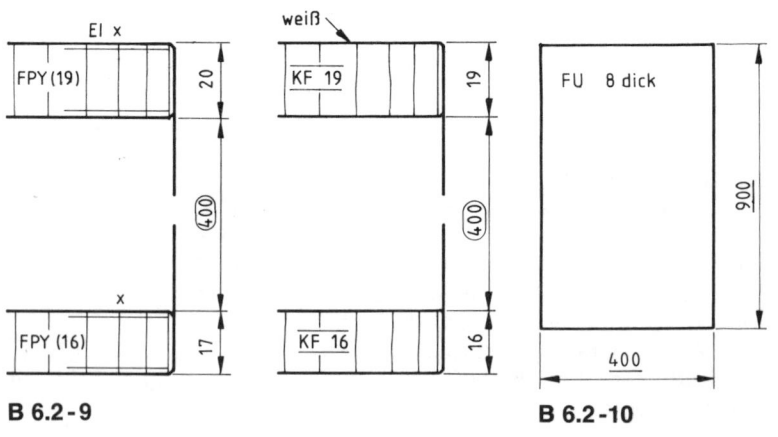

B 6.2-9

B 6.2-10

92

Maßpfeile treten als Maßbegrenzung am deutlichsten hervor. Sie werden bei langen Maßlinien von innen, bei kurzen Maßlinien von außen gegen die Maßhilfslinien oder Körperkanten geführt. Die Maßlinien für Halbmesser, Durchmesser oder die gekürzten Maßlinien für Durchmesser erhalten an der Kreisbogenlinie immer einen Maßpfeil. Auch die Bemaßung von Winkeln und Bögen sowie die vom Nullpunkt aufsteigenden Maße sind mit Maßpfeilen zu begrenzen.

Die Länge der Maßpfeile beträgt ca. 5 t (t = Dicke der breiten Vollinie). In 1:1-Zeichnungen nach DIN 919 sind die Maßpfeile bei 0,7 mm breiten Vollinien $0,7 \times 5 = 3,5$ mm, in Zeichnungen bei 0,5 mm breiten Vollinien $0,5 \times 5 = 2,5$ mm lang. Die Maßpfeile werden voll geschwärzt. Die Schenkel des Pfeiles schließen einen Winkel von ca. 15° ein. DIN 406, Teil 2, läßt auch offene Maßpfeile zu, deren Schenkellänge ca. 3 t beträgt. Die Schenkel der Pfeilspitzen dürfen einen Winkel von $\leq$ 90° bilden (B 6.2-6 und 7).

Folgen mehrere Maße eng aufeinander, können keine Pfeile zwischen die Maßhilfslinien gezeichnet werden. In diesem Fall sind Punkte als Maßbegrenzung erlaubt. Die Größe eines Punktes beträgt ca. 1,5 t (bei einer Linienbreite von 0,7 mm also 1 mm).

Schrägstriche verlaufen unter 45° schräg von rechts oben nach links unten durch den Schnittpunkt der Maßlinie mit der Maßhilfslinie. (Nach DIN 406, Teil 2, stößt die Maßlinie gegen die Maßhilfslinie.) Maßgebend für die Richtung der Schrägstriche ist die Leserichtung der Maßzahl. Der Schrägstrich ist etwa 6 t lang (bei einer 0,7 mm breiten Vollinie, also ca. 4 mm, bei einer 0,5 mm breiten Vollinie ca. 3 mm). Schrägstriche haben gegenüber Pfeilen den Vorteil, daß sie schneller zu zeichnen sind und auch bei kurzen Maßlinien angewendet werden können. Die Maßlinienbegrenzung mit Schrägstrichen ist aber nicht sehr deutlich, besonders dann, wenn die Schrägstriche durch Körperkanten schraffierter Flächen gehen. Bei Maßlinien für Halbmesser, für Durchmesser, bei Bogen- und Winkelbemaßung sowie bei steigender Bemaßung vom Null-

B 6.2-9 Bemaßung eines zusammengebauten Erzeugnisses aus furnierten Holzwerkstoffen oder aus KF-Platte. Das Maß 400 muß unbedingt eingehalten werden, damit die Funktion gewährleistet ist.
B 6.2-10 Bemaßung eines flächigen, nicht maßstabsgerecht gezeichneten Werkstücks.

punkt aus sind auch bei der Anwendung von Schrägstrichen in der Zeichnung Maßpfeile zu zeichnen (B 6.2-6).

Punkte sind nach der DIN 406, Teil 2, ebenfalls als Maßbegrenzung zugelassen. Sie liegen auf dem Schnittpunkt von Maßlinie und Maßhilfslinie und sollen ca. 1,5 t groß sein (B 6.2-6). Sie werden besonders für Entwurfszeichnungen angewendet.

6.2.4 Maßzahlen

Die Maßzahlen sind über die durchgezogenen Maßlinien zu schreiben. Sie dürfen nicht auf die Körperkanten oder Mittellinien gesetzt werden. Maßzahlen müssen frei stehen, d. h. sie dürfen durch keine Linie getrennt oder gekreuzt werden. Die Maße sind möglichst nach unten und nach rechts aus der Zeichnung herauszuziehen. Bei Platzmangel, wenn sich die Maßzahl nicht mehr zwischen die Hilfslinien oder Körperkanten setzen läßt, können die Maßzahlen in die Nähe der Maßlinien gestellt werden. In der Regel werden sie dann nach rechts herausgerückt. Bei Unklarheit oder mehreren herauszurückenden Maßzahlen können diese mit Bezugslinien an die Maßlinien angebunden werden (B 6.2-7).

Die Maße von Rechteckquerschnitten können in Bruchform in die Querschnitte eingeschrieben oder bei kleineren Querschnitten in Bruchform neben die dargestellten Querschnitte gesetzt und mit Bezugslinien angebunden werden. Bei den Querschnittsmaßen in Bruchform steht die Breite des Werkstückquerschnitts vor dem Bruchstrich, die Dicke oder Höhe des Werkstücks hinter dem Bruchstrich (B 6.2-8). In der Zeichnung sollten die Maße für die gleichen Querschnitte in der gleichen Bruchform geschrieben werden.

Die Maßzahlen geben im allgemeinen die Fertigmaße an. So sind auch furnierte Platten in der Fertigdicke auszumaßen. Die Rohdicke der Platte kann hinter die Plattenbezeichnung gesetzt werden. Sie ist mittig in die Platte einzuschreiben und wird dann in Klammern gesetzt (B 6.2-9).

Bei Plattenzuschnitten und anderen flächigen Werkstücken, bei denen Schnittzeichnungen nicht erforderlich sind, kann das Dickenmaß innerhalb der gezeichneten Fläche angegeben werden (B 6.2-10).

Die Maßzahlen mit den dazugehörigen Kurzzeichen sollten bei Leserichtung oder Gebrauchslage der Zeichnung von unten oder von rechts lesbar sein (B 6.2-11 und 12). Die Maßzahlen, die durch das

Drehen der Zeichnung zur Verwechslung neigen, wie 6, 9, 66, 68, 86, 98 und 99, erhalten hinter der Zahl unten einen Punkt (9. oder 6.). In den technischen Zeichnungen für die Holzverarbeitung, einschließlich der Formgebungszeichnungen, werden die Maße in »mm« angegeben. Bei Maßen in größeren Einheiten, z. B.: »cm« und »m«, ist die Einheit mit dem gewählten Maßstab besonders anzugeben. Will der Auftraggeber einige Maße nachprüfen, sind diese Maße durch Einrahmung in der Zeichnung besonders zu kennzeichnen (B 6.2-9). Werden Maße in eine nicht maßstäblich gezeichnete Darstellung eingetragen, so sind die geltenden Maße zu unterstreichen (B 6.2-10). Stehen mehrere Maßzahlen dicht übereinander,

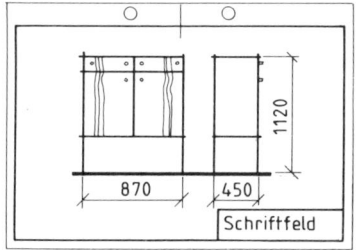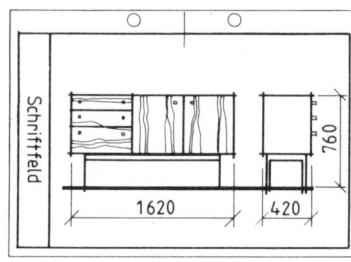

B 6.2-11 Gebrauchslage oder Leserichtung der Zeichnungen.

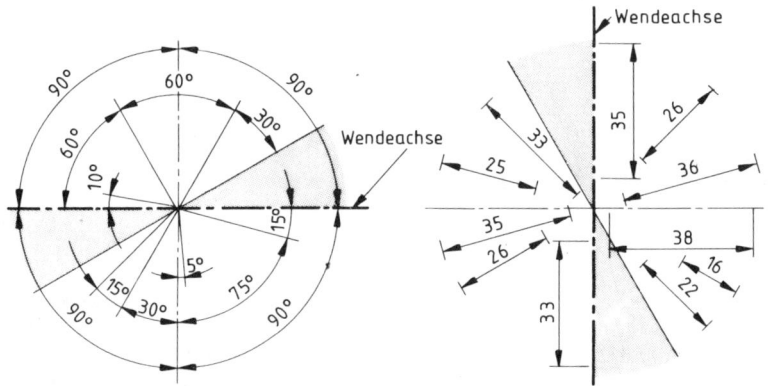

B 6.2-12 Schreibrichtung der Maße, bezogen auf die Leserichtung bzw. Gebrauchslage der Zeichnungen. Im gerasterten Bereich sind Maßeintragungen zu vermeiden.

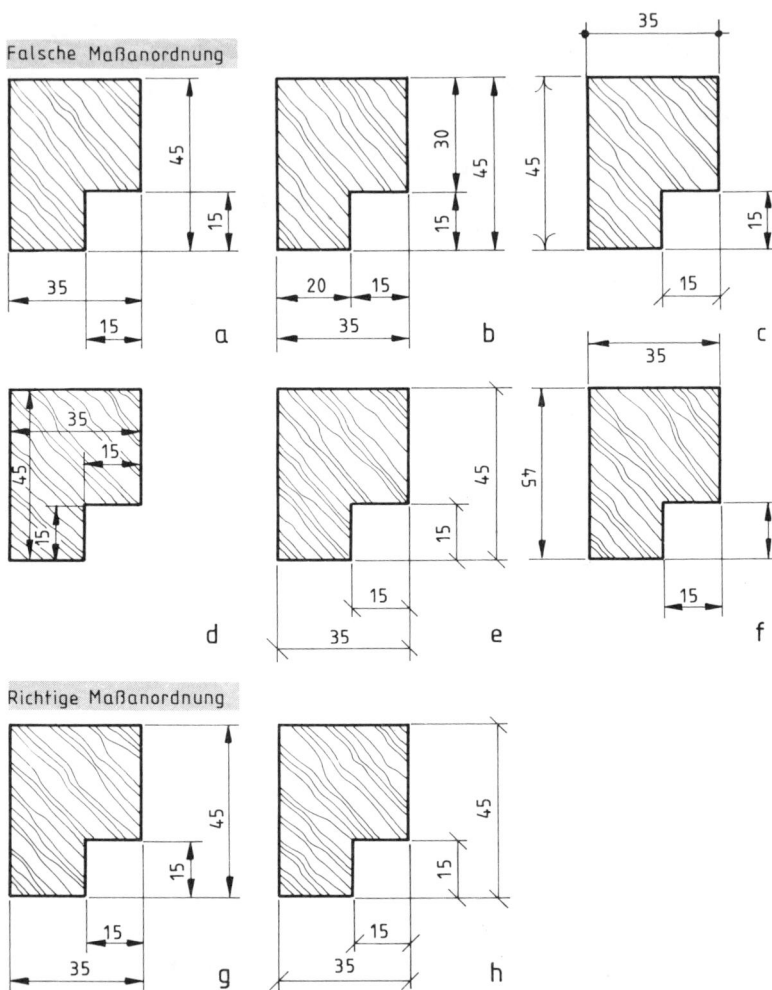

B 6.2-13 Falsche und richtige Maßanordnung: (a) Maßlinien und Maßhilfslinien kreuzen sich, (b) Bemaßung überbestimmt, (c) unterschiedliche Maß-
begrenzungen in einer Zeichnung, (d) Maße besser nach außen ziehen, (e)
Schrägstriche nicht richtig, (f) die Maße wurden nicht auf eine Bezugsebene
bezogen und sind nicht alle in Leserichtung der Zeichnung eingeschrieben
worden, (g) und (h) richtige Bemaßung, links mit Pfeilen, rechts mit Schrägstrichen.

sollten sie wegen der besseren Lesbarkeit zueinander versetzt angeordnet werden.
Die Maßzahlen sollten wie die Beschriftung in Zeichnungen im Maßstab 1:1 mindestens 3,5 mm groß geschrieben sein. Die Abmaße bei Toleranzangaben werden mit dem Vorzeichen hinter die Maßzahl gesetzt und eine Schriftgröße kleiner, also 2,5 mm groß, geschrieben.

6.3 Besondere Bemaßungsregeln

6.3.1 Durchmesserbemaßung
Bei Kreisbögen kann das Durchmessermaß angegeben werden. Wird bei vollständig gezeichneten Kreisen der Durchmesser im Kreis oder zwischen Maßhilfslinien außerhalb des Kreises bemaßt, erhalten die Maßlinien zwei Pfeile, bei Maßhilfslinien auch Schrägstriche oder Punkte, als Maßbegrenzung. In diesem Falle wird kein Durchmesserzeichen vor die Zahl gesetzt. Weist die Durchmesserbemaßung bei nicht durchgezogenen Maßlinien nur einen Pfeil auf oder sind die Kreise mittels Bezugslinien angegeben, ist vor die Zahl das Durchmesserzeichen zu setzen. Außerdem ist das Durchmesserzeichen bei der Vermaßung einer Ansichts- oder Schnittzeichnung anzuwenden, in der ein Rundkörper nicht klar ersichtlich ist (B 6.3-1, 2, 3 und 4).

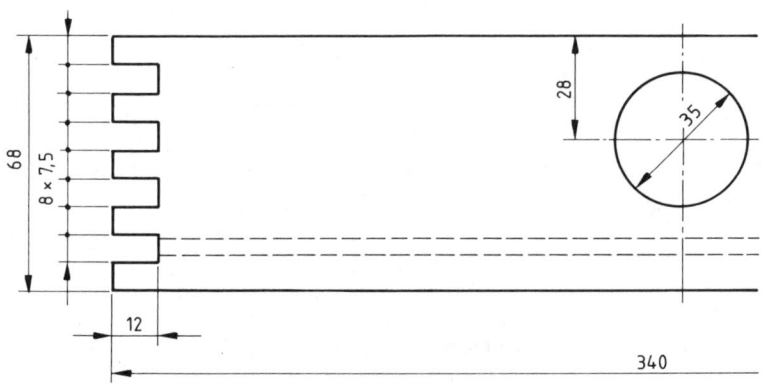

B 6.3-1 Durchmesserbemaßung im Kreis.

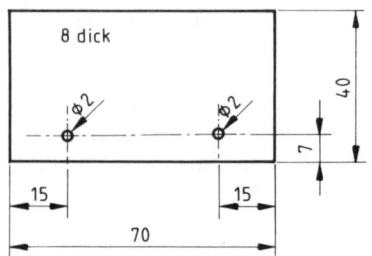

B 6.3-2
Durchmesserbemaßung
mit Bezugspfeil.

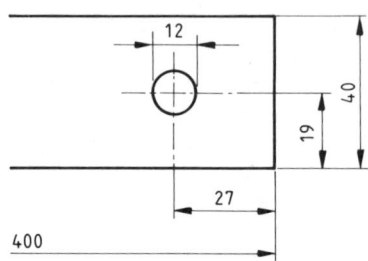

B 6.3-3
Durchmesserbemaßung mit Maßhilfslinien außerhalb des Kreises.

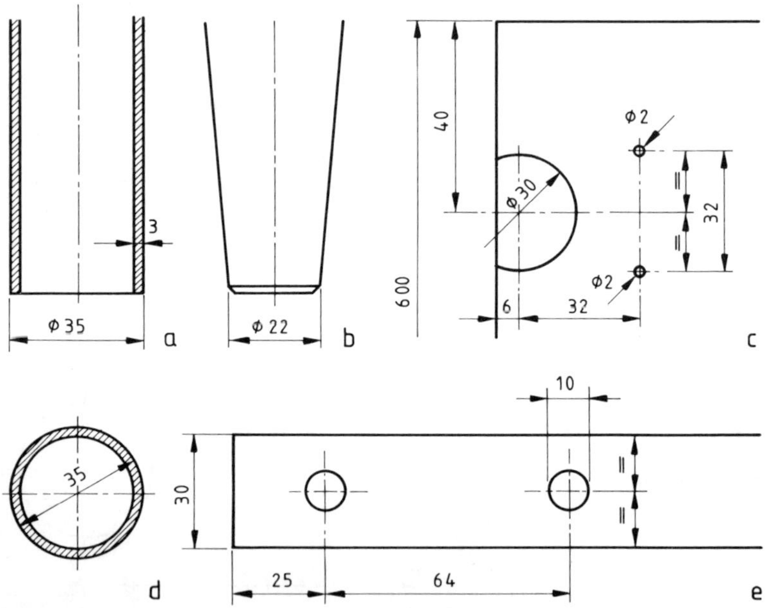

B 6.3-4 Durchmesserbemaßung: (a) Stahlrohr im Längsschnitt, (b) Holz-
fuß in der Ansicht, (c) Bohrungen für Topfscharnier und die Befestigungsschrauben, (d) Stahlrohr im Querschnitt, (e) Bohrungen in der Ansicht. Bei
mittiger Anordnung der Bohrungen im Werkstück können statt der Maßzahlen Gleichheitszeichen gesetzt werden.

6.3.2 Halbmesserbemaßung

Beim Bemaßen von Halbmessern (Radien) ist in jedem Fall ein großes »R« vor die Maßzahl zu setzen. Aus fertigungstechnischen oder prüftechnischen Gründen kann es erforderlich sein, daß der Mittelpunkt genau festgelegt sein muß. Dieser ist dann durch ein Mittelachsenkreuz zu kennzeichnen. Der Halbmesser ist von hier aus auf den Kreisbogen zu zeichnen, er erhält nur einen Maßpfeil, der meistens von innen an den Kreisbogen zu zeichnen ist. Bei Platzmangel kann der Maßpfeil auch von außen an den Kreisbogen gezeichnet werden. Bei kleineren Halbmessern kann das R-Maß mit Bezugslinie von außen auf dem Kreisbogen angegeben werden (B 6.3-5).

Bei großen Halbmessermaßen, die das Eintragen des Mittelpunktes auf dem Zeichenblatt nicht mehr ermöglichen, wird die Maßlinie durch rechtwinkliges Abknicken verkürzt eingezeichnet. Der mit dem Maßpfeil versehene Teil der Maßlinie muß bei Verlängerung durch den angegebenen Mittelpunkt gehen (B 6.3-6).

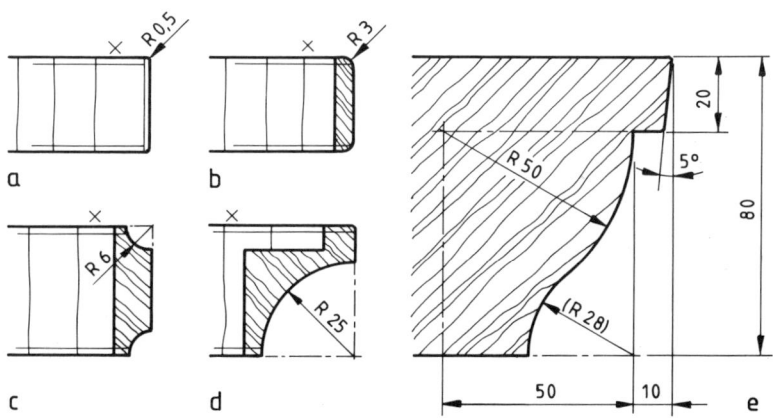

B 6.3-5 Halbmesserbemaßung: (a) und (b) kleine Radien, von außen bemaßt, (c) kleiner Radius mit Mittelachsenkreuz, (d) Bemaßung von innen, (e) Bemaßung eines Karnieses.

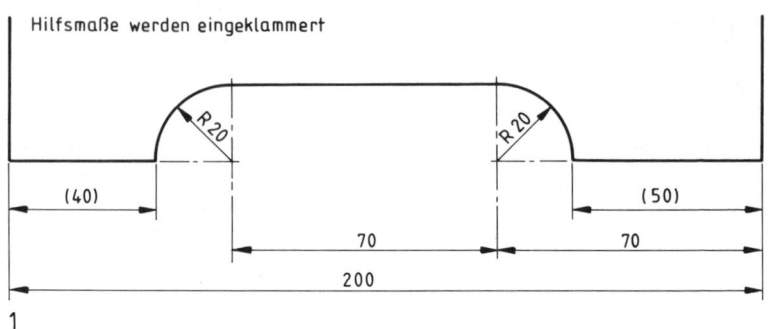

1

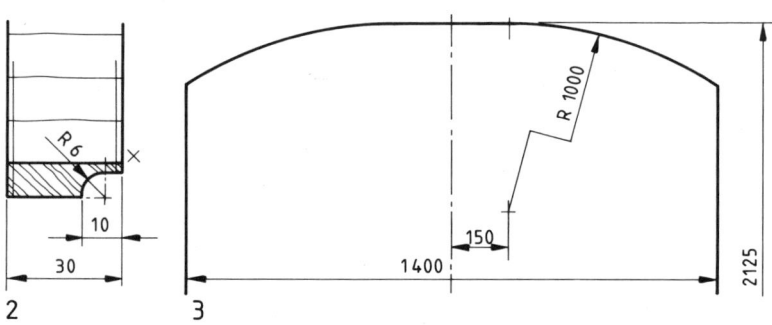

2 3

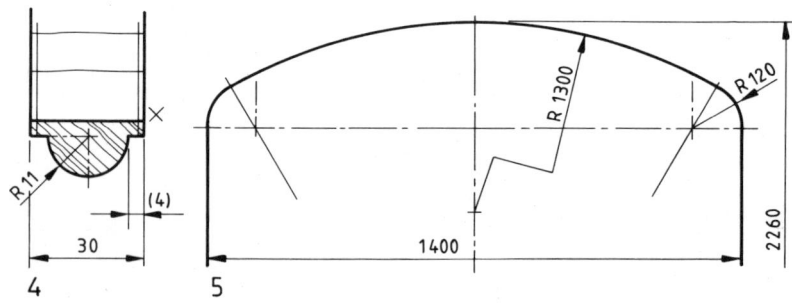

4 5

B 6.3-6 Bemaßung von Werkstücken mit kleinen und großen Halbmessern.

100

6.3.3 Gewindebemaßung

Kurzbezeichnungen der Gewinde sind in der DIN 202, deren zeichnerische Darstellung in der DIN 27 genormt. Hier sollen nur einige Bemaßungsregeln der Gewindeschrauben beschrieben werden.

Bei der Bemaßung der Gewindeschrauben wird stets deren Nenngröße angegeben. Das ist der Außendurchmesser des Schrauben- oder Bolzengewindes. Das gleiche Maß wird auch bei der Ausmaßung des Muttergewindes angegeben, obwohl die Kernbohrung um die Gewindetiefe kleiner ist (B 6.3-7). Neben den Gewindedurchmessern können noch die nutzbaren Gewindelängen am Bolzen oder bei Gewindegrundlöchern angegeben werden.

6.3.4 Quadratische Querschnitte

Bei der Bemaßung von Werkstücken mit quadratischem Querschnitt in der Ansicht wird vor die Maßzahl ein Quadratzeichen gesetzt. Es ist günstig, die Querschnittsform oder die Ansicht zu zeichnen und auszumaßen, in der die quadratische Fläche sichtbar wird. In diesem Fall entfällt das Quadratzeichen vor der Maßzahl (B 6.3-8).

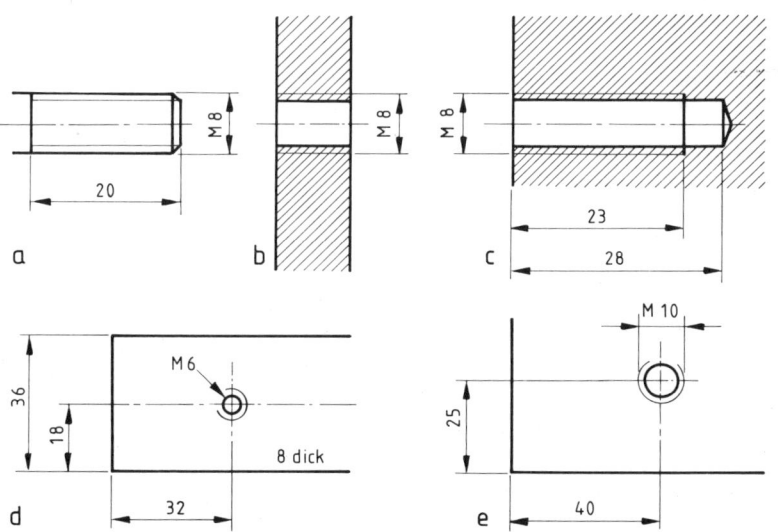

B 6.3-7 Gewindebemaßung: (a) Bolzen- oder Schraubengewinde, (b) Muttergewinde im Längsschnitt durchgehend; (c) Muttergewinde im Längsschnitt mit Angabe der Kernlochtiefe und der nutzbaren Gewindelänge, (d) und (e) Muttergewinde in der Ansicht.

6.3.5 Kugel

Bei Drehkörpern mit Kugelform wird vor dem Durchmesserzeichen oder Halbmesserzeichen »R« die Wortangabe »Kugel« geschrieben (B 6.3 - 9).

6.3.6 Kleine Fasen

Kleine Fasen, die einen Winkel von 45° aufweisen, können vereinfacht bemaßt werden. Die Angabe 4 × 45° gibt an, daß die Fase unter 45° verläuft und in der Ansichtsfläche 4 mm breit erscheint (B 6.3 -10).

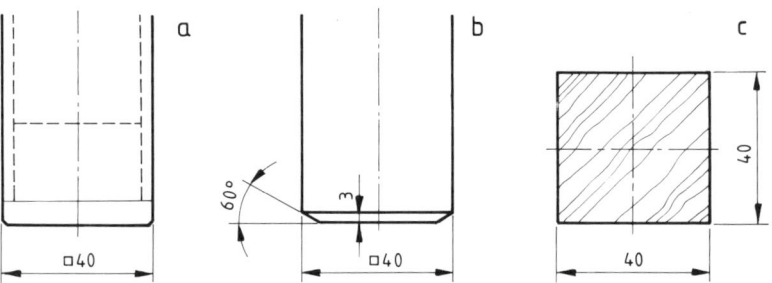

B 6.3-8 Bemaßung von Werkstücken mit quadratischem Querschnitt: (a) quadratisches Stahlrohr (Fußgestell), (b) quadratischer Möbelfuß, (c) quadratischer Querschnitt, hier ohne Quadratzeichen.

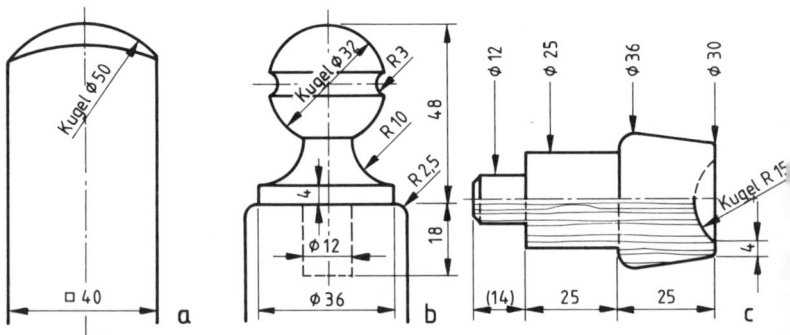

B 6.3-9 Bemaßung von kugelförmigen Werkstückteilen. (a) quadratischer Stollen mit kugelförmig abgedrehter Kuppe, (b) kugelförmiger Abschlußknopf auf rundem Stollen, (c) Ausmaßung eines gedrehten Knopfes mit kugelförmiger Vertiefung.

102

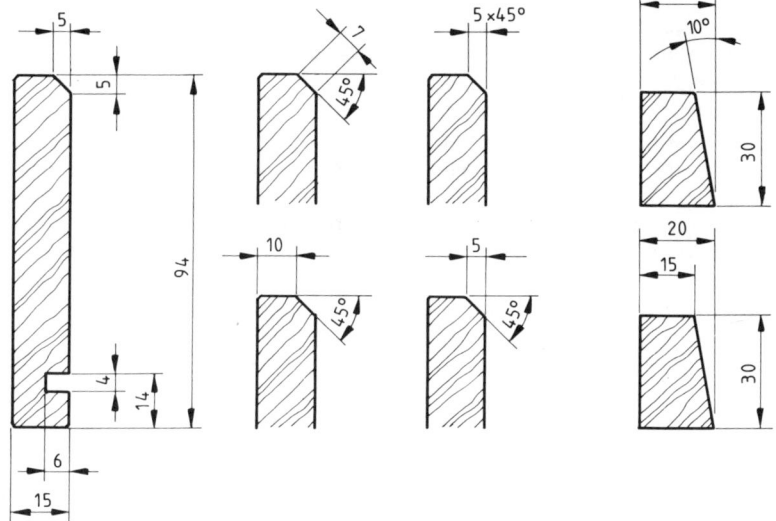

B 6.3-10 Bemaßung von Werkstücken mit kleinen Fasen.

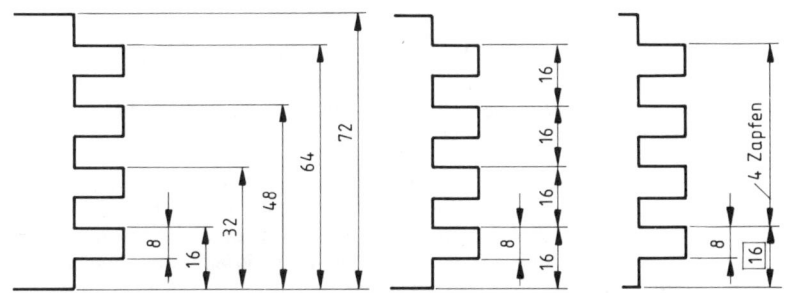

B 6.3-11 Bemaßungsmöglichkeiten von einer Fingerzapfen-Teilung.

6.3.7 Bemaßung von Teilungen

Teilungen kommen z. B. bei Rasterbohrungen des Systems 32 oder bei angefrästen Fingerzapfen vor. Hier liegen mehrere aufeinanderfolgende Maße auf einer Geraden. Bei der Bemaßung solcher Teilungen ist es möglich, jeweils von einem Bezugspunkt aus die Maße einzutragen oder die Bemaßung von Abstand zu Abstand als eine Maßkette durchzuführen. Man darf aber nicht übersehen, daß sich bei der Kettenbemaßung die Toleranzen summieren können. Von der fertigungstechnischen Seite her bietet sich die Bemaßung der einzelnen Abstände an. Beim System 32 sind die Bohrabstände durch den Bohrbalken der Maschine festgelegt, und bei den Fingerzapfen werden die Maße durch die Abstände und Dicken der Nuter im Fräserpaket bestimmt. Eine Summierung der Toleranzen ist dadurch praktisch ausgeschlossen (B 6.3-11).

Folgen viele gleiche Teilungen, wie bei Lochreihen, aufeinander, dann können die Werkstücke vereinfacht ausgemaßt werden. Bei Bezügen auf den Nullpunkt ist der Maßpfeil als Maßbegrenzung anzuwenden (B 6.3-12).

6.3.8 Bemaßung durch Koordinaten

Einige Plattenaufteilsägen, Dübelmaschinen, Kerbschnittsägen usw. können numerisch gesteuert werden. Beim Einsatz solcher numerisch gesteuerter Maschinen bietet sich eine Bemaßung im Koordinatensystem an. Man geht bei der Bemaßung von einem Nullpunkt aus und trägt die Maße für die Bohrungen oder die Einschnitte durch Koordinaten von hier aus ab. Der Nullpunkt der Zeichnung

B 6.3-12 Ausmaßen von Lochreihen, (a) steigende Bemaßung ohne Toleranzsummierung von der Bezugsebene aus, (b) Maßkette mit Toleranzsummierung (bei Maschinen mit Bohrbalken aber weitgehend ausgeschlossen), (c) steigende Bemaßung ohne Toleranzsummierung mit Angabe der Teilungsabstände, (d) vorteilhafteste Bemaßung von Lochreihen, die durch den Bohrbalken fertigungstechnisch festgelegt sind.

B 6.3-13 Bemaßung durch Koordinaten, (a) Schnittführung beim Aufteilen von Platten; Bezugsebenen sind die Plattenkanten, die an den Anschlägen liegen, (b) Lage der Bohrreihen. Bezugsebene sind die äußeren Bohrungen an der unteren Plattenkante, (c) die Koordinaten für die einzelnen numerierten Bohrungen sind in einer Tabelle zusammengefaßt. Die Z-Koordinate gibt die Tiefe der Bohrung an (siehe Seite 107).

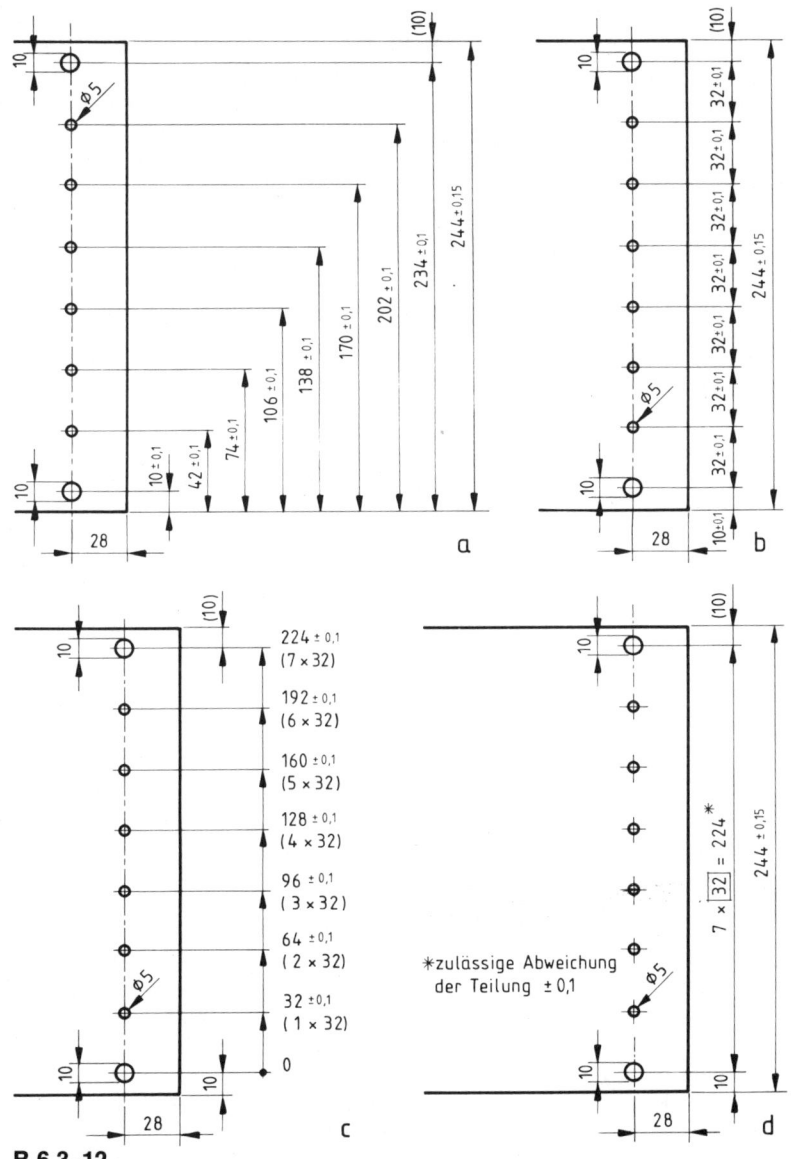

B 6.3-12

sollte auch auf der Maschine festgelegt werden können (Anschläge, Programm). Die beiden Flächenkoordinaten werden als X- und Y-Koordinate bezeichnet. Bei dreidimensional programmierbaren Maschinen kann auch noch die Tiefe, die Z-Koordinate, angegeben werden (B 6.3-13).

6.3.9 Maßbuchstaben

Sollen Teile von unterschiedlichen Abmessungen, aber mit gleichen Konstruktionselementen hergestellt werden, kann man sich die Zeichenarbeit erheblich vereinfachen, wenn man nur eine Zeichnung herstellt und für die veränderlichen Maße Buchstaben einsetzt. In einer Tabelle wird dann für die Buchstaben der Zahlenwert des jeweiligen Teils angegeben. Die Anzahl der variierenden Maße sollte sich pro Werkstück auf drei bis vier beschränken, damit die Aussage der Zeichnung noch klar genug bleibt (B 6.3-14).

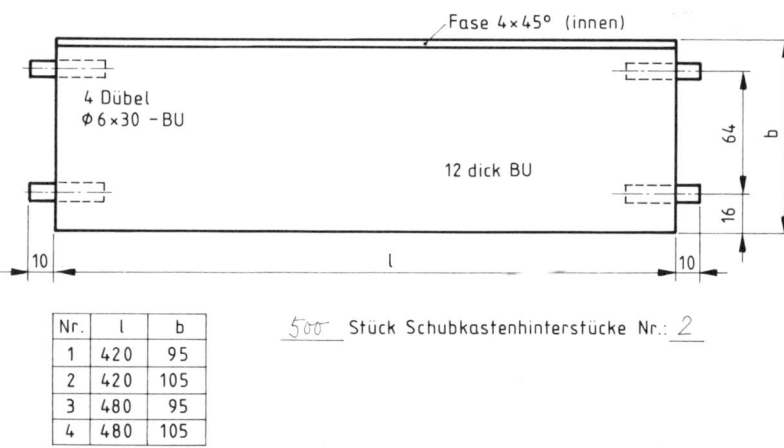

Nr.	l	b
1	420	95
2	420	105
3	480	95
4	480	105

$\underline{500}$ Stück Schubkastenhinterstücke Nr.: $\underline{2}$

B 6.3-14 Bemaßung mit Maßbuchstaben für Tabellen.

6.4 Maßstäbe

Maßstäbe geben das Größenverhältnis zwischen dem herzustellenden Werkstück und dem in der Zeichnung bzw. im Modell dargestellten Werkstück oder Gegenstand an. Maßstäbe in natürlicher Größe, Verkleinerungen und Vergrößerungen sind zu unterscheiden. Es

106

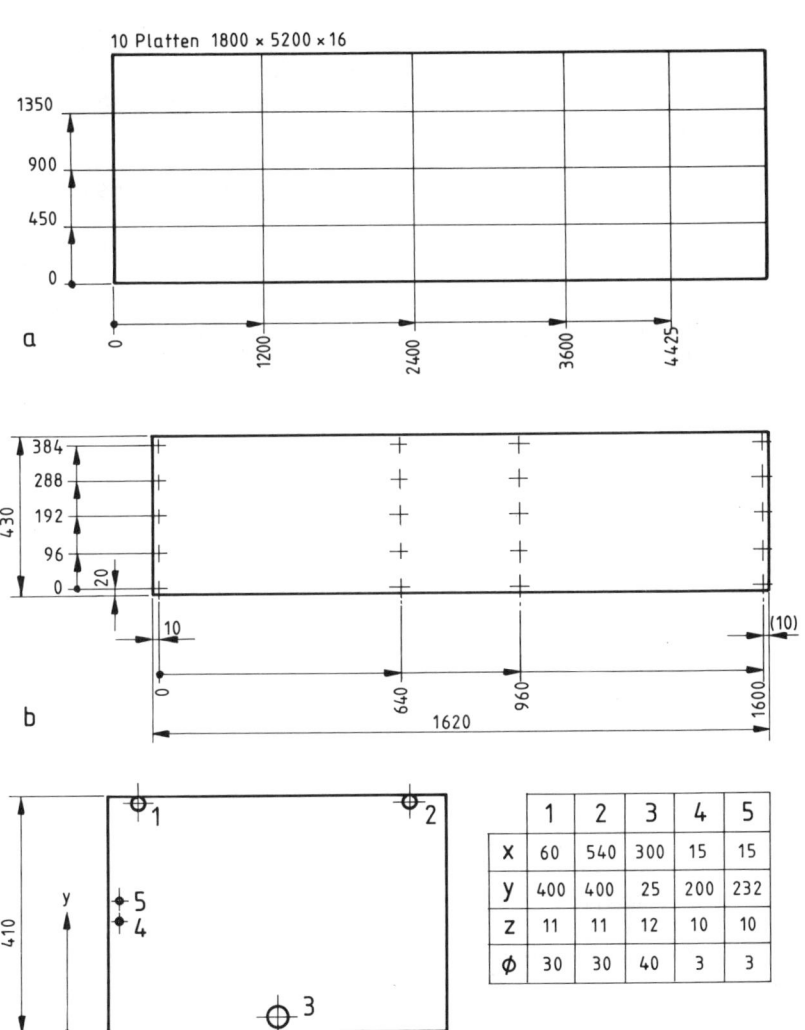

10 Platten 1800 × 5200 × 16

a

b

c

	1	2	3	4	5
x	60	540	300	15	15
y	400	400	25	200	232
z	11	11	12	10	10
⌀	30	30	40	3	3

B 6.3-13

107

handelt sich jeweils um eine lineare Vergrößerung oder Verkleinerung der Längen- oder Breitenausdehnung.

Mit Ausnahme der freihändigen Skizzen sollten die Darstellungen in Zeichnungen in einem bestimmten Maßstab angelegt werden. Der jeweilige Maßstab ist auf der Zeichnung anzugeben. Bei Zeichnungen im Maßstab 1:1 kann bei Eindeutigkeit auf die Maßstabsangabe verzichtet werden.

6.4.1 Natürliche Größe

In den technischen Zeichnungen für die Holzverarbeitung, die für die Fertigung bestimmt sind, werden die erforderlichen Schnitte bzw. Teilschnitte fast immer im Maßstab 1:1 dargestellt. Ferner können auch die Werkstücke von geringer Größe in Teil-Zeichnungen im Maßstab 1:1 gezeichnet werden.

6.4.2 Verkleinerungen

Für Verkleinerungen in den technischen Zeichnungen für Holzverarbeitung werden die Maßstäbe 1:2, 1:5, 1:10, 1:20, 1:50 angewendet. Sie kommen auf Gesamt-Zeichnungen der Erzeugnisse, auf Teilschnitt-Zeichnungen und Gestaltungs- oder Formgebungszeichnungen vor. Der Maßstab 1:2 und 1:5 wird verwendet für kleinere Werkstücke, wie Möbelteile, Stühle, kleinere Möbel; der Maßstab 1:10 für Möbel, Innentüren, Haustüren, Fenster, kleinere Wandansichten und Deckenansichten, kleinere Grundrisse; der Maßstab 1:20 für große Möbel, größere Wandansichten, Deckenansichten und für Grundrisse; der Maßstab 1:50 für Gestaltungen von Wänden, Decken und für die Möbelierungsvorschläge von Grundrissen.

Für Bauzeichnungen sind noch weitere Verkleinerungsmaßstäbe möglich: Maßstab 1:50 für die Ausführungszeichnungen von Bauten; Maßstab 1:100 für Entwurfszeichnungen von Bauten und für die gezeichneten Bauvorlagen; Maßstab 1:200 für Vorentwurfszeichnungen von Bauten und Maßstab 1:500 bis 1:1000 für Lagepläne.

6.4.3 Vergrößerungen

Vergrößerungen kommen bei der Zeichnung von Einzelheiten vor, die im Maßstab 1:1 zu winzig herauskommen würden. Dies sind besonders herausgezeichnete Einzelheiten in Fertigungszeichnungen oder größer dargestellte Werkstücke auf Teilezeichnungen wie Möbelgriffe oder Leistenquerschnitte. Hier können die Maßstäbe 2:1, 5:1 und 10:1 angewendet werden.

7 Beschriftung

Technische Zeichnungen müssen sauber lesbar beschriftet sein. Die DIN 919 empfiehlt für das Beschriften der technischen Zeichnungen für die Holzverarbeitung die senkrechte Mittelschrift (Schriftform B) nach DIN 6776 Teil 1 (ISO-Normschrift). DIN 1356 läßt diese Frage offen und verlangt in Bauzeichnungen lediglich eine eindeutig lesbare Schrift. Die gleiche Forderung könnte auch für Entwurfszeichnungen oder Formgebungszeichnungen von Möbeln und Innenausbauarbeiten gelten.

Technische Zeichnungen müssen in zunehmendem Maße mikroverfilmbar sein, das heißt, die Schriften dürfen beim Verkleinern nicht zusammenfließen und müssen Rückvergrößerungen zulassen. Der Abstand der Linien muß mindestens die doppelte Linienbreite oder aber mindestens 0,5 bis 0,65 mm betragen. Aus diesem Grunde wurde die ISO-Normschrift entwickelt, deren Schriftzeichen zudem auch international einheitlich sind. Außerdem läßt sich diese ISO-Normschrift leicht lesen und schreiben, und sie sieht durch die winklige Linienführung modern aus. Auf diese neuen Schriftgrößen sind die Schriftschablonen und Tuschezeichengeräte abgestimmt (Mikronorm $\overline{m}$).

7.1 Schriftgrößen, Linienbreiten, Abstände

Unter Berücksichtigung der Mikroverfilmbarkeit von Zeichnungen, wurden die Schrifthöhen untereinander nach dem Wert $\sqrt{2}$ abgestuft und die Linienbreiten für die Engschrift auf $\frac{1}{14}$ und für die Mittelschrift auf $\frac{1}{10}$ der Schrifthöhe festgelegt. ISO-Norm und DIN unterscheiden die Engschrift = Schriftform A und die Mittelschrift = Schriftform B. Hierfür gelten die Angaben der Tabelle 7.1-1.

Die in den Zeichnungen verwendete Schriftgröße ist auf die Zeichnungsart und den Zeichnungsmaßstab abzustimmen. Gemäß DIN 6774 und 6776 sollten Schriften in Zeichnungen nicht kleiner als 2,5 mm sein, bei gleichzeitiger Verwendung von Groß- und Kleinbuchstaben nicht kleiner als 3,5 mm, damit die Kleinbuchstaben noch die Mindesthöhe von 2,5 mm aufweisen.
Deshalb sollte als Hauptbeschriftung in technischen Zeichnungen für die Holzverarbeitung die 3,5 mm hohe Mittelschrift nach ISO-Norm, Schriftform B, verwendet werden. Sie kann unter 75° nach rechts geneigt oder senkrecht geschrieben werden.

ISONORM Schriftform B gerade
ISONORM Schriftform B schräg
ISONORM Schriftform A gerade
Mittelschrift gerade DIN 17
Mittelschrift schräg DIN 16
Engschrift gerade DIN 17

B 7.1-1 Schriftarten, Linienbreiten und Abstände.

Tabelle 7.1-1 Schrifthöhen, Linienbreiten und Abstände der Wörter und Buchstaben in mm

Schrifthöhen	h		2,5	3,5	5	7	10	14	20
Linienbreiten	d	Schriftform A (^{1}/14 h)	0,18	0,25	0,35	0,5	0,7	1,0	1,4
		Schriftform B (^{1}/10 h)	0,25	0,35	0,5	0,7	1,0	1,4	2,0
Mindestabstand der einzelnen		Schriftform A (^{2}/14 h)	0,36	0,5	0,7	1,0	1,4	2,0	2,8
Schriftzeichen	a	Schriftform B (^{2}/10 h)	0,5	0,7	1,0	1,4	2,0	2,8	4,0
Mindestabstand der Beschriftungs-		Schriftform A (^{22}/14 h)	4,0	5,5	8,0	11,0	16,0	22,0	31
grundlinien	b	Schriftform B (^{16}/10 h)							32
Mindestabstand der Wörter		Schriftform A (^{6}/14 h)	1,1	1,5	2,1	3,0	4,2	6,0	8,4
	e	Schriftform B (^{6}/10 h)	1,5	2,1	3,0	4,2	6,0	8,4	12

Exponenten, Toleranzangaben und Indizes sind um einen Schrifthöhensprung kleiner zu schreiben, also bei einer 3,5 mm hohen Schrift nur 2,5 mm groß. Ist die Hauptschrift nur 2,5 mm hoch, dann sind auch die Exponenten und Toleranzangaben 2,5 mm groß zu schreiben.

Damit Schnittangaben in den Zeichnungen besser auffallen, sind sie einen Schrifthöhensprung größer zu schreiben als die Hauptbeschriftung, bei einer verwendeten Schrifthöhe von 3,5 mm also 5 mm. Positionsnummern sollen doppelt so groß wie die allgemeine Beschriftung sein. Bei einer Beschriftung von 3,5 mm werden die Positionsnummern 7 mm groß geschrieben.

7.2 Schriftfelder

Jede technische Zeichnung sollte ein Schriftfeld erhalten. Schriftfelder sind in der DIN 6771 genormt. Das angegebene Grundschriftfeld kann bei Bedarf durch Zusatzfelder nach oben hin erweitert werden. Bei Fertigungszeichnungen kann über dem Schriftfeld noch eine Stückliste angeordnet werden. Das Schriftfeld wird mit 0,7 mm Linienbreite begrenzt. Die Hauptabteilungen werden durch 0,35 mm breite und die übrigen Spalten durch 0,25 (0,18) mm schmale Linien abgeteilt.

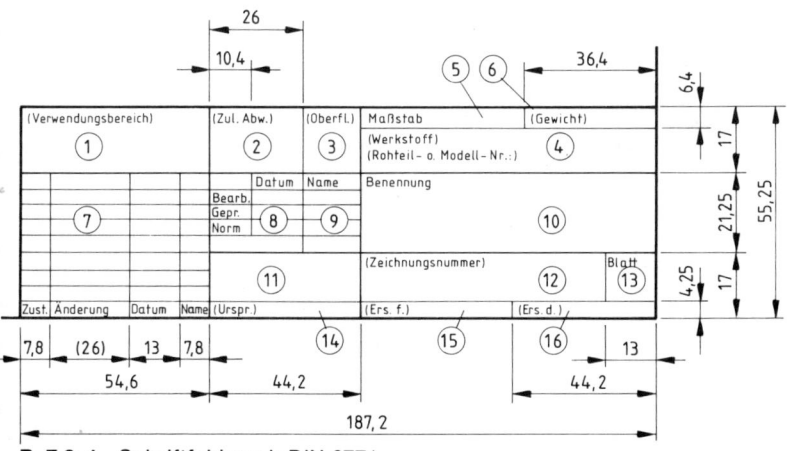

B 7.2-1 Schriftfeld nach DIN 6771.

Abbildung 7.2-1 zeigt ein übliches Schriftfeld, in dem die Zahlen folgende Bedeutung haben:

Feld 1: Hier ist der Verwendungsbereich des dargestellten Werkstücks anzugeben, ferner die Nummern der besonders angefertigten Stücklisten.

Feld 2: Toleranzangaben für die Maße ohne Toleranzangabe in der Zeichnung.

Feld 3: Angaben über die ausgeführte Oberfläche.

Feld 4: Angaben über Werkstoffe, Rohteil-Nummer oder Modell-Nummer.

Feld 5: Maßstäbe der Zeichnung.

Feld 6: Hier kann das Gewicht des Werkstücks eingetragen werden.

Feld 7: Spalten für Änderungsvermerke. Hier läßt sich der Änderungszustand der Zeichnung ablesen (siehe Abschnitt 11.6.3).

Feld 8: Bearbeitungsdatum des Konstrukteurs und Prüfers sowie Gültigkeitsdatum der Norm.

Feld 9: Name des Konstrukteurs und Prüfers sowie Nummer der Norm.

Feld 10: Hier wird das dargestellte Werkstück benannt. Unter anderem sind Auftragsnummer, Bauart, Teilnummer o. ä. hier einzuschreiben.

Feld 11: Raum für Name oder Zeichen der Firma, die die Zeichnung erstellt hat.

Feld 12: Zeichnungsnummer, wird von der erstellenden Firma eingetragen.

Feld 13: Blattnummer. Gehören mehrere Blätter zusammen, dann ist die Anzahl der Blätter darunter einzutragen (Beispiel: Blattnummer 12/von 16 Blättern).

Feld 14: Sollte der Zeichnung eine andere Zeichnung zugrunde liegen, wird hier die Nummer der Ursprungszeichnung eingetragen.

Feld 15: Wird eine andere Zeichnung durch die vorliegende ungültig, kann hier die Nummer der ungültigen eingetragen werden.

Feld 16: Ist die vorliegende Zeichnung ungültig, wird hier die Nummer eingetragen, die diese Zeichnung ersetzt (siehe Abschnitt 11.6.3).

In dem dargestellten Schriftfeld sind einige Begriffe in Klammern gesetzt. Diese Spalten können die genannten Eintragungen erhalten oder stehen zur freien Verfügung.

In Abbildung 7.2-2 wird ein Schriftfeld mit aufgesetzter Stückliste dargestellt. In dieser Stückliste werden Spalten für die Position, Menge, Einheit, Benennung, die Sachnummer oder Normkurzbezeichnung sowie für Bemerkungen vorgesehen. Die Positionsnummer dient zum besseren Auffinden der Teile in den Zeichnungen. Die Menge bezieht sich auf die Teile, die zur Herstellung eines Werkstückes benötigt werden. Die zur Menge gehörende Einheit, wie Meter, Kilogramm, Stück, ist in die Spalte Einheit einzutragen. Die Benennung des Gegenstandes wird immer in der Einzahl angegeben, auch wenn die Menge mehrere Stücke aufweist. Die Sachnummer oder Normkurzbezeichnung sollte einheitlich in allen weiteren Auftragspapieren verwendet werden. In der Spalte Bemerkungen können besondere Erläuterungen zur jeweiligen Position gemacht werden (siehe auch Seite 161).

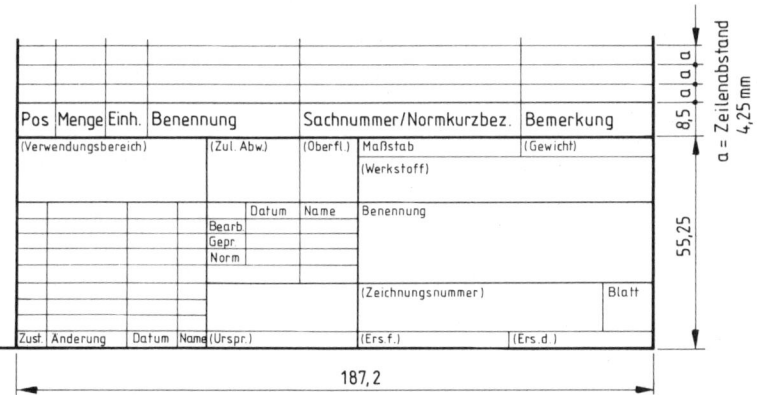

B 7.2-2 Schriftfeld mit aufgesetzter Stückliste.

7.3 Bezugslinien

Bezugslinien werden bei Platzmangel für Maßangaben oder für besondere Hinweise sowie für Materialangaben angewendet. Sie sind stets schräg aus der Darstellung herauszuziehen, damit sie nicht mit Maßlinien bzw. Maßhilfslinien verwechselt werden können. Zur Beschriftung werden Bezugslinien in die horizontale oder vertikale Schreibrichtung abgewinkelt.

Die Bezugslinien enden:
mit einem Pfeil, wenn sie an eine Körperkante stoßen,
mit einem Punkt, wenn sie in eine Fläche führen,
ohne Pfeil und ohne Punkt, wenn sie an einer Maßlinie, Mittelachse
oder einer anderen Linie anbinden (B 7.3-1).

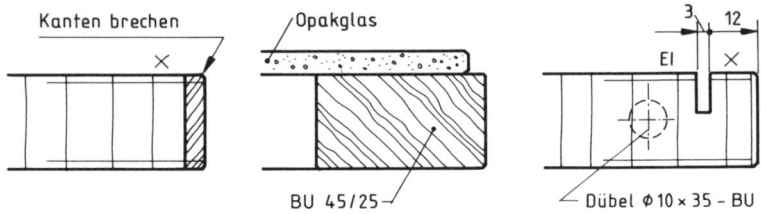

B 7.3-1   Bezugslinien.

7.4 Oberflächenzeichen

In technischen Zeichnungen für die Serienfertigung werden für die
Kennzeichnung des Endzustandes der bearbeiteten Oberfläche
besondere Oberflächenzeichen verwendet. Nach DIN ISO 1302
stehen genormte Oberflächenzeichen zur Verfügung, die bei Bedarf
noch durch besondere Symbole oder Wortangaben ergänzt werden
müssen.
Unterschieden wird zwischen dem Grundsymbol für ergänzende
Angaben, dem Symbol für materialabtragende Bearbeitung und
dem Symbol, wenn eine materialauftragende Bearbeitung nicht
zugelassen ist (B 7.4-1).

Diese Symbole können durch zusätzliche Wortangaben weitere
Aussagekraft erhalten. Diese Wortangaben werden auf den abge-
winkelten Schenkel des Oberflächenzeichens geschrieben, wie zum
Beispiel geschliffen 150. Für die Rillenrichtung, die beim Schleifen
entsteht, schlägt DIN ISO 1302 weitere Symbole vor: beim Verlauf
der Rillen parallel zur Holzfaser (=), beim Verlauf der Rillen quer zur
Holzfaser (⊥), bei kreuzweise diagonalem Verlauf der Rillen (X) und
beim Schleifen in vielen Richtungen (M). Dieses zusätzliche Symbol
ist rechts neben das Oberflächenzeichen zu setzen (B 7.4-2 und 3).
Für Symbole, Symbolelemente, Beschriftung usw. sind die gleichen
Linienbreiten anzuwenden. Oberflächenzeichen können bei Platzmangel auch mittels Bezugslinien an die Werkstücksflächen heran-

geführt werden. Sollen alle Flächen des Werkstücks gleichartig behandelt werden, wird ein Oberflächensymbol mit den zusätzlichen Angaben in die Nähe des Schriftfeldes oder in die Nähe des gezeichneten Teiles gesetzt.

Güte der Oberfläche	Oberflächenzeichen	Beispiele
grob	～	grober Sägeschnitt wie Besäumen
mittel	▽	feiner Sägeschnitt wie Querschnitte Gehrungsschnitte saubere Längsschnitte
fein	▽▽	gehobelte oder gefräste Flächen ohne sichtbare Einschläge
feinst	▽▽▽	geschliffene Flächen Körnung 100 oder feiner
nach besonderer Angabe		Angabe des Oberflächenaufbaus oder der Oberflächenbearbeitung

B 7.4-1 Alte Oberflächenzeichen, nicht mehr genormt.

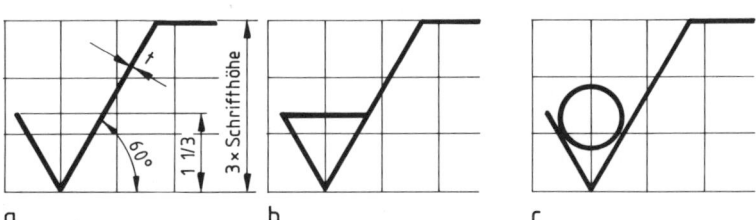

B 7.4-2 Oberflächenzeichen nach DIN ISO 1302. (a) Grundsymbol, (b) Symbol für materialabtragende Bearbeitung, (c) Symbol für materialauftragende Bearbeitung.

115

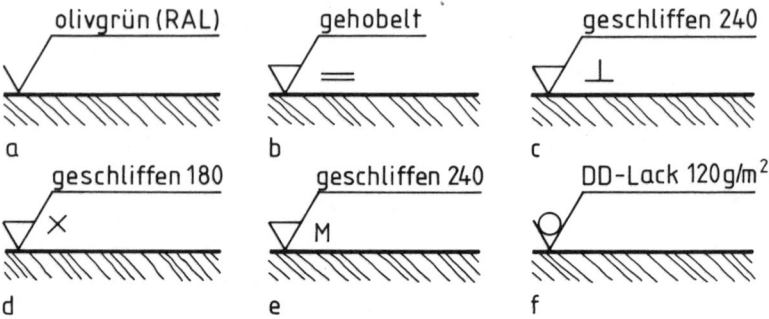

B 7.4-3 Anwendungsbeispiele der Oberflächenzeichen. (a) Grundsymbol mit einer Farbangabe, (b) Materialabtrag durch Hobeln parallel zur Faser, (c) Materialabtrag durch Schleifen, mit 240 Körnung, quer zur Faser, (d) Materialabtrag durch Schleifen, 180 Körnung, Kreuzschliff, (e) Schleifen in vielen Richtungen, 240 Körnung, (f) Lackauftrag, DD-Lack 120 g/m².

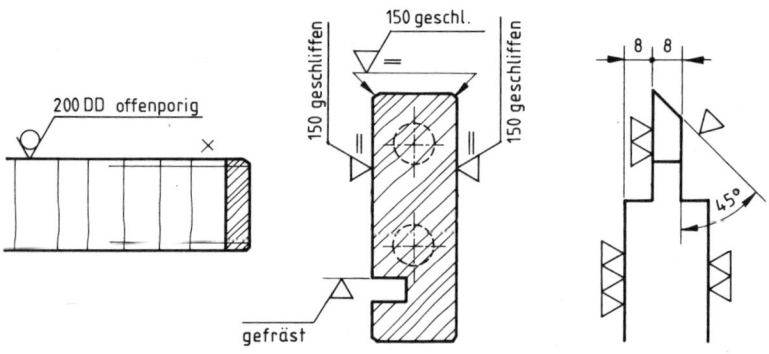

B 7.4-4 Anwendungsbeispiele der Oberflächenzeichen bei Werkstückzeichnungen.

8 Toleranzen und Passungen

In der Serien- und Massenfertigung müssen Werkstücke, unabhängig von wem, wann und wo sie hergestellt wurden, ohne Nacharbeit zusammengebaut bzw. mit anderen Werkstücken kombiniert werden können. Da es bei der Fertigung der einzelnen Teile immer zu geringfügigen Maßabweichungen kommt, müssen die vertretbaren Grenzen der Maßabweichungen so festgelegt werden, daß die Paßgenauigkeit nicht wesentlich beeinträchtigt wird.

8.1 Grundbegriffe und Grundsätzliches

Abmaß – Kurzzeichen *A* – gibt die erlaubte Maßabweichung vom Nennmaß an. Man unterscheidet das obere Abmaß – Kurzzeichen A_o, das untere Abmaß – Kurzzeichen A_u und das Istabmaß – Kurzzeichen A_i.
Das obere und untere Abmaß kann symmetrisch, aber auch asymmetrisch zum Nennmaß sein (Toleranzangabe siehe B 8.1-1 und B 8.1-2). Gibt es kein oberes bzw. unteres Abmaß vom Nennmaß, trägt das Abmaß die Bezeichnung »Null«.
Das Istabmaß ist die algebraische Differenz zwischen dem Istmaß und dem Nennmaß.

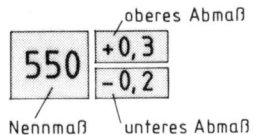

B 8.1-1 Maß mit Toleranzangabe.

Maßtoleranz – Kurzzeichen *T* – ist die algebraische Differenz zwischen dem oberen und unteren Abmaß bzw. der Differenz zwischen dem Größtmaß *(G)* und Kleinstmaß *(K)*. Technisch gesehen, ist die Toleranz der in Maßen ausgedrückte zulässige Fertigungsspiel-

117

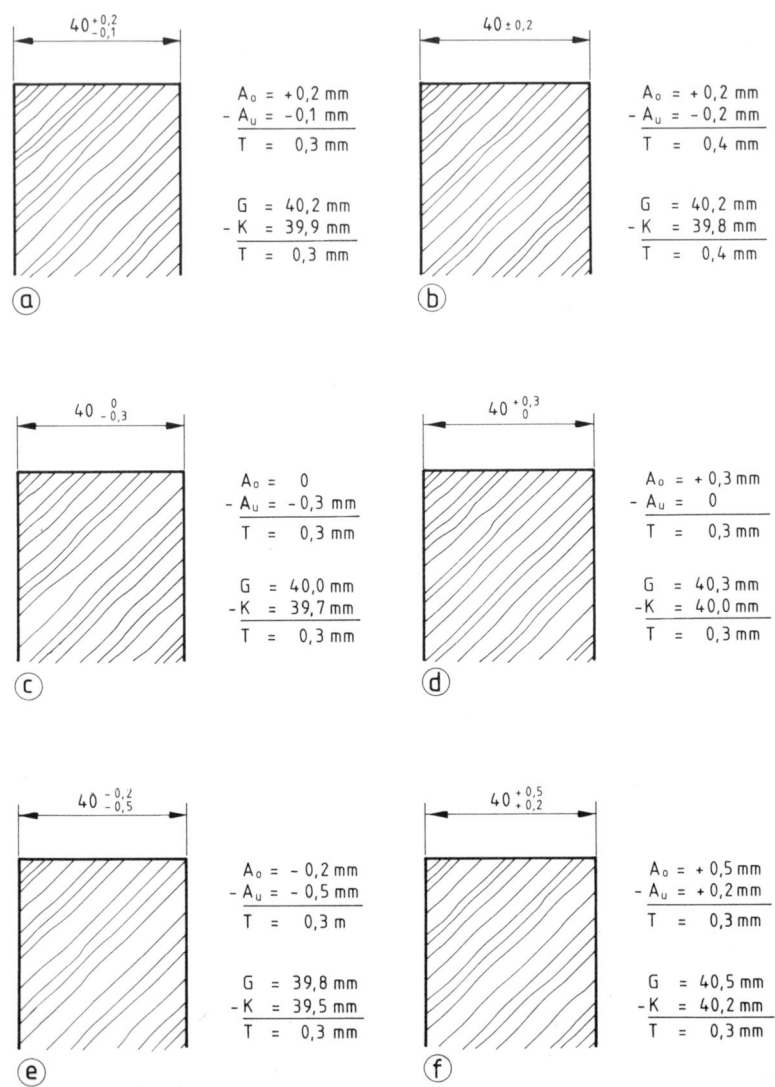

B 8.1-2 Möglichkeiten der Toleranzangabe. (a) asymmetrische Abweichung vom Nennmaß, (b) symmetrische Abweichung vom Nennmaß, (c) oberes Abmaß ist null, (d) unteres Abmaß ist null, (e) oberes und unteres Abmaß ist minus, (f) oberes und unteres Abmaß ist plus.

raum, den man besonders in der Fertigung von Serienteilen einräumen muß. Er läßt sich nach folgenden Formeln errechnen:

$$\boxed{T = A_o - A_u} \quad \text{oder} \quad \boxed{T = G - K}$$

Beispiel: Zeichnungsmaß = 550 ± 0,2 mm
A_o = 0,2 mm, A_u = 0,2 mm
G = 550,2 mm, K = 549,8 mm
T = $A_o - A_u$ = 0,2 mm − (−0,2 mm) = 0,2 mm + 0,2 mm
= **0,4 mm** oder
T = $G - K$ = 550,2 mm − 549,8 mm = **0,4 mm**

Je kleiner die Toleranzen sind, desto höher sind auch die Fertigungskosten. Um wirtschaftlich zu fertigen, sollte man keine übertriebenen Maßtoleranzen fordern, sondern sie dem Zweck und der Notwendigkeit entsprechend auslegen (siehe auch Toleranzreihen, Seite 130).

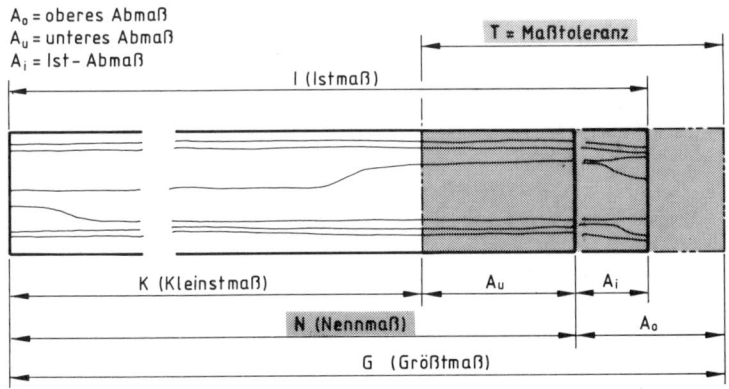

A_o = oberes Abmaß
A_u = unteres Abmaß
A_i = Ist-Abmaß

B 8.1-3 Längentoleranzen Toleranzbegriffe.

Istmaß − Kurzzeichen *I* − ist das tatsächliche bei der Fertigung erreichte Maß, das durch Nachmessen festgestellt wird. Das Istmaß muß sich noch innerhalb der angegebenen Maßtoleranzen bewegen.
Beispiel: Beim Zeichnungsmaß von 550 ± 0,2 sind die Istmaße von einschließlich 549,8 mm bis einschließlich 550,2 mm zulässig.

119

Größtmaß – Kurzzeichen *G* – ist das obere Grenzmaß, das als Istmaß noch zulässig ist. Das Größtmaß läßt sich nach folgender Formel berechnen:

$$G = N + A_o$$

Beispiel: Zeichnungsmaß = 550 ± 0,2 mm
$G = N + A_o$ = 550 mm + 0,2 mm = **550,2 mm**

Kleinstmaß – Kurzzeichen *K* – ist das untere Grenzmaß, welches als Istmaß noch zulässig ist. Es läßt sich nach folgender Formel berechnen:

$$K = N + A_u$$

Beispiel: Zeichnungsmaß = 550 ± 0,2 mm
$K = N + A_u$ = 550 mm + (–0,2) mm
= 550 mm – 0,2 mm = **549,8 mm**

Paßmaß ist ein Nennmaß, das mit den Abmaßen versehen ist, z. B.: 550 ± 0,2.

Passungen. Um Werkstücke ineinander- oder zusammenfügen zu können, müssen die Maße der zugehörigen Teile aufeinander abgestimmt werden. Solche Werkstücke, die ineinandergreifen, sowie solche Werkstücke, die man paaren kann und deren Maße aufeinander abgestimmt werden müssen, nennt man Passungen. Bei Passungen sind das Innenteil »Welle« und das Außenteil »Bohrung« zu unterscheiden.

Das *Innenteil* ist das eingreifende Teil. In der Holzverarbeitung wird es wie bei der Metallverarbeitung als »Welle« bezeichnet.

Das *Außenteil* ist das aufnehmende Teil, und wird als »Bohrung« bezeichnet (siehe Abschnitt 8.3).

Spiel – Kurzzeichen *S*. Passungsteile, die aufeinander bewegt werden sollen, müssen »Luft« haben. Diese Luft wird beim Bemaßen einer Passung als Spiel bezeichnet. Durch das Tolerieren der einzelnen Passungsteile ergibt sich für die zusammengefügte Passung ein Größtspiel oder ein Kleinstspiel.

Das *Größtspiel* – *Kurzzeichen* S_g – entsteht, wenn in eine Bohrung mit Größtmaß eine Welle mit Kleinstmaß gefügt wird.

$$S_g = G_B - K_W$$

Das *Kleinstspiel* – Kurzzeichen S_k – entsteht, wenn in eine Bohrung mit Kleinstmaß eine Bohrung mit Größtmaß gefügt wird. Das Kleinstspiel ist maßgebend für das geringste Spiel der Passungsteile (B 8.1-4).

$$S_k = K_B - G_W$$

Das *Istspiel* – Kurzeichen S_i – ist eine Differenz der Istmaße von Welle und Bohrung.

$$S_i = I_B - I_W$$

Das *Übermaß* – Kurzzeichen U – kann als Gegenteil vom Spiel angesehen werden. Hier ergibt sich ein größeres Maß für die Welle und ein kleineres Maß für die Bohrung, so daß die Werkstücke stramm aufeinandersitzen. Durch die Toleranzen der Passungsteile ergibt sich ein Größtübermaß – Kurzzeichen U_g – oder ein Kleinstmaß – Kurzzeichen U_k (B 8.1-5).

$$U_g = G_W - K_B$$

$$U_k = K_W - G_B$$

Feuchtemaß – Kurzzeichen M. Bei Vollholz und Holzwerkstoffen können Maßveränderungen durch Quellen oder Schwinden aufgrund von Feuchtigkeitseinwirkung entstehen. Die angegebenen Toleranzen können daher bei Werkstücken aus Holz oder Holzwerkstoffen nur dann eingehalten werden, wenn sich diese in Räumen mit gleichbleibenden klimatischen Bedingungen befinden.

Durch eine veränderte relative Luftfeuchtigkeit am Verwendungsort, sind die Quell- und Schwindmaße des Holzes bzw. der Holzwerkstoffe zusätzlich zu berücksichtigen. Diese Maßveränderungen durch Quellen oder Schwinden lassen sich annähernd rechnerisch ermitteln. Sie werden mit dem Feuchtemaß M bezeichnet (siehe Abschnitt 8.4.1).

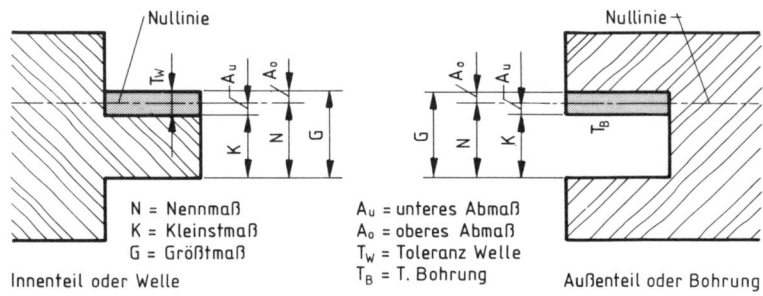

N = Nennmaß
K = Kleinstmaß
G = Größtmaß

A_u = unteres Abmaß
A_o = oberes Abmaß
T_W = Toleranz Welle
T_B = T. Bohrung

Innenteil oder Welle

Außenteil oder Bohrung

B 8.1-4 Grundbegriffe bei tolerierten Passungsteilen.

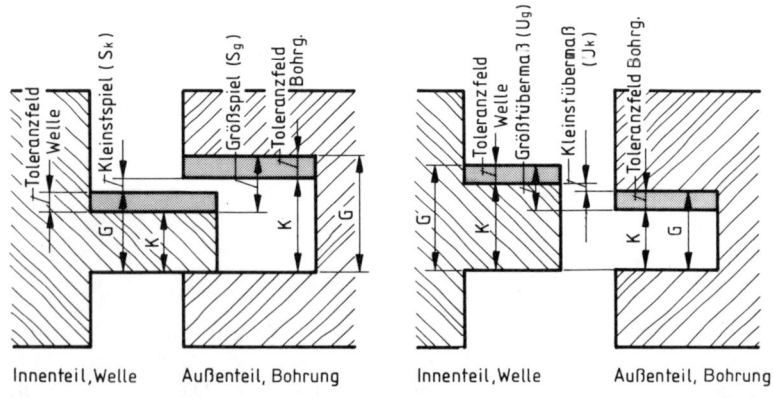

Innenteil, Welle   Außenteil, Bohrung   Innenteil, Welle   Außenteil, Bohrung

B 8.1-5 Darstellung von Spiel und Übermaß.

122

8.2 Toleranzangaben in Zeichnungen

Die Toleranzen sind in den Zeichnungen – wie die Maße – in Millimeter anzugeben. Die Abmaße werden hinter das Nennmaß gesetzt. Das obere Abmaß ist höher und das untere Abmaß ist tiefer als die Maßzahl zu setzen. Dabei werden die Abmaße mit Vorzeichen versehen (B 8.1-1). Liegt das obere Abmaß über dem Nennmaß, erhält dieses ein Plus; liegt das untere Abmaß unter dem Nennmaß, erhält dieses ein Minus. Ist ein Abmaß Null, erhält dieses kein Vorzeichen. Auf die Null kann verzichtet werden, wenn die Toleranzangabe unmißverständlich ist. Bei symmetrischen Abmaßen vom Nennmaß kann das Abmaß mit den Vorzeichen Plus/Minus versehen werden. Sind beide Abmaße kleiner als das Nennmaß, erhalten die Abmaße je ein Minuszeichen; sind beide Abmaße größer als das Nennmaß, je ein Pluszeichen (B 8.1-2).

Für Maßzahlen ohne Toleranzangaben kann neben oder in dem Schriftfeld ein allgemeiner Hinweis über die zulässigen Abweichungen erfolgen.

Beispiele von Toleranzangaben in Zeichnungen:

$550^{+0,3}_{-0,2}$ $\qquad$ $550^{0}_{-0,5}$ $\qquad$ $550_{-0,5}$ $\qquad$ $550^{+0,5}_{0}$

$550^{+0,5}$ $\qquad$ $550^{+0,5}_{+0,2}$ $\qquad$ $550^{-0,2}_{-0,5}$ $\qquad$ $550^{\pm0,2}$

8.3 Passungsarten und Passungssysteme

Passungen geben an, wie stramm oder wie locker zwei ineinandergefügte Teile passen. Je nach Verwendungszweck können diese Passungen ein mehr oder weniger großes Spiel bzw. Übermaß aufweisen. Zwischen den drei *Passungsarten* Spielpassung, Übergangspassung und Preßpassung ist zu unterscheiden(B 8.3-1).

Spielpassung. Bei den Spielpassungen weisen die Passungsteile nach dem Zusammenfügen ein Spiel auf, so daß sich die Teile gegeneinander verschieben lassen. Beispiel: Schubkastenführungen.

Übergangspassung. Bei Übergangspassungen können die Passungsteile je nach Größe ihrer Istmaße sowohl ein geringes Spiel als auch ein geringes Übermaß aufweisen. Beispiel: Dübelungen, Schlitz- und Zapfenverbindungen.

Preßpassung. Bei Preßpassungen weisen die zusammenzufügenden Passungsteile stets ein Übermaß auf. Beispiel: Verkeilungen.

Um bei der Fertigung diese verschiedenen Passungsarten zu erhalten, muß vor dem Bemaßen das Passungssystem geklärt werden. Zwischen dem System »Einheitsbohrung bzw. Einheitsinnenmaß« und dem System »Einheitswelle bzw. Einheitsaußenmaß« ist zu unterscheiden.

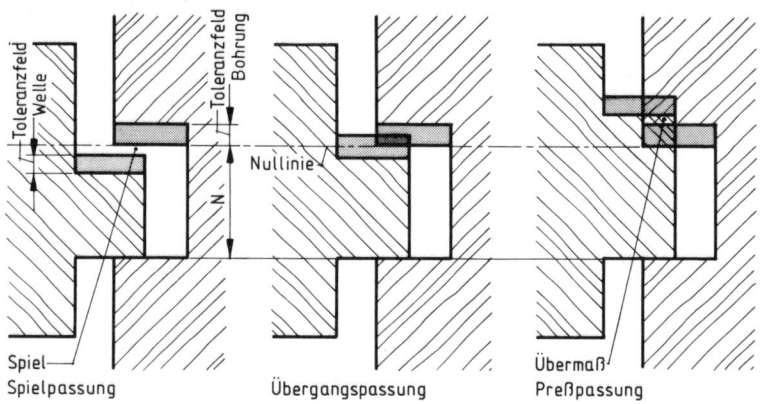

System Einheitsbohrung bzw. Einheitsinnenmaß

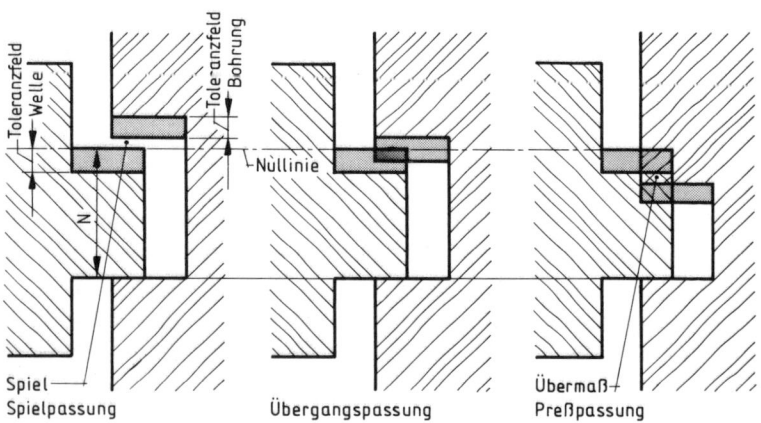

System Einheitswelle bzw. Einheitsaußenmaß

B 8.3-1 Passungsarten und Passungssysteme.

System Einheitsbohrung. Beim System Einheitsbohrung bzw. Einheitsinnenmaß ist das Kleinstmaß jedes Außenteiles, wie zum Beispiel Nut, Schlitz oder Bohrung, gleich dem Nennmaß. Das Größtmaß des Außenteiles ist gleich dem Nennmaß plus der Toleranz, d.h. es gibt nur ein Abmaß nach oben, das Abmaß nach unten ist gleich Null.

$$A_u = O$$

System Einheitswelle. Beim System Einheitswelle bzw. Einheitsaußenmaß ist das Größtmaß jedes Innenteiles, wie zum Beispiel Feder, Dübel, Zapfen oder Welle, gleich dem Nennmaß. Das Kleinstmaß des Innenteils ist gleich dem Nennmaß minus der Toleranz. Beim System der Einheitsfeder gibt es also nur ein Abmaß nach unten, das Abmaß nach oben ist gleich Null (B 8.4-4).

$$A_o = O$$

8.4 Maßtoleranzen in der Holzbearbeitung und -verarbeitung

Die Anwendung der Toleranzen für Längen- und Winkelmaße in der Holzbearbeitung und -verarbeitung ist in der DIN 68100 und DIN 68101 festgelegt. Somit ist eine Tolerierung der Maße nicht nur frei, sondern auch nach dieser DIN möglich. Die Größe der Maßtoleranzen ist abhängig von der gewünschten Maßgenauigkeit sowie von der Größe des Werkstückes. Feine Arbeiten erfordern feine Toleranzen, grobe Arbeiten erlauben grobe Toleranzen; kleine Werkstückabmessungen – kleine Toleranzen, große Werkstückabmessungen – große Toleranzen.

Die Genauigkeit wird nach DIN 68100 in elf verschiedene Stufen, die Holz-Toleranzreihen – (HT) – eingeteilt. Die für den Möbel- und Innenausbau wichtigsten Genauigkeitsstufen sind:

HT 10: Für die Fertigung von Werkstücken mit hoher Genauigkeit, wie Meßgeräte.

HT 15: Für die Fertigung von Werkstücken, die austauschbar und kombinierbar sein müssen, wie Werkstücke für Gehäuse und Möbel.

HT 25: Für die Fertigung einfacher Möbel, wenn keine Ansprüche an die Austauschbarkeit der Teile gestellt wird.

HT 40: Für die Fertigung von Werkstücken, deren Maße für das Zusammenfügen mit anderen Bauteilen ohne Belang sind, wie Breite und Länge von zurückspringenden Fußgestellen, von Tischplatten oder die Breite von Fachböden.

HT 60: Grob bearbeitete Werkteile, wie Sägewerksteile, deren oberes Abmaß durch nachfolgende Bearbeitung verringert werden kann.

HT 100: Rohteile oder Zuschnitte von Holzwerkstoffen mit geringer Genauigkeit.

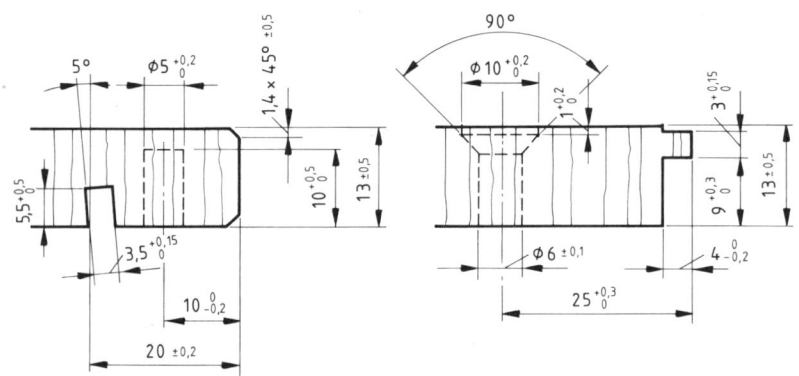

B 8.4-1 Bemaßungsbeispiel von konstruktiven Einzelheiten mit freigewählten Toleranzen.

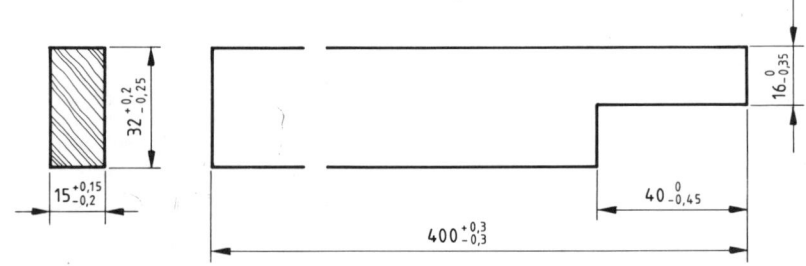

B 8.4-2 Toleranzen nach HT 25.

126

Die *Abmessungen* sind in verschiedene Nennmaßbereiche gestaffelt. Die folgende Tabelle gibt die Grundtoleranzen für die unterschiedlichen Genauigkeiten und Nennmaßbereiche an. Sie sind dem Zweck entsprechend und nach dem Grundsatz der wirtschaftlichsten Herstellung anzuwenden (siehe Tabelle 8.4-1).

Die Größe und Lage der *Toleranzfelder* bei Passungen kann nach den Grundmaßtabellen vorgenommen werden (Tabellen 8.4-2 und 8.4-3).

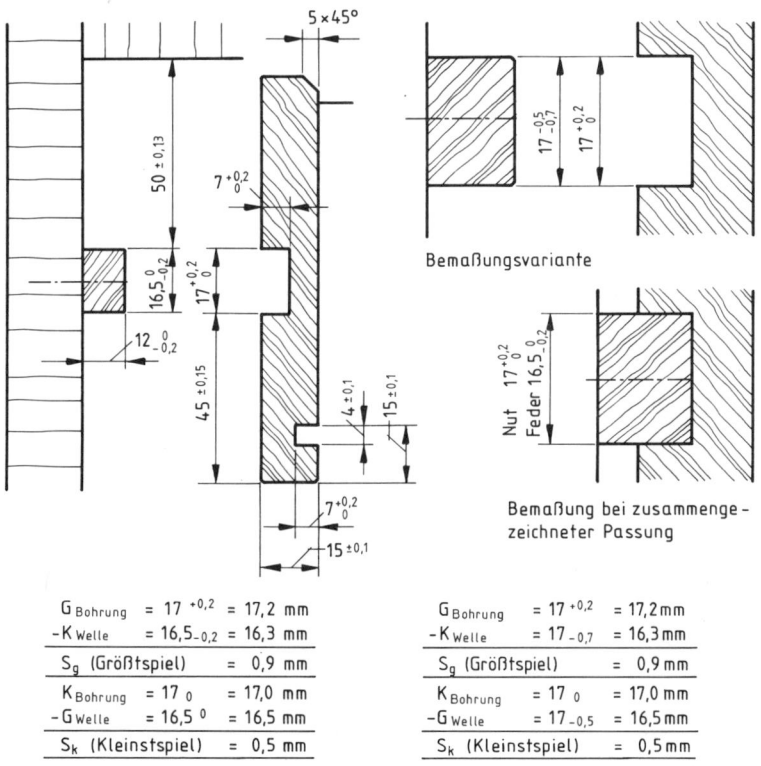

$G_{Bohrung}$	$= 17^{+0,2}$	$= 17,2$ mm
$-K_{Welle}$	$= 16,5_{-0,2}$	$= 16,3$ mm
S_g (Größtspiel)		$= 0,9$ mm
$K_{Bohrung}$	$= 17_0$	$= 17,0$ mm
$-G_{Welle}$	$= 16,5^0$	$= 16,5$ mm
S_k (Kleinstspiel)		$= 0,5$ mm

$G_{Bohrung}$	$= 17^{+0,2}$	$= 17,2$ mm
$-K_{Welle}$	$= 17_{-0,7}$	$= 16,3$ mm
S_g (Größtspiel)		$= 0,9$ mm
$K_{Bohrung}$	$= 17_0$	$= 17,0$ mm
$-G_{Welle}$	$= 17_{-0,5}$	$= 16,5$ mm
S_k (Kleinstspiel)		$= 0,5$ mm

B 8.4-3 Bemaßungsbeispiel einer Passung, System Einheitsaußenmaß – Einheitsinnenmaß nach HT 15 (zweite Stelle nach dem Komma gerundet).

127

Grundabmaße in mm für Außenmaße der verschiedenen Nennmaßbereiche von

Toleranz-felder	3 bis 10 mm		10 bis 30 mm		30 bis 100 mm		100 bis 250 mm		250 bis 500 mm		500 bis 1000 mm		1000 bis 1500 mm	
	HT 15	HT 25	HT 15	HT 25	HT 15	HT 25	HT 15	HT 25	HT 15	HT 25	HT 15	HT 25	HT 15	HT 25
a	−1,53 / −1,71	−2,55 / −2,85	−1,78 / −1,99	−3,00 / −3,35	−2,21 / −2,47	−3,80 / −4,25	−2,63 / −2,94	−4,25 / −4,75	−3,06 / −3,42	−5,10 / −5,70	−3,57 / −3,99	−5,95 / −6,65	−4,59 / −5,13	−7,65 / −8,55
b	−1,26 / −1,44	−2,10 / −2,40	−1,47 / −1,68	−2,45 / −2,80	−1,82 / −2,08	−3,15 / −3,60	−2,17 / −2,48	−3,50 / −4,00	−2,52 / −2,88	−4,20 / −4,80	−2,94 / −3,36	−4,90 / −5,60	−3,78 / −4,32	−6,30 / −7,20
c	−1,03 / −1,21	−1,70 / −2,00	−1,20 / −1,41	−2,00 / −2,35	−1,48 / −1,74	−2,55 / −3,00	−1,77 / −2,08	−2,85 / −3,35	−2,05 / −2,41	−3,40 / −4,00	−2,39 / −2,81	−4,00 / −4,70	−3,08 / −3,62	−5,15 / −6,05
d	−0,81 / −0,99	−1,35 / −1,65	−0,94 / −1,15	−1,60 / −1,95	−1,17 / −1,43	−2,05 / −2,50	−1,40 / −1,71	−2,25 / −2,75	−1,62 / −1,98	−2,70 / −3,30	−1,89 / −2,31	−3,15 / −3,85	−2,34 / −2,97	−4,05 / −4,95
e	−0,61 / −0,79	−1,00 / −1,30	−0,71 / −0,92	−1,20 / −1,55	−0,88 / −1,14	−1,55 / −2,00	−1,05 / −1,36	−1,70 / −2,20	−1,22 / −1,58	−2,05 / −2,65	−1,43 / −1,85	−2,40 / −3,10	−1,84 / −2,38	−3,05 / −3,95
f	−0,43 / −0,61	−0,70 / −1,00	−0,50 / −0,71	−0,85 / −1,20	−0,62 / −0,88	−1,10 / −1,55	−0,74 / −1,05	−1,20 / −1,70	−0,86 / −1,22	−1,45 / −2,05	−1,01 / −1,43	−1,70 / −2,40	−1,30 / −1,84	−2,15 / −3,05
g	−0,27 / −0,45	−0,45 / −0,75	−0,31 / −0,52	−0,55 / −0,90	−0,39 / −0,65	−0,70 / −1,15	−0,47 / −0,78	−0,75 / −1,25	−0,54 / −0,90	−0,90 / −1,50	−0,63 / −1,05	−1,05 / −1,75	−0,81 / −1,35	−1,35 / −2,25
j	−0,13 / −0,31	−0,20 / −0,50	−0,15 / −0,36	−0,25 / −0,60	−0,18 / −0,44	−0,30 / −0,75	−0,22 / −0,53	−0,35 / −0,85	−0,25 / −0,61	−0,40 / −1,00	−0,29 / −0,71	−0,50 / −1,20	−0,38 / −0,92	−0,65 / −1,55
k	0,00 / −0,18	0,00 / −0,30	0,00 / −0,21	0,00 / −0,35	0,00 / −0,26	0,00 / −0,45	0,00 / −0,31	0,00 / −0,50	0,00 / −0,36	0,00 / −0,60	0,00 / −0,42	0,00 / −0,70	0,00 / −0,54	0,00 / −0,90
m	+0,09 / −0,09	+0,15 / −0,15	+0,11 / −0,11	+0,18 / −0,18	+0,13 / −0,13	+0,23 / −0,23	+0,16 / −0,16	+0,25 / −0,25	+0,18 / −0,18	+0,30 / −0,30	+0,21 / −0,21	+0,35 / −0,35	+0,27 / −0,27	+0,45 / −0,45
n	+0,18 / 0,00	+0,30 / 0,00	+0,21 / 0,00	+0,35 / 0,00	+0,26 / 0,00	+0,45 / 0,00	+0,31 / 0,00	+0,50 / 0,00	+0,36 / 0,00	+0,60 / 0,00	+0,42 / 0,00	+0,70 / 0,00	+0,54 / 0,00	+0,90 / 0,00
p	+0,31 / +0,13	+0,50 / +0,20	+0,36 / +0,15	+0,60 / +0,25	+0,44 / +0,18	+0,75 / +0,30	+0,53 / +0,22	+0,85 / +0,35	+0,61 / +0,25	+1,00 / +0,40	+0,71 / +0,29	+1,20 / +0,50	+0,92 / +0,38	+1,55 / +0,65
r	+0,45 / +0,27	+0,75 / +0,45	+0,52 / +0,31	+0,90 / +0,55	+0,65 / +0,39	+1,15 / +0,70	+0,78 / +0,47	+1,25 / +0,75	+0,90 / +0,54	+1,50 / +0,90	+1,05 / +0,63	+1,75 / +1,05	+1,35 / +0,81	+2,25 / +1,35
s	+0,61 / +0,43	+1,00 / +0,70	+0,71 / +0,50	+1,20 / +0,85	+0,88 / +0,62	+1,55 / +1,10	+1,05 / +0,74	+1,70 / +1,20	+1,22 / +0,86	+2,05 / +1,45	+1,43 / +1,01	+2,40 / +1,70	+1,84 / +1,30	+3,05 / +2,15
t	+0,79 / +0,61	+1,30 / +1,00	+0,92 / +0,71	+1,55 / +1,20	+1,14 / +0,88	+2,00 / +1,55	+1,35 / +1,05	+2,20 / +1,70	+1,58 / +1,22	+2,65 / +2,05	+1,85 / +1,43	+3,10 / +2,40	+2,38 / +1,84	+3,95 / +3,05
u	+0,99 / +0,81	+1,65 / +1,35	+1,15 / +0,94	+1,95 / +1,60	+1,43 / +1,17	+2,50 / +2,05	+1,71 / +1,40	+2,75 / +2,25	+1,98 / +1,62	+3,30 / +2,70	+2,31 / +1,89	+3,85 / +3,15	+2,97 / +2,43	+4,95 / +4,05
w	+1,21 / +1,03	+2,00 / +1,70	+1,41 / +1,20	+2,35 / +2,00	+1,74 / +1,48	+3,00 / +2,55	+2,08 / +1,77	+3,35 / +2,85	+2,41 / +2,05	+4,00 / +3,40	+2,81 / +2,39	+4,70 / +4,00	+3,62 / +3,08	+6,05 / +5,15
y	+1,44 / +1,26	+2,40 / +2,10	+1,68 / +1,47	+2,80 / +2,45	+2,08 / +1,82	+3,60 / +3,15	+2,48 / +2,17	+4,00 / +3,50	+2,88 / +2,52	+4,80 / +4,20	+3,36 / +2,94	+5,60 / +4,90	+4,32 / +3,78	+7,20 / +6,30
z	+1,71 / +1,53	+2,85 / +2,55	+1,99 / +1,78	+3,35 / +3,00	+2,47 / +2,21	+4,25 / +3,80	+2,94 / +2,63	+4,75 / +4,25	+3,42 / +3,06	+5,70 / +5,10	+3,99 / +3,57	+6,65 / +5,95	+5,13 / +4,59	+8,55 / +7,65

Tabelle 8.4-2 Grundmaße für Außenmaße nach DIN 68101.

Grundabmaße in mm für Innenmaße der verschiedenen Nennmaßbereiche von

Toleranzfelder	3 bis 10 mm HT 15	HT 25	10 bis 30 mm HT 15	HT 25	30 bis 100 mm HT 15	HT 25	100 bis 250 mm HT 15	HT 25	250 bis 500 mm HT 15	HT 25	500 bis 1000 mm HT 15	HT 25	1000 bis 1500 mm HT 15	HT 25
A	+ 1,71 + 1,53	+ 2,85 + 2,55	+ 1,99 + 1,78	+ 3,35 + 3,00	+ 2,47 + 2,21	+ 4,25 + 3,80	+ 2,94 + 2,63	+ 4,75 + 4,25	+ 3,42 + 3,06	+ 5,70 + 5,10	+ 3,99 + 3,57	+ 6,65 + 5,95	+ 5,13 + 4,59	+ 8,55 + 7,65
B	+ 1,44 + 1,26	+ 2,40 + 2,10	+ 1,68 + 1,47	+ 2,80 + 2,45	+ 2,08 + 1,82	+ 3,60 + 3,15	+ 2,48 + 2,17	+ 4,00 + 3,50	+ 2,88 + 2,52	+ 4,80 + 4,20	+ 3,36 + 2,94	+ 5,60 + 4,90	+ 4,32 + 3,78	+ 7,20 + 6,30
C	+ 1,21 + 1,03	+ 2,00 + 1,70	+ 1,41 + 1,20	+ 2,35 + 2,00	+ 1,74 + 1,48	+ 3,00 + 2,55	+ 2,08 + 1,77	+ 3,35 + 2,85	+ 2,41 + 2,05	+ 4,00 + 3,40	+ 2,81 + 2,39	+ 4,70 + 4,00	+ 3,62 + 3,08	+ 6,05 + 5,15
D	+ 0,99 + 0,81	+ 1,65 + 1,35	+ 1,15 + 0,94	+ 1,95 + 1,60	+ 1,43 + 1,17	+ 2,50 + 2,05	+ 1,71 + 1,40	+ 2,75 + 2,25	+ 1,98 + 1,62	+ 3,30 + 2,70	+ 2,31 + 1,89	+ 3,85 + 3,15	+ 2,97 + 2,43	+ 4,95 + 4,05
E	+ 0,79 + 0,61	+ 1,30 + 1,00	+ 0,92 + 0,71	+ 1,55 + 1,20	+ 1,14 + 0,88	+ 2,00 + 1,55	+ 1,36 + 1,05	+ 2,20 + 1,70	+ 1,58 + 1,22	+ 2,65 + 2,05	+ 1,85 + 1,43	+ 3,10 + 2,40	+ 2,38 + 1,84	+ 3,95 + 3,05
F	+ 0,61 + 0,43	+ 1,00 + 0,70	+ 0,71 + 0,50	+ 1,20 + 0,65	+ 0,88 + 0,62	+ 1,55 + 1,10	+ 1,05 + 0,74	+ 1,70 + 1,20	+ 1,22 + 0,86	+ 2,05 + 1,45	+ 1,43 + 1,01	+ 2,40 + 1,70	+ 1,84 + 1,30	+ 3,05 + 2,15
G	+ 0,45 + 0,27	+ 0,75 + 0,45	+ 0,52 + 0,31	+ 0,90 + 0,55	+ 0,65 + 0,39	+ 1,15 + 0,70	+ 0,78 + 0,47	+ 1,25 + 0,75	+ 0,90 + 0,54	+ 1,50 + 0,90	+ 1,05 + 0,63	+ 1,75 + 1,05	+ 1,35 + 0,81	+ 2,25 + 1,35
I	+ 0,31 + 0,13	+ 0,50 + 0,20	+ 0,36 + 0,15	+ 0,60 + 0,25	+ 0,44 + 0,18	+ 0,75 + 0,30	+ 0,53 + 0,22	+ 0,85 + 0,35	+ 0,61 + 0,25	+ 1,00 + 0,40	+ 0,71 + 0,29	+ 1,20 + 0,50	+ 0,92 + 0,38	+ 1,55 + 0,65
K	+ 0,18 0,00	+ 0,30 0,00	+ 0,21 0,00	+ 0,35 0,00	+ 0,26 0,00	+ 0,44 0,00	+ 0,31 0,00	+ 0,50 0,00	+ 0,36 0,00	+ 0,60 0,00	+ 0,42 0,00	+ 0,70 0,00	+ 0,54 0,00	+ 0,90 0,00
M	+ 0,09 − 0,09	+ 0,15 − 0,15	+ 0,11 − 0,11	+ 0,18 − 0,18	+ 0,13 − 0,13	+ 0,23 − 0,23	+ 0,16 − 0,16	+ 0,25 − 0,25	+ 0,18 − 0,18	+ 0,30 − 0,30	+ 0,21 − 0,21	+ 0,35 − 0,35	+ 0,27 − 0,27	+ 0,45 − 0,45
N	0,00 − 0,18	0,00 − 0,30	0,00 − 0,21	0,00 − 0,35	0,00 − 0,26	0,00 − 0,45	0,00 − 0,31	0,00 − 0,50	0,00 − 0,36	0,00 − 0,60	0,00 − 0,42	0,00 − 0,70	0,00 − 0,54	0,00 − 0,90
P	− 0,13 − 0,31	− 0,20 − 0,50	− 0,15 − 0,36	− 0,25 − 0,60	− 0,18 − 0,44	− 0,30 − 0,75	− 0,22 − 0,53	− 0,35 − 0,85	− 0,25 − 0,61	− 0,40 − 1,00	− 0,29 − 0,71	− 0,50 − 1,20	− 0,38 − 0,92	− 0,65 − 1,55
R	− 0,27 − 0,45	− 0,45 − 0,75	− 0,31 − 0,52	− 0,55 − 0,90	− 0,39 − 0,65	− 0,70 − 1,15	− 0,47 − 0,78	− 0,75 − 1,25	− 0,54 − 0,90	− 0,90 − 1,50	− 0,63 − 1,05	− 1,05 − 1,75	− 0,81 − 1,35	− 1,35 − 2,25
S	− 0,43 − 0,61	− 0,70 − 1,00	− 0,50 − 0,71	− 0,85 − 1,20	− 0,62 − 0,88	− 1,10 − 1,55	− 0,74 − 1,05	− 1,20 − 1,70	− 0,86 − 1,22	− 1,45 − 2,05	− 1,01 − 1,43	− 1,70 − 2,40	− 1,30 − 1,84	− 2,15 − 3,05
T	− 0,61 − 0,79	− 1,00 − 1,30	− 0,71 − 0,92	− 1,20 − 1,55	− 0,88 − 1,14	− 1,55 − 2,00	− 1,05 − 1,36	− 1,70 − 2,20	− 1,22 − 1,58	− 2,05 − 2,65	− 1,43 − 1,85	− 2,40 − 3,10	− 1,84 − 2,38	− 3,05 − 3,95
U	− 0,81 − 0,99	− 1,35 − 1,65	− 0,94 − 1,15	− 1,60 − 1,95	− 1,17 − 1,43	− 2,05 − 2,50	− 1,40 − 1,71	− 2,25 − 2,75	− 1,62 − 1,98	− 2,70 − 3,30	− 1,89 − 2,31	− 3,15 − 3,85	− 2,43 − 2,97	− 4,05 − 4,95
W	− 1,03 − 1,21	− 1,70 − 2,00	− 1,20 − 1,41	− 2,00 − 2,35	− 1,48 − 1,74	− 2,55 − 3,00	− 1,77 − 2,08	− 2,85 − 3,35	− 2,05 − 2,41	− 3,40 − 4,00	− 2,39 − 2,81	− 4,00 − 4,70	− 3,08 − 3,62	− 5,15 − 6,05
Y	− 1,26 − 1,44	− 2,10 − 2,40	− 1,47 − 1,68	− 2,45 − 2,80	− 1,82 − 2,08	− 3,15 − 3,60	− 2,17 − 2,48	− 3,50 − 4,00	− 2,52 − 2,88	− 4,20 − 4,80	− 2,94 − 3,36	− 4,90 − 5,60	− 3,78 − 4,32	− 6,30 − 7,20
Z	− 1,53 − 1,71	− 2,55 − 2,85	− 1,78 − 1,99	− 3,00 − 3,35	− 2,21 − 2,47	− 3,80 − 4,25	− 2,63 − 2,94	− 4,25 − 4,75	− 3,06 − 3,42	− 5,10 − 5,70	− 3,57 − 3,99	− 5,95 − 6,65	− 4,59 − 5,13	− 7,65 − 8,55

Tabelle 8.4‑3 Grundmaße für Innenmaße nach DIN 68101.

Die Toleranzfelder erhalten für die Abmaße der Innenmaße (Bohrung) Großbuchstaben und die der Außenmaße (Welle) Kleinbuchstaben. Das Bohrungs-Toleranzfeld »K« berührt die Nullinie von oben und das Wellen-Toleranzfeld »k« von unten. Die Toleranzfelder liegen um so weiter von der Nullinie entfernt, je weiter der Buchstabe im Alphabet von *K* oder *k* entfernt liegt. Eine Bohrung (ein Innenmaß) mit dem Toleranzfeld »*K*«, gepaart mit einer Welle (einem Außenmaß) mit dem Toleranzfeld von »*a*« bis »*k*« ergibt eine Spielpassung; von »*m*« bis »*n*« im allgemeinen eine Übergangspassung und von »*p*« bis »*z*« eine Preßpassung. Die Paarung des Innenmaß-Toleranzfeldes »*K*« mit dem Außenmaß-Toleranzfeld »*k*« stellt einen Grenzfall dar, der nach DIN noch bei der Spielpassung eingestuft wird. Wenn aber im Extremfall bei der Bohrung das Abmaß nach unten, also das Kleinstmaß, und bei der Welle das Abmaß nach oben, also das Größtmaß, erreicht wird, ist das Spiel dann Null (Bild 8.4-4).

Tabelle 8.4-1

Nennmaßbereiche in mm		Grundtoleranzen in mm in den Holz-Toleranzreihen (HT) nach DIN 68100					
von >	bis	HT 10	HT 15	HT 25	HT 40	HT 60	HT 100
1	3	0,10	0,15	0,25	0,40	0,60	–
3	10	0,12	0,18	0,30	0,50	0,70	1,4
10	30	0,14	0,21	0,35	0,55	0,85	1,4
30	100	0,17	0,26	0,45	0,70	1,05	2,0
100	250	0,20	0,31	0,50	0,80	1,25	2,0
250	500	0,24	0,36	0,60	0,95	1,45	2,4
500	1000	0,28	0,42	0,70	1,15	1,70	2,8
1000	2500	0,36	0,54	0,90	1,45	2,15	3,6
2500	5000	0,46	0,70	1,15	1,85	2,80	4,6

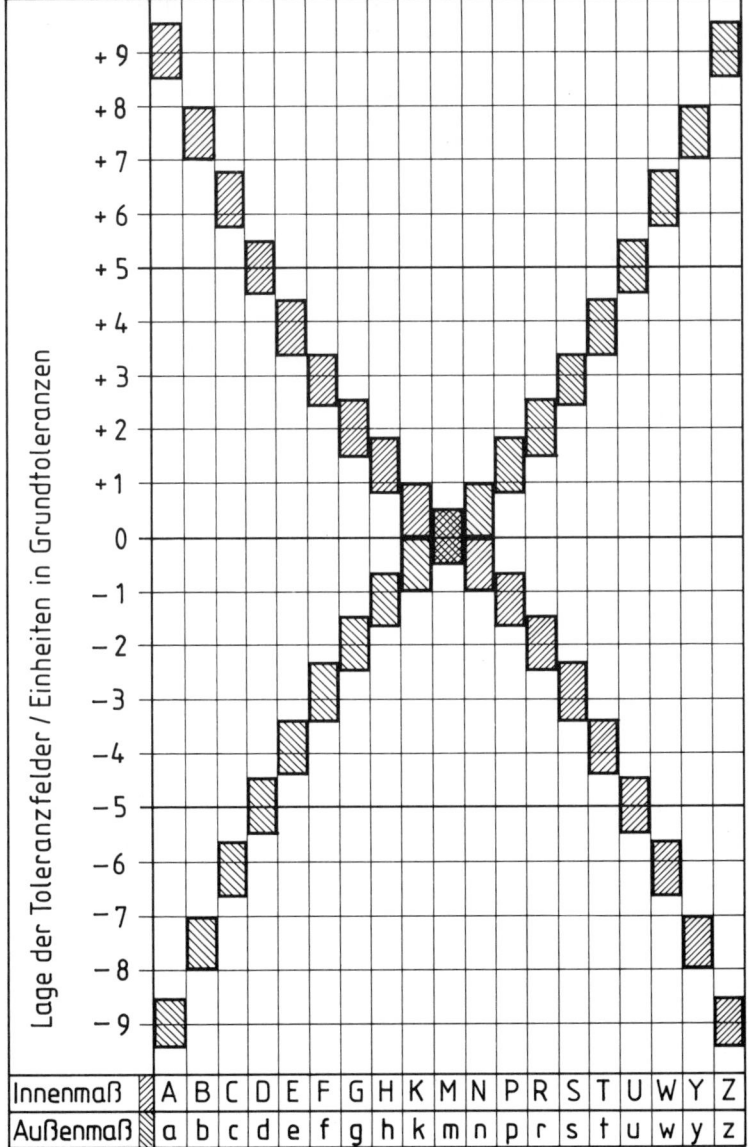

B 8.4-4 Lage der Toleranzfelder in schematischer Darstellung.

131

Die Grundabmaße sind für die verschiedenen Toleranzfelder und für die unterschiedlichen Nennmaßbereiche in der DIN 68101 für Außenmaße und Innenmaße festgelegt worden. Das Tolerieren von Passungen unter Verwendung von Toleranzfeldern und Kennzeichnung mit Buchstaben ist in der Metallindustrie schon lange üblich, wird aber in der Holzindustrie sehr selten angewendet (Beispiele siehe Bilder 8.4-5 und 8.4-6).

	Zapfenloch (Innenmaß)	Zapfen (Außenmaß)
Nennmaß N	12 mm	12 mm
Toleranzfeld	K	p
oberes Abmaß A_o	+0,21 mm	+0,36 mm
unteres Abmaß A_u	0,00 mm	+0,15 mm
Toleranz T	0,21 mm	0,21 mm
Größtmaß G	12,21 mm	12,36 mm
Kleinstmaß K	12,00 mm	12,15 mm
Größtspiel S_g	= 12,21 − 12,15 = 0,06 mm	
Größtübermaß U_g	= 12,36 − 12,00 = 0,36 mm	
Paßtoleranz T	= 0,21 + 0,21 = 0,42 mm	

	Nut (Innenmaß)	Nutleiste (Außenmaß)
Nennmaß N	17 mm	17 mm
Toleranzfeld	K	f
oberes Abmaß A_o	+0,21 mm	−0,50 mm
unteres Abmaß A_u	0,00 mm	−0,71 mm
Toleranz T	0,21 mm	0,21 mm
Größtmaß G	17,21 mm	16,50 mm
Kleinstmaß K	17,00 mm	16,29 mm
Größtspiel S_g	= 17,21 − 16,29 = 0,92 mm	
Kleinstspiel S_k	= 17,00 − 16,50 = 0,50 mm	
Paßtoleranz T	= 0,21 + 0,21 = 0,42 mm	

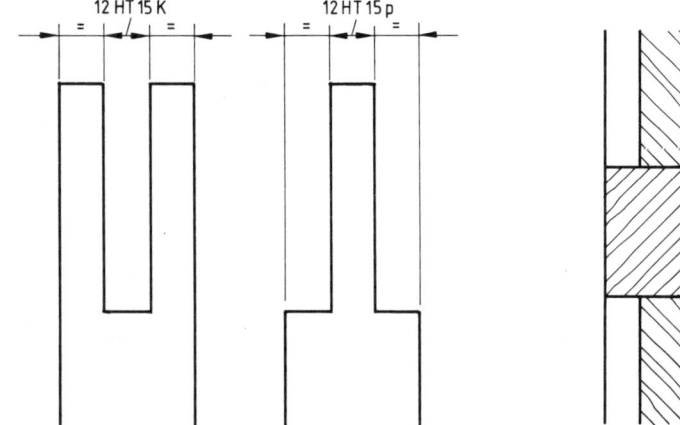

B 8.4-5 Beispiel einer tolerierten Übergangspassung mit Grundabmaßen in Toleranzfeldern.

B 8.4-6 Beispiel einer Spielpassung mit Grundabmaßen in Toleranzfeldern.

Winkeltoleranzen werden nicht in Grad, sondern als Neigungsabweichungen in Millimeter angegeben. Das Nennmaß *N* ist die Länge des längeren Schenkels des Winkels. Die Toleranz ist die lineare Abweichung in Millimeter am Ende des Schenkels = t. Für das Abmaß »*t*« ist die halbe Maßtoleranz »*T*/2« anzusetzen. Dadurch können Winkeltoleranzen wie die Längentoleranzen behandelt werden (B 8.4-7).

Die Toleranzangaben für Vollholz oder Holzwerkstoffe gelten immer für eine bestimmte zu vereinbarende konstante Holzfeuchtigkeit.

Die Maßänderungen durch Schwinden oder Quellen des hygroskopischen Werkstoffes Holz, die durch Feuchtigkeitseinwirkung eintreten können, sind besonders zu berücksichtigen. Sie werden durch das Feuchtmaß »*M*« ausgedrückt (8.4.1).

Bei der Bestellung oder Fertigung können Angaben über die Längentoleranzen und Winkeltoleranzen wie folgt angegeben werden:
Längentoleranzen: DIN 68100 L-HT 25–10
Winkeltoleranzen: DIN 68100 W–HT 15–7
In diesen Angaben bedeuten: L = Längentoleranz, W = Winkeltoleranz, HT 25 bzw. HT 15 die gewählte Toleranzreihe – Holz und die Zahlenwerte 10 bzw. 7 die Holzfeuchtigkeit in Prozent.
Von Fall zu Fall können an einem Werkstück auch grobere Maßtoleranzen ohne wesentliche Beeinträchtigung der Qualität des Erzeugnisses zulässig sein. Deshalb wäre es von der Wirtschaftlichkeit her nicht richtig, für sämtliche Maße an einem Werkstück die gleiche HT (Toleranzreihe – Holz) vorzuschreiben. Die Maße, welche die Qualität nicht wesentlich beeinträchtigen, sind nach einer geringeren Toleranzstufe oder sogar frei zu tolerieren (B 8.4-1).

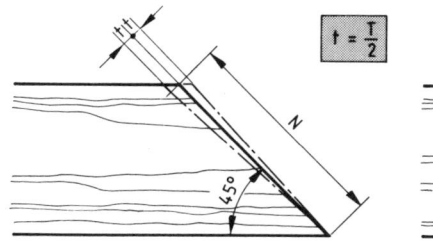
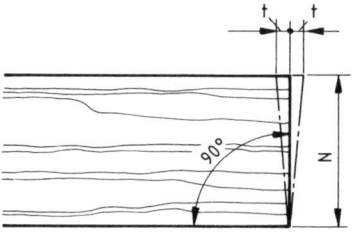

B 8.4-7 Angabe der Winkeltoleranzen.

8.4.1 Feuchtemaß

Unterschiedliche klimatische Verhältnisse zwischen Herstellungsort und Verwendungsort des Erzeugnisses verändern auch den Holzfeuchtigkeitsgehalt und damit das Feuchtemaß. Das heißt, es ergibt sich eine Maßänderung durch das Quellen oder Schwinden des Holzes. Nach DIN 68100 können diese Maßänderungen ausgerechnet werden. Die einzelnen Werte über die Gleichgewichts-Holzfeuchten sowie die Schwindmaße verschiedener Nadel- und Laubhölzer und auch Holzwerkstoffe sind in dieser DIN besonders aufgelistet. In Räumen mit Zentralheizung ist mit einer relativen Luftfeuchte von ca. 40%, mit Ofenheizung von ca. 50%, ohne Heizung ca. 65%, in offenen überdachten Räumen ca. 75% und im Freien ca. 80% zu rechnen.

Tabelle 8.4-4 Holzfeuchtigkeitsgehalte bei unterschiedlichen relativen Luftfeuchtigkeiten und Verformungen je 1% Hozfeuchtigkeitsänderung (differenzielles Schwind-/Quellmaß) verschiedener Hölzer.

Holzart	Kurz-zeichen nach DIN 4076 Teil 1	Gleichgewichts-Holzfeuchte μgl in % bei relativer Luftfeuchte			differenzielles Schwindmaß V in %/% Holzfeuchte-änderung	
		$\varphi = 37\%$	$\varphi = 50\%$	$\varphi = 83\%$	radial	tangential
Nadelhölzer						
Fichte	FI	7,0	9,0	16,4	0,19	0,39
Kiefer	KI	7,0	8,4	15,3	0,19	0,36
Lärche	LA	8,4	9,9	17,1	0,14	0,30
Laubhölzer						
Afrormosia	AFR	7,0	8,0	12,7	0,18	0,32
Afzelia	AFZ	7,3	8,4	13,7	0,11	0,22
Buche	BU	7,3	8,7	15,7	0,20	0,41
Eiche	EI	8,9	10,3	17,2	0,16	0,36
Esche	ES	7,3	8,9	16,5	0,21	0,38
Nußbaum	NB	6,7	8,1	14,8	0,18	0,29
Sapeli	MAS	7,9	9,2	15,8	0,24	0,32
Sipo	MAU	8,4	9,8	17,0	0,20	0,25
Teak	TEK	7,2	8,3	13,4	0,16	0,26
Ulme	RU	7,9	9,3	16,1	0,20	0,23
Wenge	WEN	7,1	7,9	12,3	0,22	0,34

Tabelle 8.4-5 Holzfeuchtigkeitsgehalte bei unterschiedlichen relativen Luftfeuchtigkeiten und Verformungen je 1% Holzfeuchtigkeitsänderung (differentielles Schwind-/Quellmaß) verschiedener Holzwerkstoffe.

Holz-werkstoff	Plattentyp	Gleichgewichts-Holzfeuchte μgl in % bei relativer Luftfeuchte			differenzielles Schwindmaß V in %/% Holzfeuchteänderung	
		φ = 30%	φ = 65%	φ = 85%	in der Dicke	in der Fläche
Span-platte	FPY V 20 FPO V 20	6 (4–9)	10 (9–11)	15 (11–19)	0,70 (0,55–0,85)	0,035 (0,025–0,045)
Span-platte	FPY V 100 oder V 100 G	5 (4–6)	11 (10–12)	19 (15–23)	0,45 (0,35–0,55)	0,020 (0,013–0,026)
Sperr-holz	FU ST	5 (4–6)	10 (8–12)	15 (11–18)	0,30 (0,25–0,35)	0,015 (0,010–0,020)
Hart-faser-platte	HFH 20	4 (3–5)	7 (6–8)	11 (10–12)	0,80 (0,70–0,90)	0,035 (0,025–0,045)

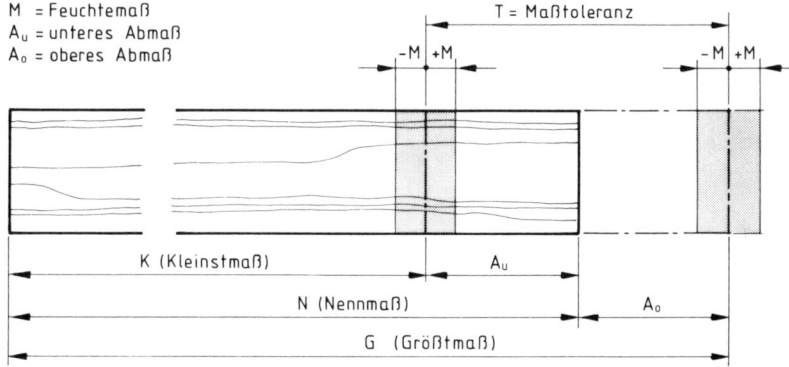

M = Feuchtemaß
A_u = unteres Abmaß
A_o = oberes Abmaß

B 8.4-8 Längentoleranzen unter Berücksichtigung des Feuchtemaßes M.

135

Die Formel für die Maßänderung durch Feuchtigkeitsaufnahme lautet:

$$M = N \cdot \Delta u \cdot \frac{V}{100}$$

Hierin bedeuten:

M = Feuchtemaß
N = Nennmaß
Δu = Differenz zwischen u_1
     (Feuchtigkeitsgehalt bei der Herstellung) und u_2
     (Feuchtigkeitsgehalt bei der Verwendung) = $u_1 - u_2$
V = Verformung in %/%

Die Formel für das Ausgangsmaß (B = Nennbreite) lautet:

$$B = N \pm M$$

Beispiele:

1. Eine 550 mm breit zugeschnittene Vollholzfüllung aus Lärchenholz mit vorwiegend stehendem Jahresringverlauf weist bei der Herstellung einen Holzfeuchtigkeitsgehalt von 13% auf. Bei der Verwendung des Erzeugnisses im zentralbeheizten Raum ist mit einer relativen Luftfeuchte von 40% zu rechnen. Wie groß ist das Feuchtmaß M, und auf welche Nennbreite B wird sich die Füllung am Verwendungsort einstellen?

Lösung: N = 550 mm; u_1 = 13%; u_2 = 8,7%;
           (u_{gl} bei φ 37% = 8,4%; bei φ 40% $\hat{=}$ 8,7%)
           Δu = 13% − 8,7% = 4,3%,
           V = 0,14%/% (Spalte 6 der Tabelle),

$$M = N \cdot \Delta u \cdot \frac{V}{100}$$

$$M = 550 \text{ mm} \cdot 4{,}3\% \cdot \frac{0{,}14\%/\%}{100\%} = \textbf{3,31 mm}$$

$$B = N \pm M = 550 \text{ mm} - 3{,}31 \text{ mm} = \textbf{546,69 mm}$$

2. Damit die schöne Fladerung des Lärchenholzes zur Wirkung kommen kann, wird die Lärchenfüllung aus Vollholz mit vorwiegend liegenden Jahresringen hergestellt. Abmessungen und klimatische Bedingungen wie in Aufgabe 1. Mit welchen Maßveränderungen ist nun zu rechnen?

Lösung: $N = 550$ mm; $\triangle u = 4,3\%$; $V = 0,30\%/\%$

$$M = N \cdot \triangle u \cdot \frac{V}{100}$$

$$M = 550 \text{ mm} \cdot 4,3\% \cdot \frac{0,30\%/\%}{100\%} = \textbf{7,1 mm}$$

$$B = N \pm M = 550 \text{ mm} - 7,1 \text{ mm} = \textbf{542,9 mm}$$

Anmerkung: Bei der Berechnung des Feuchtemaßes einer Bohle mit vorwiegend geneigtem Jahresringverlauf (z. B. 60°) kann das unterschiedliche Schwind- oder Quellmaß in tangentialer und radialer Richtung über die Winkelfunktion auf die Meßebene umgerechnet werden.

3. Eine Werkbankplatte von 600 mm Nennbreite aus Buchenholz zeigt einen geneigten Jahresringverlauf von ca. 60°. Der Holzfeuchtigkeitsgehalt am Herstellungsort beträgt 8%. Durch die hohe relative Luftfeuchte am Verwendungsort ist mit einer Holzfeuchte von ca. 15% zu rechnen. Auf welches Maß wird die Werkbankplatte am Verwendungsort quellen?

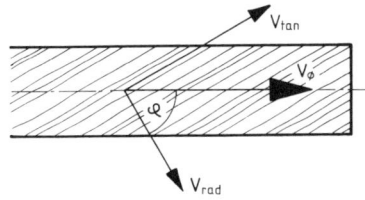

B 8.4-9
Ermittlung der durchschnittlichen Verformung unter Berücksichtigung der Lage der Jahresringe.

Lösung: $V_\emptyset = V_{rad} \cdot \cos^2 \varphi + V_{tan} \cdot \sin^2 \varphi$

$V_\emptyset = 0{,}20\%/\% \cdot \cos^2 60° + 0{,}41\%/\% \cdot \sin^2 60°$

$V_\emptyset = 0{,}20\%/\% \cdot 0{,}25 + 0{,}41\%/\% \cdot 0{,}75$

$V_\emptyset = 0{,}05\%/\% + 0{,}31\%/\%$

$V_\emptyset = \mathbf{0{,}36\%/\%}$

$$M = N \cdot \Delta u \cdot \frac{V}{100}$$

$$M = 600 \text{ mm} \cdot (15\%-8\%) \cdot \frac{0{,}36\%/\%}{100} = \mathbf{15{,}12 \text{ mm}}$$

$$B = N \pm M = 600 \text{ mm} + 15{,}12 \text{ mm} = \mathbf{615{,}12 \text{ mm}}$$

4. Eine Flachpreß-Spanplatte V20 mit einer Anlieferungsfeuchte von 10% wird zu großflächigen 3,80 m langen Verkleidungsplatten verarbeitet. Der zu verkleidende Raum ist zentral beheizt, so daß mit einer Gleichgewichts-Holzfeuchte von 7% zu rechnen ist. Um wieviel Millimeter wird sich das Fertigmaß verändern?

Lösung: $N = 3800 \text{ mm}; u_1 = 10\%; u_2 = 7\%$

$\Delta u = 10\% - 7\% = 3\%; V = 0{,}035\%/\%$ (Spalte 7)

$$M = N \cdot \Delta u \cdot \frac{V}{100} = 3800 \text{ mm} \cdot 3\% \cdot \frac{0{,}035\%/\%}{100}$$

$M = \mathbf{3{,}99 \sim 4{,}00 \text{ mm}}$

Die Beispiele zeigen, daß die Maßtoleranzen bei Erzeugnissen aus Vollholz und auch aus Holzwerkstoffen nur bei gleichbleibenden klimatischen Verhältnissen eingehalten werden können. Bei unterschiedlichen Klimaverhältnissen zwischen Herstellungsort und Verwendungsort ist das Feuchtemaß zu berücksichtigen. Zusätzlich sind die Schwundformen des Vollholzes und die Verwerfungen des Holzwerkstoffes zu beachten.

Ferner ist zu bedenken, daß sich der Feuchtigkeitsausgleich im Holz erst nach längerer Zeit einstellt und sich die Maße erst dann stabilisieren. Außerdem sind die rechnerischen Ergebnisse mit durchschnittlichen Grundwerten errechnet worden, die innerhalb einer Holzart durch den verschiedenen Jahresringaufbau oder bei Holzwerkstoffen durch unterschiedliche Leimzusammensetzungen und Spandichten noch schwanken können. Somit wird sich eine Differenz zwischen den rechnerischen Werten und den tatsächlichen Werten ergeben.

8.5 Maßtoleranzen im Hochbau

Im Innenausbau kommt der Holzverarbeiter mit den Belangen des Hochbaus unmittelbar in Berührung, so daß die Maßtoleranzen des Hochbaus auch hier von Interesse sind. Besonders die Maßtoleranzen für Öffnungen sowie für Ebenheiten von Decken, Wänden und Fußböden sind in diesem Zusammenhang wichtig. Sie sind in DIN 18201 und 18202, Blätter 1 bis 3, festgelegt.

8.5.1 Grundbegriffe und Grundsätze
Bei den Maßtoleranzen im Hochbau sind ähnliche Begriffe geläufig, wie sie unter Punkt 8.1 aufgeführt wurden. Passungen werden im Bauwesen in der Regel als Spielpassungen ausgeführt. Das Außenteil ist hier die Öffnung oder Nische, das Innenteil das Einbauteil, wie Einbauschrank, Fenster oder Tür. Das Spiel wird hier als *Fuge* bezeichnet.

Für die Maßtoleranzen im Hochbau wird zwischen drei Genauigkeitsgruppen unterschieden.

Genauigkeitsgruppe A gilt für die Maße von Bauteilen und Bauwerken, bei denen keine besondere Genauigkeit erforderlich ist oder nicht gefordert wird.
Genauigkeitsgruppe B gilt für die Maße von Bauteilen und Bauwerken, für die eine höhere Genauigkeit gefordert wird.
Genauigkeitsgruppe C gilt dann, wenn die Genauigkeitsgruppe B noch zu grob ist.

In Leistungsbeschreibungen und auf Zeichnungen ist auf die Genauigkeitsgruppe hinzuweisen. Maßänderungen, die durch temperatur-, zeit- und lastenabhängige Verformungen auftreten können, bleiben bei den Maßtoleranzen unberücksichtigt bzw. müssen bei der Planung bereits mit beachtet werden.

8.5.2 Maßtoleranzen für Öffnungen
Durch festgelegte Maßtoleranzen für Öffnungen im Hochbau soll gewährleistet sein, daß Einbauteile, wie Fenster, Türen, Treppen und Schrankwände, ohne Nacharbeit eingebaut werden können. Das Kleinstmaß der Öffnungen und das Größtmaß des Einbauteils müssen so aufeinander abgestimmt sein, daß noch eine Fuge verbleibt und der Einbau möglich ist. Neben den Öffnungsmaßen sind

auch die Abweichungen der Leibungsflächen von der Lot- und Waagerechten zu beachten. Die Abmaße der Öffnungen sind nach Nennmaßbereichen sowie nach ungeputzten oder geputzten Wänden gestaffelt. Die DIN 18202/1 weist folgende Werte auf:

Tabelle 8.5-1 Zulässige Abmaße der Öffnungen und Nischen

Oberflächen der Bauteile	Zulässige Abmaße in mm Nennmaßbereiche		
	bis 2,5 m	über 2,5 m bis 5 m	über 5 m
nicht fertig*	± 10	± 15	± 20
fertig*	± 5	± 10	± 15

Tabelle 8.5-2 Zulässige Abweichungen der Leibungsflächen von der Lot- und Waagerechten bei Öffnungen und Nischen

Oberflächen der Bauteile	Zulässige Toleranzen in mm Nennmaßbereiche			
	bis 1 m	>1 m bis 2,5 m	>2,5 m bis 5 m	>5 m
nicht fertig*	5	10	15	20
fertig*	5	5	10	15

* Unter *nicht fertig* wird z.B. noch nicht verputztes Mauerwerk verstanden. *Fertig* bedeutet z.B. verputztes Mauerwerk, Mauerwerk aus Vormauersteinen und Sichtbeton (B 8.5-1).

B 8.5-1 Maßabweichungen an Öffnungen und Nischen. (1) Begriffe, (2) und (3) Abweichungen von der Lot- und Waagerechten (Seite 141 oben).
B 8.5-2 Beispiel für eine Passung im Innenausbau mit Berechnung der Kleinst- und Größtfuge (Seite 141 unten).

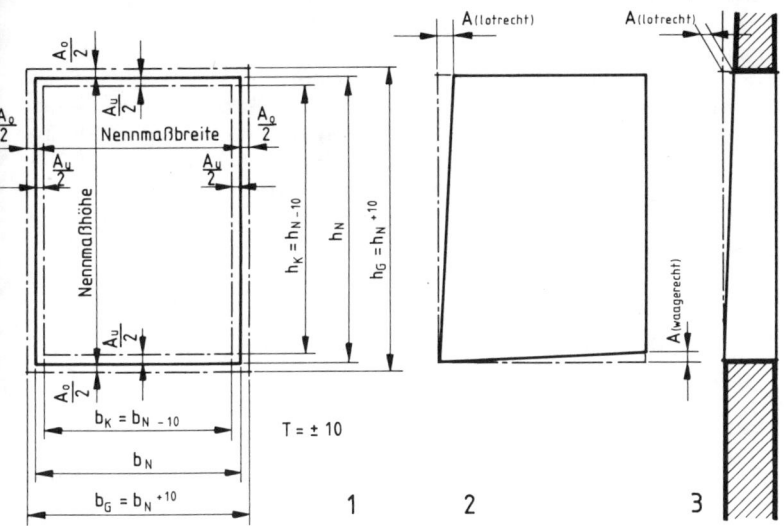

B 8.5-1

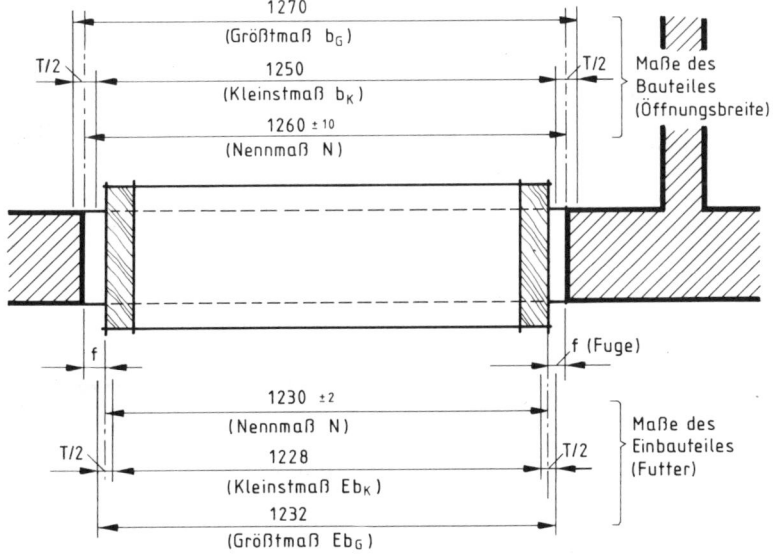

Kleinstfuge $f_K = \dfrac{b_K - Eb_G}{2} = \dfrac{1250 - 1232}{2} = \dfrac{18}{2} = \underline{9\,mm}$

Größtfuge $f_G = \dfrac{b_G - Eb_K}{2} = \dfrac{1270 - 1228}{2} = \dfrac{42}{2} = \underline{21\,mm}$

B 8.5-2

8.5.3 Ebenheitstoleranzen von Bauteilen

Die Ebenheiten der Oberflächen von Wänden und Deckenunterseiten sowie der Oberfläche von Fußböden sind für verschiedene Innenausbauarbeiten wichtig. Die Ebenheitstoleranzen sind nach Genauigkeitsgruppen bzw. Ausbauzuständen der Flächen und nach den Abständen der Meßpunkte gestaffelt. Die angegebenen Werte entsprechen der DIN 18202, Blätter 2 und 3 (Vornorm).

Tabelle 8.5-3 Ebenheitstoleranzen für Oberflächen von Wänden, Deckenunterseiten und einzelnen Bauteilen

Genauigkeits-gruppe	Wände, Deckenunterseiten, Bauteile	Toleranzen in mm bei Abstand der Meßpunkte				
		bis 0,1 m	1 m	4 m	10 m	$\geq$15 m
A	nicht oberflächenfertig	5	10	15	25	30
B	oberflächenfertig	3	5	10	20	25
C	oberflächenfertig	2	3	8	15	20

Nicht oberflächenfertig sind Rohwände aus Mauerwerk und Beton sowie Untersichten von Rohdecken. Oberflächenfertig sind geputzte Wände und Decken, Sichtbeton, Sichtmauerwerk und Fassadenverkleidungen. Zwischenwerte sind gradlinig zu interpolieren. Beim Abstand der Meßpunkte von 0,1 m bis 4,0 m gelten die angegebenen Toleranzen bis zu einem steindicken Mauerwerk nur für die bündige Seite.

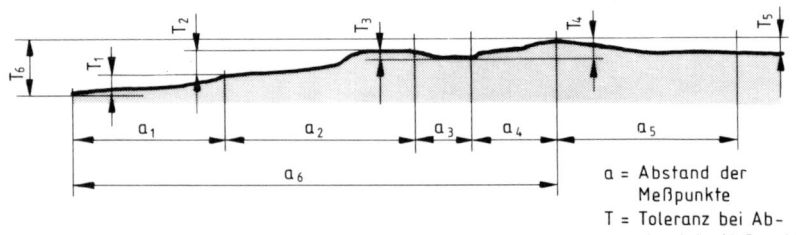

a = Abstand der Meßpunkte
T = Toleranz bei Abstand der Meßpunkte

B 8.5-3 Zuordnung der Ebenheitstoleranzen einer Oberfläche zu den Abständen der Meßpunkte.

Tabelle 8.5-4 Ebenheitstoleranzen der Oberflächen von Rohdecken, Estrichen und Bodenbelägen

Bauteil / Baustoff	Toleranzen in mm bei Abstand der Meßpunkte				
	bis 0,1 m	1 m	4 m	10 m	$\geq$ 15 m
Rohdecken, Unterbeton und Unterböden zur Aufnahme von Holzfußböden auf Lagerhölzern	10	15	20	25	30
Rohdecken, Unterbeton und Unterböden zur Aufnahme schwimmender Estriche	5	8	12	15	20
Estriche, Holzriemenböden u. ä. zur Aufnahme von Bodenbelägen	2	4	10	12	15
Bodenbeläge, wie Parkett, mit erhöhter Genauigkeitsanforderung	1	3	9	12	15

Die ausgewiesenen Werte sind die zulässigen Höhenunterschiede zweier Meßpunkte in Abhängigkeit von ihrem Abstand. Für Estrichböden darf z. B. beim Abstand der Meßpunkt von 4,0 m der Höhenunterschied der Oberfläche nicht mehr als 10 mm betragen. Sinngemäß sind die Werte für Wände und Deckenuntersichten zu ermitteln (B 8.5-3).

9 Arten der Zeichnungen

Im praktischen Gebrauch werden technische Zeichnungen je nach Art der Darstellung und der Anfertigung sowie nach dem Inhalt und Zweck unterschiedlich benannt. Die Benennungen für die technischen Zeichnungen sind in DIN 199, teils aber auch in DIN 919 und DIN 1356 festgelegt.

Zeichnungsarten

- *Unterscheidung nach Art der Darstellung*

  Skizze, Zeichnung, Maßbild, Plan, Diagramme, räumliche Darstellung

- *Unterscheidung nach Art der Anfertigung*

  Original als Blei- oder Tuschezeichnung, Vervielfältigung, Vordruckzeichnung, Stammzeichnung, Brettaufriß

- *Unterscheidung nach dem Inhalt*

  Gesamt-Zeichnung, Teilschnitt-Zeichnung, Gruppen-Zeichnung, Einzelteil-Zeichnung, Gruppenteil-Zeichnung, Modellzeichnung

- *Unterscheidung nach dem Zweck*

  Vorentwurfs- und Entwurfszeichnung, Konstruktionszeichnung, Fertigungszeichnung, Sammelzeichnung, Ergänzungszeichnung, Statikzeichnung, Angebotszeichnung, Bestellzeichnung, Abrechnungszeichnung, Genehmigungszeichnung, Bestandszeichnung, Versandzeichnung, Fertigungsmittelzeichnung, Aufstellungszeichnung, Gutachtenzeichnung, Patent- oder Gebrauchsmusterzeichnung

9.1 Allgemeine Benennung

Nach Art der Darstellung werden im allgemeinen Skizzen, Zeichnungen, Maßbilder, Pläne und graphische Darstellungen unterschieden.

9.1.1 Skizze
Skizzen sind vorwiegend freihändige, an Formen und Regeln nicht unbedingt gebundene Darstellungen, die meistens als Unterlagen

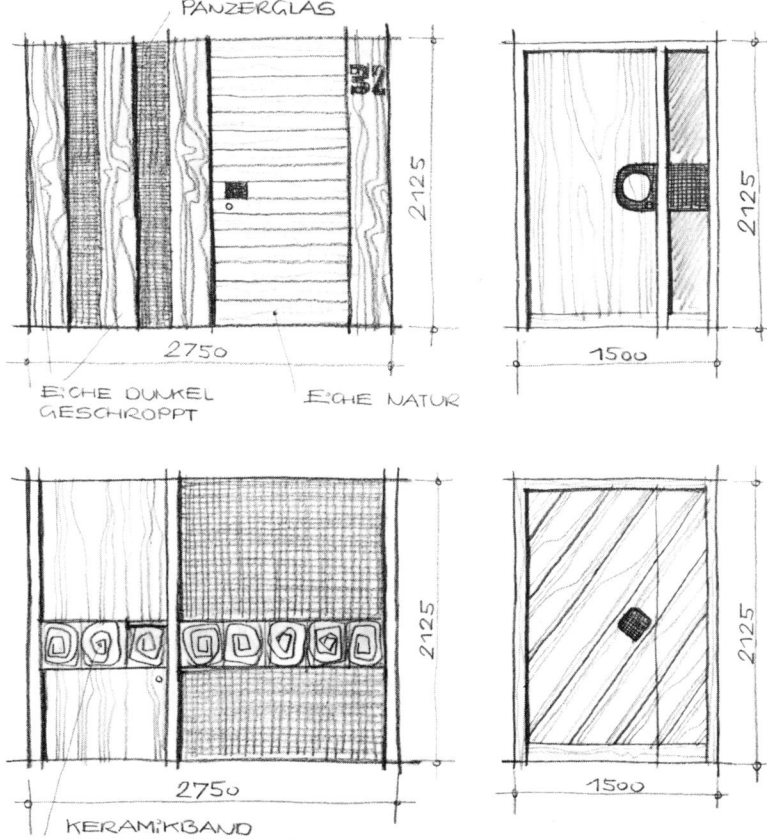

B 9.1-1 Entwurfsskizzen von Haustüren.

145

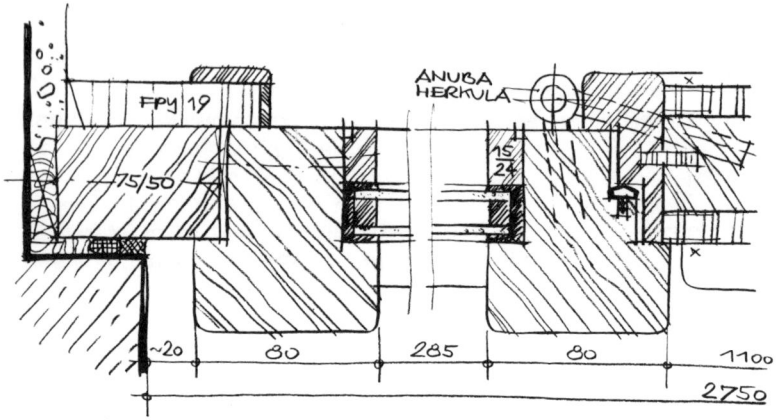

B 9.1-2 Detail-Skizze.

B 9.1-3 Perspektiv-Skizze.

146

für die Anfertigung von Zeichnungen oder Plänen dienen. Im Normalfall werden Skizzen auf dünnem Transparentpapier angefertigt. Dadurch ist es möglich, zum einfacheren Durchzeichnen weitere Transparentpapierbahnen übereinanderzulegen und so die konstruktiven Einzelheiten immer mehr zu verfeinern. Außerdem lassen sich von diesen Skizzen Lichtpausen anfertigen, die dann als gut lesbare Grundlage bei Besprechungen dienen können. Ein ähnlicher Weg wird bei der Gestaltung von Möbeln und Innenausbauten beschritten. Durch flott angefertigte Skizzen können die Ideen schneller fixiert, verglichen und bewertet werden.

Selbstverständlich kann man Skizzen auch auf jeder anderen bezeichenbaren Unterlage anfertigen. Bei ausreichender Bemaßung und Deutlichkeit sind Skizzen – besonders für die Einzelfertigung kleiner Werkstücke – auch unmittelbar als Fertigungsunterlage einzusetzen (B 9.1-1 bis 3).

9.1.2 Zeichnung

Zeichnung ist der Überbegriff für lineare, meist maßstäbliche Darstellungen von Ansichten und Schnitten mit den klärenden Maßen und Materialangaben. Je nach Art der Anfertigung, dem Inhalt oder Zweck sind verschiedene Zeichnungsarten zu unterscheiden (siehe auch Abschnitte 9.2 bis 9.5).

Originalzeichnungen sind erstmals entstandene, auf Transparentpapier oder Karton gefertigte Zeichnungen oder Skizzen. Je nach verwendetem Zeichengerät können dies Bleizeichnungen, Bleiskizzen, Tuschezeichnungen oder Tuscheskizzen sein.

Tuschezeichnungen ergeben einen guten Kontrast, der besonders wertvoll für die Vervielfältigung der Zeichnungen ist. Eine Mischung von Bleizeichnung und Tuschezeichnung ist wegen der unterschiedlichen Kontraste besonders dann zu vermeiden, wenn die Originale zum Zwecke der Archivierung mikroverfilmt werden sollen. Alle Zeichnungen, die besonders stark beansprucht werden, wie Fertigungszeichnungen, und Zeichnungen, die längere Zeit archiviert werden müssen, wie Baubestandszeichnungen, sollte man in Tusche ausziehen. Mit den neuen Tuschegeräten ist das Tuschezeichnen nicht mehr schwierig und bedeutet keinen wesentlichen Zeitverlust gegenüber dem Bleizeichnen.

Aber auch bei *Bleizeichnungen* muß ein guter Kontrast zwischen Papier und Linie erreicht werden, ohne daß die Zeichnungen verschmieren. Die Linienbreiten bei Bleizeichnungen müssen den für Tuschezeichengeräte angegebenen Stufensprüngen entsprechen. Bleizeichnungen sind wegen der weichen Linien besonders für Entwurfszeichnungen und Fertigungsskizzen von Einzelheiten sowie für Brettaufrisse geeignet (B 9.1-1 bis 3 und 6).

Stamm-Zeichnung wird die Ursprungszeichnung genannt, die für Vervielfältigungen, wie für das Lichtpausverfahren, das Kopieren, Drucken, oder für die Mikroverfilmung eingesetzt wird. Stammzeichnungen können sowohl Originale als auch bereits vervielfältigte Zeichnungen wie Mutterpausen sein.

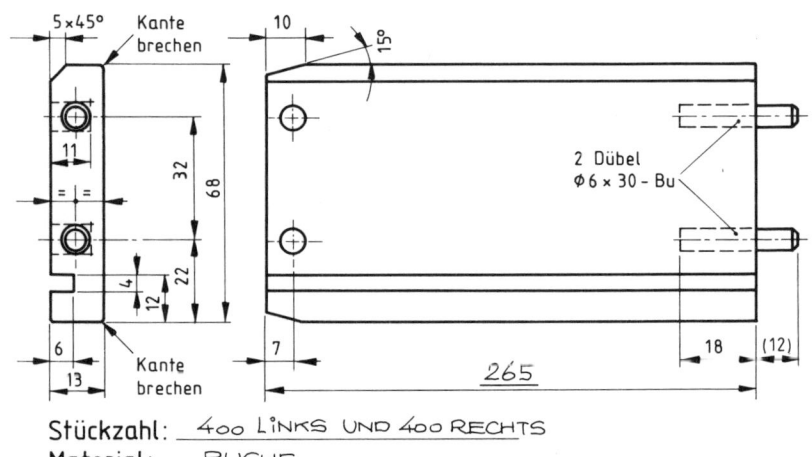

Stückzahl: _400 LINKS UND 400 RECHTS_
Material: _BUCHE_

B 9.1-4 Vordruckzeichnung für die Fertigung von Schubkastenseiten.

_200_ Stück

B 9.1-5 Vordruckzeichnung für den Plattenzuschnitt.

148

Eine *Vordruck-Zeichnung* ist eine vorgedruckte oder auch in einer anderen Form hergestellte Vervielfältigungszeichnung von Normteilen, die in gleicher Form, aber in unterschiedlichen Abmessungen vorkommen. Die Darstellung der Teile ist nicht maßstäblich. Die Maßlinien der veränderlichen Maße tragen keine Maßzahlen. Diese werden erst bei Bedarf eingesetzt (B 9.1-4 und 5).

Der *Aufriß* ist eine Schnittzeichnung im Maßstab 1:1, die in der Regel auf Furnierplatten bzw. Hartfaserplatten oder auch auf das Werkstückteil selbst »aufgerissen« wird. Der Aufriß wird bei Einzelfertigungen angewendet. Die Dimensionen der Werkstücke können vom Aufriß direkt auf das Werkstück übertragen werden (B 9.1-6).

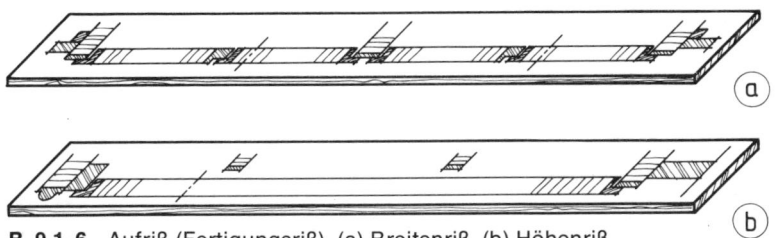

B 9.1-6 Aufriß (Fertigungsriß), (a) Breitenriß, (b) Höhenriß.

9.1.3 Maßbild
Maßbilder sind vereinfachte, meistens verkleinerte Darstellungen von Erzeugnissen, bei denen als Wichtigstes die Maße herausgestellt werden, z.B. Maßbilder für Dübelungen, Bohrungen von Korpusseiten oder für den Zuschnitt von Plattenaufteilsägen (B 6.3-13).

9.1.4 Plan
Pläne sind zeichnerische Darstellungen, die Zuordnungen oder Funktionen klären sollen. Beispiele: Ein Lageplan gibt die Zuordnung der Baukörper untereinander und ihre Lage auf dem Grundstück an. Ein Maschinenaufstellungsplan zeigt die Aufstellung der Maschinen unter Berücksichtigung der Installationsanschlüsse, des Materialflusses und der Zuordnung zu anderen Betriebsmitteln. Ein Druckluftschaltplan zeigt die Funktion und Verbindung der Druckluftelemente und Schaltglieder auf. Rohrleitungspläne geben die Führung der Installationsleitungen sowie die Lage der Anschlüsse und Ventile an (B 9.1-7).

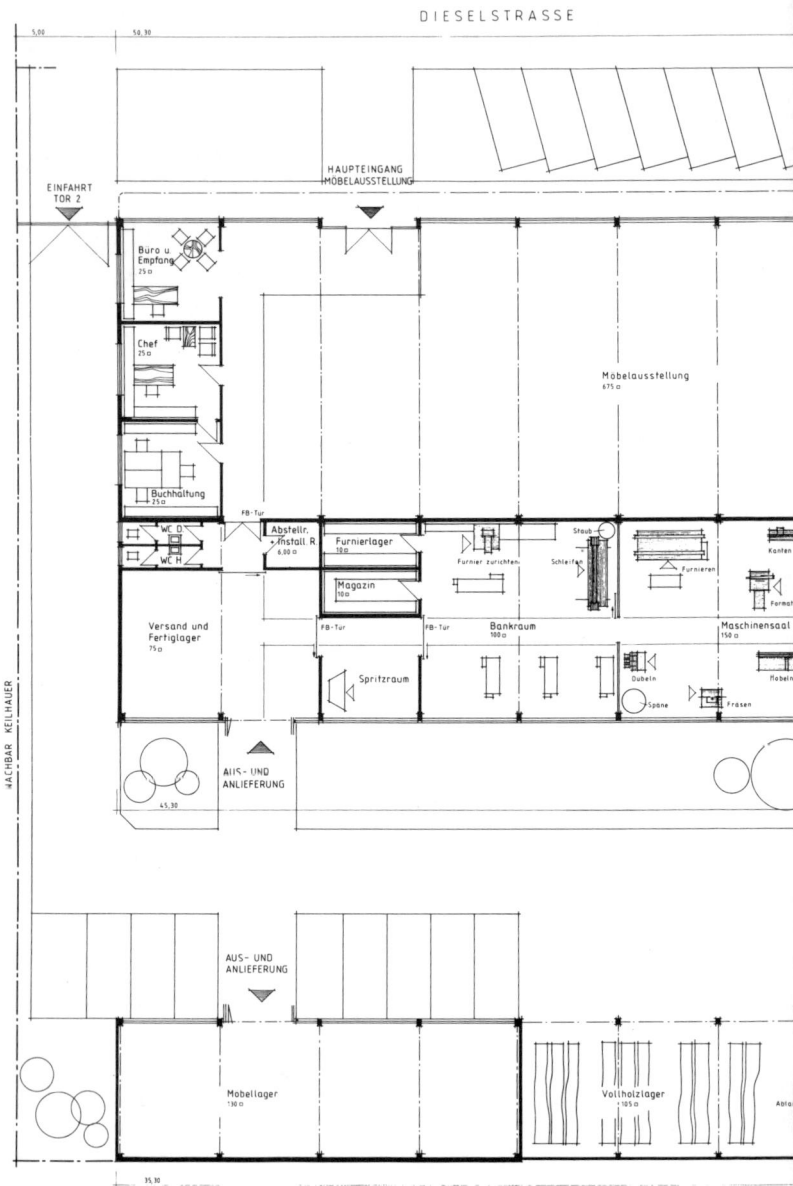

DIESELSTRASSE

EINFAHRT
TOR 2

HAUPTEINGANG
MÖBELAUSSTELLUNG

Büro u.
Empfang
25 a

Chef
25 a

Buchhaltung
25 a

Möbelausstellung
675 a

WC D

WC H

Abstellr.
+ Install. R
6,00 a

FB-Tür

Furnierlager
10 a

Furnier zurichten

Staub

Schleifen

Furnieren

Kanten

Formate

Magazin
10 a

Versand und
Fertiglager
75 a

FB-Tür

FB-Tür

Bankraum
100 a

Maschinensaal
150 a

Spritzraum

Dübeln

Späne

Fräsen

Möbeln

AUS- UND
ANLIEFERUNG

45,30

AUS- UND
ANLIEFERUNG

Möbellager
130 a

Vollholzlager
105 a

Ablani

NACHBAR KEILHAUER

35,30

150

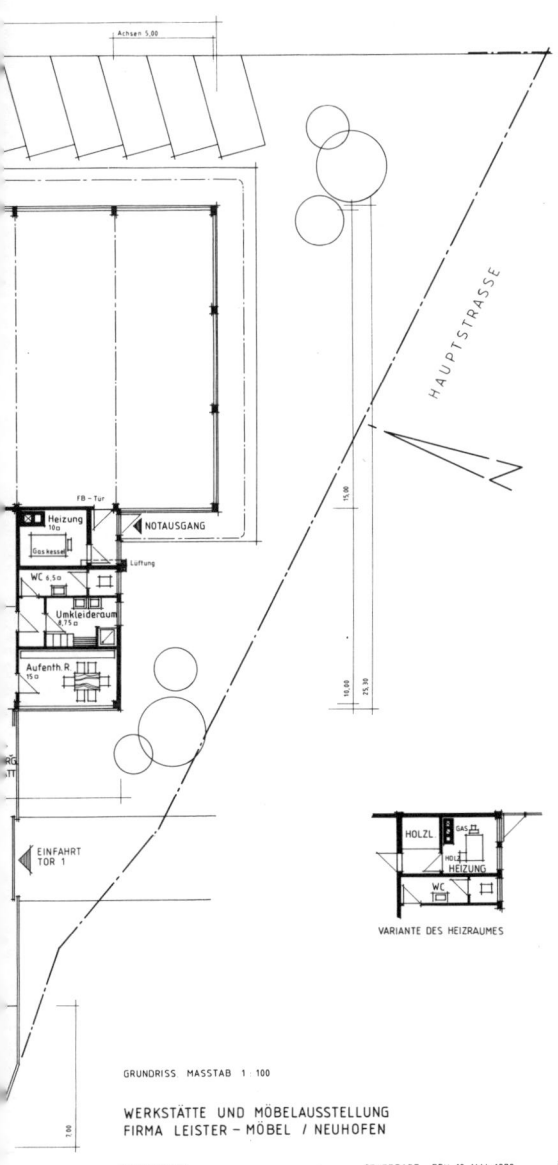

Achsen 5,00

HAUPTSTRASSE

FB – Tür

Heizung
10 a

Gas kessel

NOTAUSGANG

Lüftung

WC 6,5 a

Umkleideraum
8,75 a

Aufenth. R
15 a

EINFAHRT
TOR 1

HOLZL | GAS

HOLZ
HEIZUNG

WC

VARIANTE DES HEIZRAUMES

GRUNDRISS MASSTAB 1:100

WERKSTÄTTE UND MÖBELAUSSTELLUNG
FIRMA LEISTER – MÖBEL / NEUHOFEN

AUFGESTELLT: STUTTGART, DEN 12. MAI 1979

B 9.1-7 Betriebsplan.

9.1.5 Graphische Darstellung

In graphischen Darstellungen können veränderliche Werte und Größen durch Linien und Flächen veranschaulicht werden. Sie werden auch Diagramme genannt. Zwischen quantitativen und qualitativen Darstellungen ist zu unterscheiden.

Bei *qualitativer* Darstellung kommt es im wesentlichen auf den charakteristischen Kurvenverlauf an, der sich aufgrund der voneinander abhängigen Größen ergibt. Skalenteilungen sind nicht erforderlich, weil hier keine Werte abgelesen werden müssen. Auf beiden Koordinaten wird eine lineare Teilung vorausgesetzt.

Bei einer *quantitativen* Darstellung sind die Koordinaten durch Skalen eingeteilt, so daß die Werte der Größen an bestimmten Stellen der Kurve abgelesen werden können.

DIN 461 legt Einzelheiten über graphische Darstellungen in Koordinatensystemen fest.

Koordinaten sind die rechtwinklig zueinanderstehenden Achsen, auf denen die Werte abgetragen werden können. Die waagerechte Achse wird Abzisse genannt, die senkrechte heißt Ordinate. Die zunehmenden Werte werden meistens nach rechts und nach oben, die abnehmenden Werte nach links und nach unten eingetragen. Die Koordinaten erhalten an dem Ende, in deren Richtung die Werte anwachsen, eine Pfeilspitze. Formelzeichen der Größen sind schräg zu schreiben und unter die waagerechte Pfeilspitze bzw. links neben die Pfeilspitze zu stellen. Wenn Platz vorhanden ist, können die Pfeile auch neben den Achsen angeordnet werden. Die Formelzei-

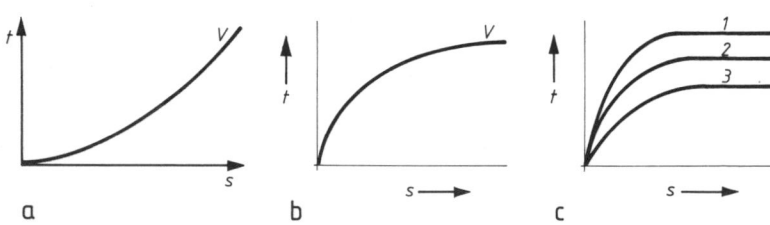

B 9.1-8 Qualitative graphische Darstellung.

(a) Koordinaten mit Pfeilspitzen und kursiv angeschriebenen Formelzeichen.

(b) Pfeile neben oder unter den Koordinaten angeordnet mit kursiv geschriebenen Formelzeichen an den Pfeilenden.

(c) Kurvenschar mit kursiv geschriebenen Hinweisziffern.

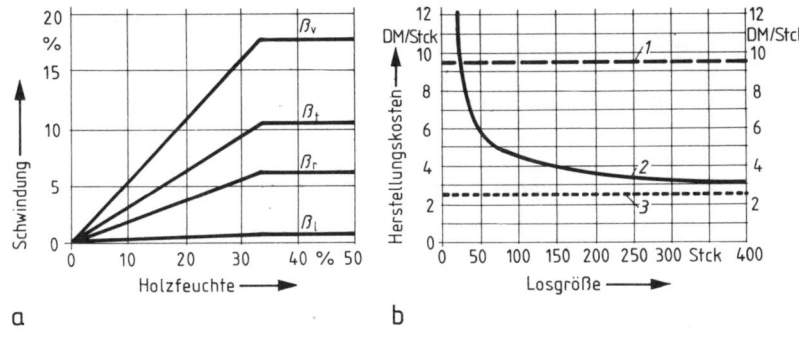

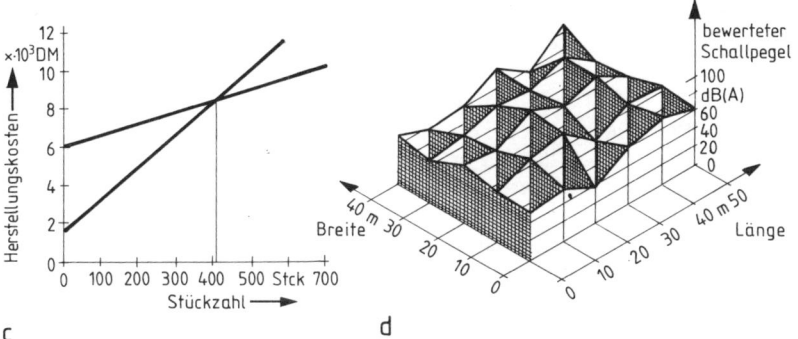

B 9.1-9 Quantitative graphische Darstellungen.
(a) Im Koordinatennetz; Schwindung des Holzes in Abhängigkeit von der Holzfeuchte,
  β_v Volumenschwindung,
  β_t Schwindung tangential,
  β_r Schwindung radial,
  β_l Längenschwindung,
(b) Herstellungskosten pro Stück in Abhängigkeit von der aufgelegten Losgröße,
  1 Kosten in DM/Stck bei Handarbeit,
  2 Kosten in DM/Stck bei Maschinenarbeit,
  3 Innerbetrieblicher Lohnkostensatz DM/Stck.
  Zur besseren Unterscheidung der einzelnen Kurven sind verschiedene Linienarten gewählt,
(c) Ermittlung der wirtschaftlichen Grenzstückzahl durch den Schnittpunkt zweier Geraden,
(d) Räumliche Koordinaten in isometrischer Anordnung.

153

chen sind an das Pfeilende zu setzen. Formeln sowie Formelzeichen der Größen sind so einzuschreiben, daß sie von unten lesbar sind. Bei langen Formeln oder Begriffen kann die Schrift an der senkrechten Koordinate so angeschrieben werden, daß sie von rechts lesbar ist (B 9.1-8).

Bei einer quantitativen Darstellung ist es zweckmäßig, die Koordinatenteilung durch ein ganzes Netz im Darstellungsquadranten zu ergänzen. Die Werte werden dann vorzugsweise an den linken oder unteren Rand außerhalb des Netzes gesetzt. Bei großen Diagrammen können zur besseren Lesbarkeit die Werte am rechten und oberen Rand wiederholt werden (B 9.1-9).

Für bestimmte Darstellungen können statt des zweidimensionalen Koordinatensystems auch dreidimensionale Koordinatensysteme gezeichnet werden. Die räumlichen Koordinaten werden in axonometrischer Projektion nach DIN 5 gezeichnet (B 9.1-9).

Kurven oder Geraden ergeben sich durch die Verbindung der als Punkte eingetragenen Einzelwerte. Die Verbindungslinie kann eine steigende, eine fallende oder auch waagerechte Gerade oder eine progressiv oder degressiv verlaufende Kurve ergeben. Beim Eintragen quantitativer Einflußgrößen kann es sein, daß nicht alle Werte auf der Kurve liegen. Bei guter Korrelation der Werte ist aber die Tendenz klar sichtbar, so daß eine charakteristische Kurve eingezeichnet werden kann (B 9.1-10).

Sind in einem Diagramm mehrere Kurven – eine Kurvenschar – eingezeichnet, so ist jede Kurve der Kurvenschar durch ihren Funktionswert bzw. ihr Formelzeichen, bei langen Beschriftungen auch durch Hinweisziffern oder durch kleine Hinweisbuchstaben zu

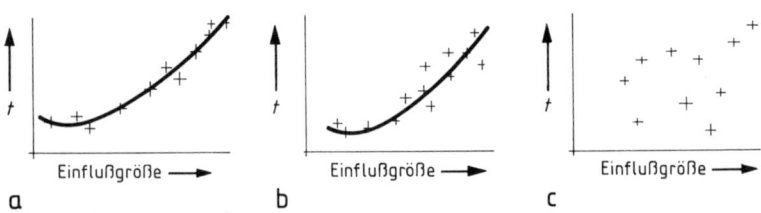

B 9.1-10 Korrelation, (a) gut, (b) Tendenz noch sichtbar, (c) schlechte Korrelation, keine Abhängigkeit der Werte erkennbar.

kennzeichnen. Die Hinweisziffern sind kursiv, die Hinweisbuchstaben gerade zu schreiben. In der Bildunterschrift muß die Bedeutung der Kennzeichnung erläutert werden.

Soll die Übersichtlichkeit mehrerer Kurven in einem Diagramm verbessert werden, können unterschiedliche Linienarten, wie Strich-Punkt, Strich-Linie, oder auch verschiedenfarbige Linien eingezeichnet werden. Die Bedeutung der Farben oder Linienarten ist ebenfalls in der Bildunterschrift zu erläutern.

Werte und Größenangaben werden an die Skalen der Koordinaten angetragen. Die Einheitenzeichen für die Zahlenwerte sind senkrecht und nicht in Klammern zu schreiben und zwischen die letzte und vorletzte Zahl der Skala einzufügen. Bei Platzmangel kann die vorletzte und auch noch drittletzte Zahl an der Skala ausgelassen werden (B 9.1-11).

Sehr kleine und sehr große Zahlenwerte wird man zur besseren Übersichtlichkeit in Zehnerpotenzen angeben und diese am Ende der Skala anfügen. Das gleiche gilt für Prozent und Promille (B 9.1-11 b).

Die Angaben für Winkel in Grad (°) sowie für Zeitangaben in Stunden (h), Minuten (min) oder Sekunden (s) werden bei Zeitpunkten hochgestellt hinter jede Zahl der Skala gesetzt (B 9.1-11 a); für Zeitangaben bei Zeitspannen wird die Einheit zwischen die letzte und vorletzte Zahl der Skala eingefügt.

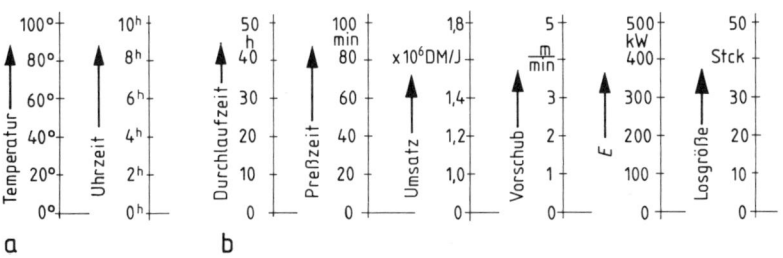

B 9.1-11 Werte- und Größenangaben in Diagrammen.
(a) Winkelangaben in Grad (°) oder in Sekunden (′) sowie Zeitangaben für Zeitpunkte (h, min, s) werden hochgestellt hinter jede Zahl gesetzt,
(b) Zeitangaben für Zeitspannen (h, min, s), Prozent (%), Stück (Stck) u.a. Einheitszeichen werden zwischen die letzte und vorletzte Zahl der Skala eingefügt.

Die Teilung der Skalenwerte sollte in den Größen
1/10/100/1000....
2/20/200/2000.... oder
5/50/500/5000.... erfolgen.
Der Abstand der Teilstriche sollte zum sicheren Ablesen nicht kleiner als 1 mm sein. Müssen Werte aus den Diagrammen mit ausreichender Genauigkeit abgelesen werden, sollten die Netzlinien keinen kleineren Abstand als 5 mm aufweisen. Die Teilungen von Abzisse oder Ordinate können auch unterschiedlich sein.

Als *Linienbreiten* stehen gemäß DIN 15 die Stufungen 0,18; 0,25; 0,35; 0,5; 0,7; 1,0; 1,4 usw. zum Ausziehen der graphischen Darstellung zur Verfügung. Die Linienbreiten von Netz zu Achsen und zu Kurven sollten sich wie $1:2:4$ verhalten.
Beispiel:
Netz : Achsen : Kurven = 0,25 : 0,5 : 0,7 (1,0) mm
oder   = 0,18 : 0,35 : 0,7 mm
Um in Arbeitsdiagrammen die Ablesgenauigkeit nicht zu beeinträchtigen, dürfen die Kurvenlinien nicht breiter als 0,7 mm sein.

Für die *Beschriftung* der Einheiten, Werte und Größen ist eine gerade Normschrift zu wählen. Eine Ausnahme bilden die Formelzeichen – sie sind kursiv zu schreiben. Die Exponenten und die Indizes sind gegenüber den Basisbuchstaben um eine Schriftgröße kleiner, aber senkrecht zu schreiben. Sind mehrere Kurven im Diagramm enthalten, können die Formelzeichen oder Buchstaben und Ziffern mit Bezugslinien an die Kurven angebunden werden. Mit Rücksicht auf die Übersichtlichkeit und klare Darstellung sollte die Diagrammfläche möglichst keine Beschriftung erhalten.

9.1.6 Räumliche Darstellung
Zu den räumlichen Darstellungen gehören die *Perspektive* und die *axonometrischen Projektionen*, wie die dimetrische und isometrische Projektion. Eine besondere Darstellungsart sind die *Explosionszeichnungen*. Hier werden Gegenstände, in die einzelne Teile zergliedert, räumlich dargestellt (räumliche Darstellungen siehe Seite 177).

9.2 Fertigungszeichnung

Fertigungszeichnungen sind technische Zeichnungen und bilden die Unterlagen für die Herstellung der Erzeugnisse und Erzeugnisteile. Fertigungszeichnungen müssen klare Arbeitsunterlagen sein, die alle erforderlichen Angaben zur Herstellung des Werkstückes enthalten. Je nach Fertigungsart, wie Einzelfertigung, Serienfertigung und Massenfertigung, oder nach Werkstück- oder Projektgröße werden Gesamt-Zeichnungen, Teilschnitt-Zeichnungen, Einzelteil-Zeichnungen oder Fertigungsrisse verwendet.

9.2.1 Gesamt-Zeichnung

In Gesamt-Zeichnungen wird das Erzeugnis in den Ansichten und erforderlichen Schnitten im zusammengebauten Zustand im Maßstab 1:1 oder im verkleinerten Maßstab dargestellt.

Gesamt-Zeichnungen im Maßstab 1:1 stellen das Werkstück in natürlicher Größe dar. Bei symmetrischen Werkstücken braucht dieses auch nur bis zur Hälfte, meistens etwas über die Symmetrieachse hinaus, gezeichnet zu werden. Gesamt-Zeichnungen im Maßstab 1:1 kommen besonders bei Einzelfertigungen und bei kleineren Werkstücken vor.

In der für Meisterprüfungen auch heute teilweise noch geforderten »Werkzeichnung« im Maßstab 1:1 liegen Ansichten und Schnitte zusammen. Zur besseren Unterscheidung werden die Querschnitte rot, die Höhenschnitte blau und die Frontalschnitte braun schraffiert. Die zu diesen Schnitten gehörenden Ansichten werden mit Begleitlinien in diesen Farben gekennzeichnet.

Große Gesamt-Zeichnungen im Maßstab 1:1 erhalten an geeigneter Stelle noch eine Gesamt-Zeichnung im verkleinerten Maßstab 1:5, 1:10 oder 1:20. Dadurch kann man sich in der Zeichnung besser zurechtfinden.

Gesamt-Zeichnungen müssen dann nicht alle konstruktiven Maße enthalten, wenn die Einzelheiten aus der Zeichnung herausgemessen oder durch Herüberreißen auf das Werkstück übertragen werden können. Alle die Maße sind aber einzuschreiben, die für die Aufstellung der Stückliste und Holzliste benötigt werden.

Gesamt-Zeichnungen im verkleinerten Maßstab 1:5, 1:10, 1:20 oder 1:50 geben in der Regel nur einen Überblick über die Form des Projekts. Besonders in Entwurfszeichnungen (siehe Seite 168) werden größere Projekte, wie Einbauten und Möbel, als Gesamt-Zeichnungen im verkleinerten Maßstab dargestellt. In diese sollten wenigstens die Maße eingeschrieben werden, welche die Formgebung erläutern. Für die Fertigung sind dann meistens noch besondere Schnitte wichtiger Einzelheiten im Maßstab 1:1 erforderlich. Bei der Darstellung kleinerer Werkstücke in Gesamt-Zeichnungen im verkleinernden Maßstab können alle erforderlichen Konstruktionsmaße sowie die Außenabmessungen angegeben werden, so daß diese Gesamt-Zeichnung direkt als Unterlage zur Fertigung verwendet werden kann.

9.2.2 Fertigungsriß

Der Fertigungsriß ist entweder eine Gesamt-Zeichnung im Maßstab 1:1 oder eine getrennte Darstellung der Schnitte des Erzeugnisses im Maßstab 1:1 auf einen maßbeständigen festen Zeichnungsträger, wie Sperrholzplatten oder gehobelte Bretter. In besonderen Fällen genügen als Fertigungsriß die Schnitte durch die Vorderfront des Möbels. Zur besseren Unterscheidung der Schnitte können auch hier die für Gesamt-Zeichnungen üblichen Farben für die Schraffur der Schnitte verwendet werden. Farbige Begleitlinien der Ansichtskanten sind nicht erforderlich, weil die Schnitte getrennt liegen.

Brettrisse werden häufig in der handwerklichen Fertigung angewendet. Da aus dem Fertigungsriß die Abmessungen abgegriffen oder auch durch Überreißen auf die Werkstücke übertragen werden, kann hier auf eine Bemaßung verzichtet werden (B 9.1-6).

In der Fensterfertigung können solche Brettrisse auch als Aufrißlehren angelegt sein. Da die Fensterquerschnitte trotz verschiedener Rahmenausmaße gleich bleiben, zeichnet man nur die Rahmenquerschnitte und ordnet diese verschiebbar auf einer Lehre an, so daß man deren Abstand auf das jeweilige Rahmenaußenmaß einstellen kann (B 9.2-1).

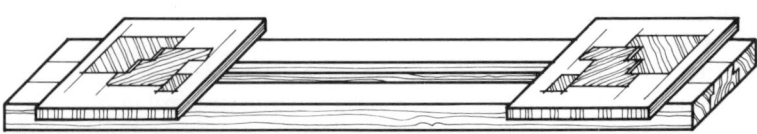

B 9.2–1 Aufrißlehre.

B 9.2-2 Teilschnitt-Zeichnung für die Serienfertigung. Schriftfeld mit aufgesetzter Stückliste (siehe Seiten 160/161).

9.2.3 Teilschnitt-Zeichnung

In Teilschnitt-Zeichnungen werden die wichtigsten Konstruktions-
einzelheiten als Teilschnitt im Maßstab 1:1 so dargestellt, daß die
zwischen den wichtigen Konstruktionspunkten liegenden nichtssa-
genden Werkstoffflächen herausgeschnitten werden. Dadurch können bei einem Querschnitt durch ein Möbel z.B. alle wichtigen
konstruktiven Einzelheiten, wie Türanschlag, Türüberschlag und
auch die Rückwandbefestigung, auf engstem Raum geklärt werden.
Diese Teilschnitte werden – wie in DIN 6 festgelegt – auf der
Zeichnung angeordnet. Die Teilschnitte sind so zueinander aufzu-
zeichnen, wie sie zusammengehören, wie sie in einer Gesamt-
Zeichnung liegen würden, nur daß hier die zur Information nicht
erforderlichen Werkstückteile ausgeschnitten wurden und die
Konstruktionspunkte dichter zusammenrücken. Wird das nicht
beachtet, findet man sich auf einer Teilschnitt-Zeichnung nur
schlecht zurecht.

Um eine Vorstellung von dem ganzen Erzeugnis zu bekommen und
um die Schnittverlaufslinien eintragen zu können, erhält jede Teilschnitt-Zeichnung noch eine Gesamt-Zeichnung des Erzeugnisses
in den Ansichten und eventuell auch Schnitten im verkleinernden
Maßstab 1:5, 1:10 oder 1:20. Besonders bei Zeichnungen größerer
Innenausbauten, in denen nicht alle Einzelheiten im Maßstab 1:1
wiedergegeben werden können, sind die Schnitte in der verkleinerten Gesamt-Zeichnung erforderlich.

Teilschnitt-Zeichnungen werden häufig in der holzverarbeitenden
Industrie angewendet. Sie kommen sowohl in der Einzelfertigung
als auch in der Serienfertigung vor. Je nach Fertigungsart weisen sie
jedoch sachspezifische Unterschiede auf. Bei der *Serienfertigung*
bildet die Teilschnitt-Zeichnung in der Regel die Übersichtszeichnung für die Einzelteil-Zeichnungen (Darstellungen der Einzelteile).
Deshalb sind in der Teilschnitt-Zeichnung die einzelnen Teile mit
Positionsnummern versehen. Die Zeichnung kann über dem Schriftkasten eine Stückliste aufweisen, in der alle einzelnen Teile aufgelistet sind (B 9.2-2).

In der *Einzelfertigung* sind Teilschnitt-Zeichnungen häufig Entwurfszeichnung und auch Fertigungszeichnung in einem. Abhängig
davon, ob die Teilschnitt-Zeichnung Fertigungsunterlage in der
Werkstatt oder ob sie auch für den Kunden zur Veranschaulichung
des Projekts bestimmt ist, werden die Vorderansichten der Gesamt-
Zeichnung im verkleinerten Maßstab schlicht und sachlich oder
plastisch und lebendig dargestellt. Mehr oder weniger konstruktive

159

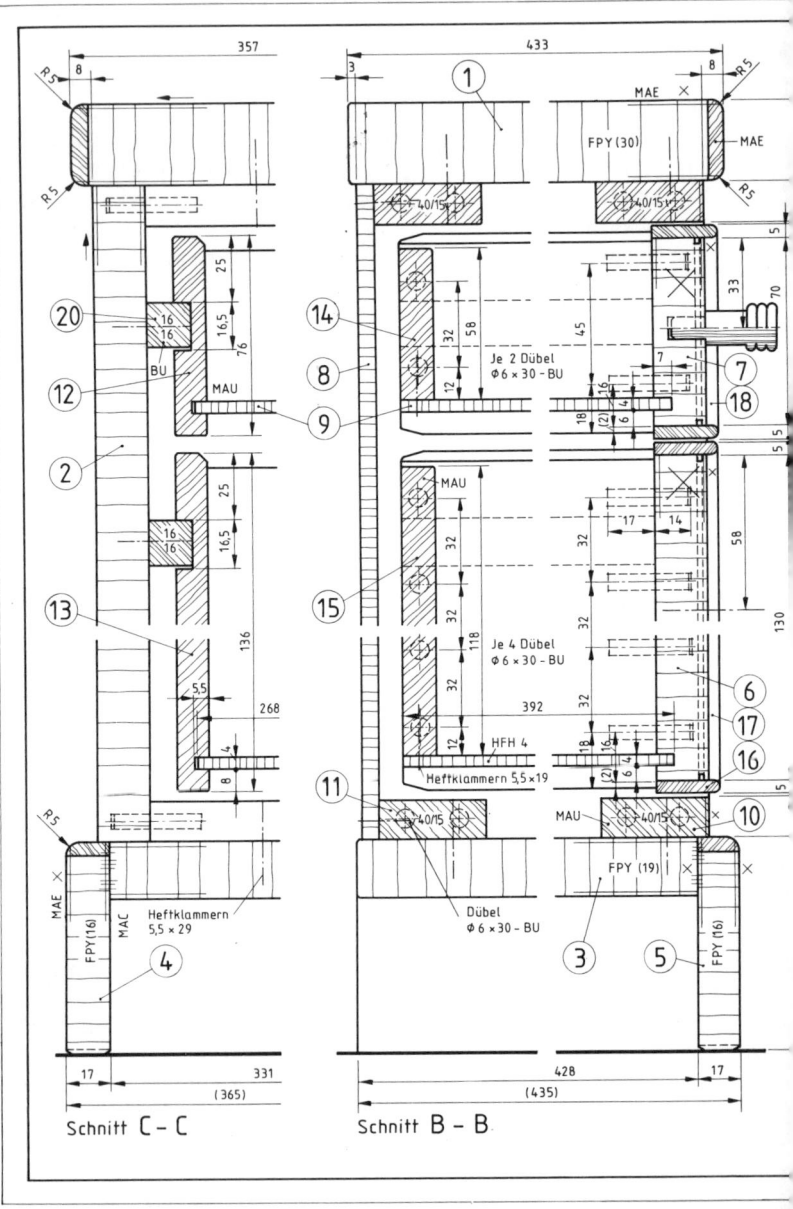

Schnitt C – C

Schnitt B – B

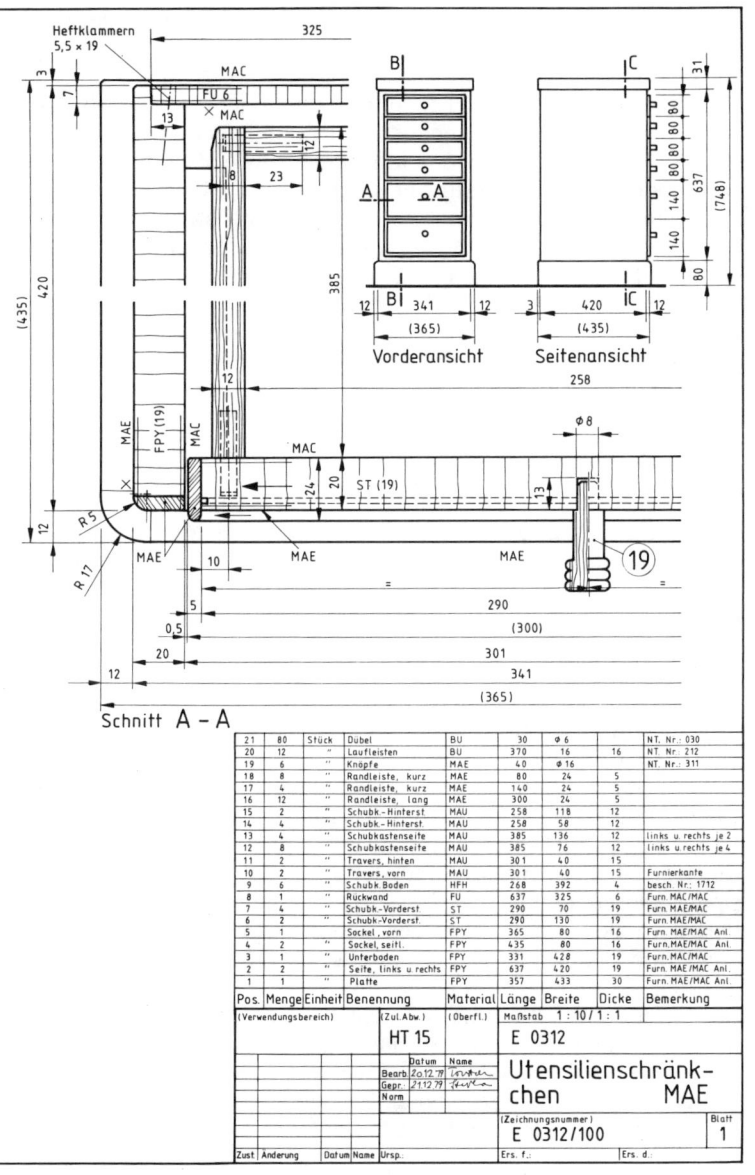

Schnitt A – A

Pos.	Menge	Einheit	Benennung	Material	Länge	Breite	Dicke	Bemerkung
21	80	Stück	Dübel	BU	30	⌀ 6		NT. Nr.: 030
20	12	"	Laufleisten	BU	370	16	16	NT. Nr. 212
19	6	"	Knöpfe	MAE	40	⌀ 16		NT. Nr.: 311
18	8	"	Randleiste, kurz	MAE	80	24	5	
17	4	"	Randleiste, kurz	MAE	140	24	5	
16	12	"	Randleiste, lang	MAE	300	24	5	
15	2	"	Schubk.-Hinterst.	MAU	258	118	12	
14	4	"	Schubk.-Hinterst.	MAU	258	58	12	
13	4	"	Schubkastenseite	MAU	385	136	12	links u. rechts je 2
12	8	"	Schubkastenseite	MAU	385	76	12	links u. rechts je 4
11	2	"	Travers, hinten	MAU	301	40	15	
10	2	"	Travers, vorn	MAU	301	40	15	Furnierkante
9	6	"	Schubk.Boden	HFH	268	392	4	besch. Nr.: 1712
8	1	"	Rückwand	FU	637	325	6	Furn. MAC/MAC
7	4	"	Schubk.-Vorderst.	ST	290	70	19	Furn. MAE/MAC
6	2	"	Schubk.-Vorderst.	ST	290	130	19	Furn. MAE/MAC
5	1	"	Sockel, vorn	FPY	365	80	16	Furn. MAE/MAC Anl.
4	2	"	Sockel, seitl.	FPY	435	80	16	Furn. MAE/MAC Anl.
3	1	"	Unterboden	FPY	331	428	19	Furn. MAC/MAC
2	2	"	Seite, links u. rechts	FPY	637	420	19	Furn. MAE/MAC Anl.
1	1	"	Platte	FPY	357	433	30	Furn. MAE/MAC Anl.
Pos.	Menge	Einheit	Benennung	Material	Länge	Breite	Dicke	Bemerkung

(Verwendungsbereich)		(Zul.Abw.)	(Oberfl.)	Maßstab 1 : 10 / 1 : 1
		HT 15	E 0312	

		Datum	Name	
	Bearb	20.12.79	Torben	Utensilienschränk-
	Gepr.	21.12.79	Havion	chen MAE
	Norm			
				(Zeichnungsnummer) E 0312/100	Blatt 1
Zust.	Änderung	Datum	Name	Ursp.: Ers. f.: Ers. d.:

Einzelheiten können auch im Maßstab 1:1 herausgezeichnet werden.

Die Bemaßung muß in Teilschnitt-Zeichnungen, die für die *Serien-fertigung* bestimmt sind, nahezu vollständig sein. Alle Maße der in die Stückliste einzutragenden Einzelteile sowie die Maße, die für die Formgebung des Werkstückes wichtig sind, wie Sitz der Griffe, Schlüsselbuchsen, sollten aus der Zeichnung abzulesen sein. Auf die Bemaßung einzelner Konstruktionselemente kann im Einzelfall verzichtet werden, weil diese genauer in den Einzelteil-Zeichnungen angegeben ist.

Die Bemaßung in den Teilschnitt-Zeichnungen für die *Einzelferti-gung* muß sinnvoll und möglichst auch vollständig sein. Bei Ferti-gungszeichnungen sind zusätzlich noch die konstruktiven Einzel-heiten besonders auszumaßen. Bei Entwurfszeichnungen wird sich die Bemaßung mehr auf die architektonischen Abmessungen be-schränken.

In den Teilschnitt-Zeichnungen werden übrigens die Maßlinien geschlossen durchgezeichnet, wenngleich auch die Schnitte unter-brochen sind. In Teilschnitten, die nur eine Hälfte des Werkstücks darstellen, können die Maßlinien nur einseitig begrenzt werden (B 9.2-2).

9.2.4 Einzelteil-Zeichnung

In der Einzelteil-Zeichnung (B 9.2-3) wird nur ein Einzelteil des Produkts in zwei und – wenn erforderlich – in drei Ansichten und Schnitten dargestellt. Elnzelteil-Zeichnungen sind Arbeitsunterla-gen, die in einer Serienfertigung und Massenfertigung oder auch für die Normteile bei einer Serienfertigung verwendet werden. Weil Einzelteil-Zeichnungen im Betrieb in mehreren Exemplaren benötigt werden, zeichnet man sie meistens nur auf DIN-A4-Formate. Sie sind dadurch handlicher, besser abzuheften und kostensparen-der zu vervielfältigen. Über den Schriftkasten der Einzelteil-Zeich-nung wird die das Einzelteil betreffende Spalte aus der Stückliste gesetzt.

Das wichtigste bei einer Einzelteil-Zeichnung ist die richtige, genaue und vollkommene Bemaßung aller konstruktiven Einzelhei-ten. Diese Maße können toleriert werden. Außerdem ist stets darauf zu achten, daß das gezeichnete Einzelteil auch zu den anderen mit diesem zu verbindenden Einzelteil paßt. Nur so können im Betrieb Rückfragen und die Fertigung von Ausschußstücken vermieden

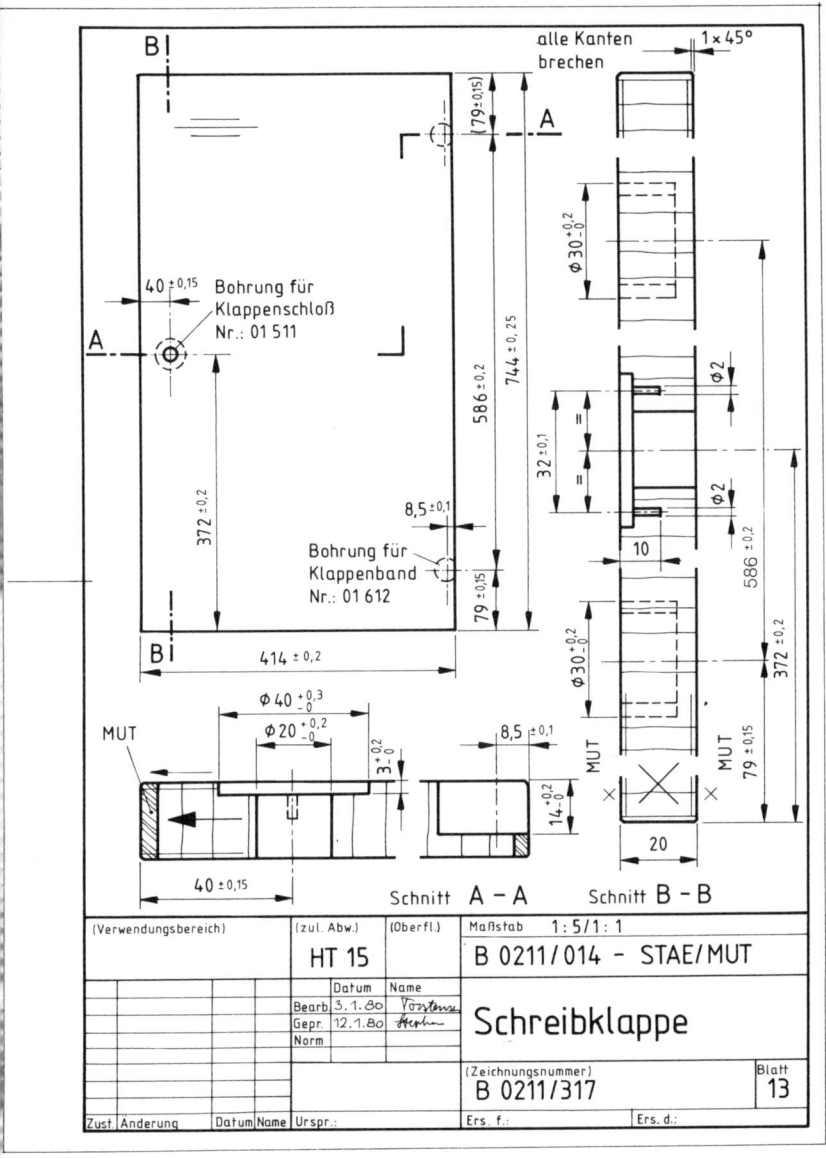

B 9.2-3 Einzelteil-Zeichnung.

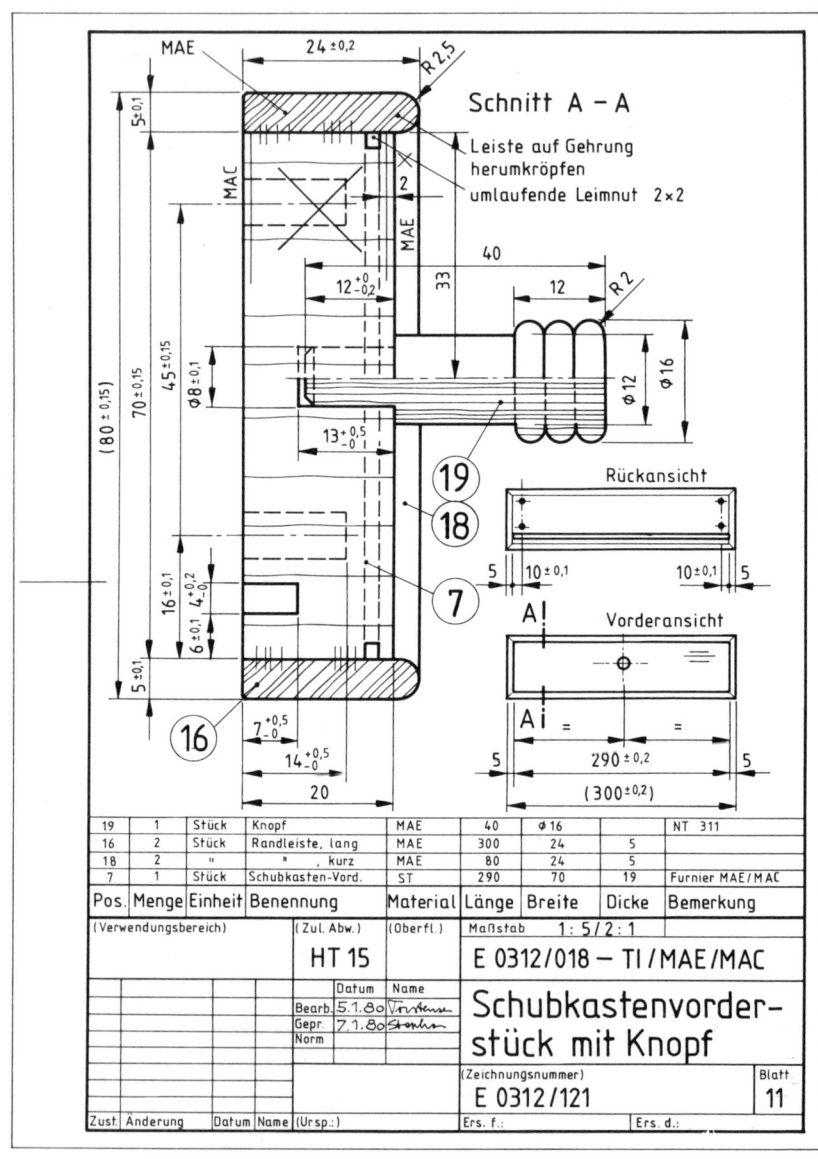

MAE

24 ±0,2

R2,5

Schnitt A – A

Leiste auf Gehrung
herumkröpfen
umlaufende Leimnut 2×2

MAC

2

MAE

40

33

12

R2

Ø16

Ø12

5 ±0,1

12 +0/-0,2

45 ±0,15

70 ±0,15

(80 ±0,15)

Ø8 ±0,1

13 +0,5/-0,1

19

18

7

Rückansicht

16 ±0,1

4 +0,2/-0

6 ±0,1

5 ±0,1

16

7 +0,5/-0

14 +0,5/-0

20

5   10 ±0,1   10 ±0,1   5

A

Vorderansicht

A   =   =

5   290 ±0,2   5

(300 ±0,2)

Pos.	Menge	Einheit	Benennung	Material	Länge	Breite	Dicke	Bemerkung
19	1	Stück	Knopf	MAE	40	Ø16		NT 311
16	2	Stück	Randleiste, lang	MAE	300	24	5	
18	2	"	" , kurz	MAE	80	24	5	
7	1	Stück	Schubkasten-Vord.	ST	290	70	19	Furnier MAE/MAC

(Verwendungsbereich)		(Zul. Abw.)	(Oberfl.)	Maßstab 1:5 / 2:1		
		HT 15		E 0312/018 – TI / MAE / MAC		

		Datum	Name
Bearb.	5.1.80	Vortherm	
Gepr.	7.1.80	Stanhe	
Norm			

Schubkastenvorder-
stück mit Knopf

(Zeichnungsnummer)
E 0312/121

Blatt
11

Zust.	Änderung	Datum	Name	(Ursp.:)	Ers. f.:	Ers. d.:

B 9.2-4 Gruppen-Teil-Zeichnung.

164

werden. Eine Übersicht über die Zugehörigkeit der einzelnen Teile läßt sich aus der Teilschnitt-Zeichnung ersehen.

Gruppen-Teil-Zeichnungen stellen eine Gruppe zusammengehörender Einzelteile dar; z. B. können die Schubkasten- oder Korpusteile zusammen in einer Gruppen-Teil-Zeichnung dargestellt werden. Die Teile können zusammengebaut und/oder nicht zusammengebaut gezeichnet werden (siehe auch 9.5 Zeichnungssätze).

9.2.5 Fertigungsmittel-Zeichnung
Zu den Fertigungsmitteln gehören neben Maschinen und Fördermitteln auch Werkzeuge, Vorrichtungen, Spannzeuge, Meßzeuge usw. In vielen Fällen werden Fertigungsmittel in der Betriebsschlosserei angefertigt. Hierzu sind besondere Fertigungsmittel-Zeichnungen erforderlich, die entweder als Gesamt-Zeichnungen oder Teilschnitt-Zeichnungen angelegt sein können.

9.2.6 Modellzeichnung
Für die Herstellung von Kunststoffnormteilen, Gußstücken usw. werden Modelle aus Holz oder aus anderen Werkstoffen benötigt. Diese werden in einer Modellzeichnung – meistens als Gesamt-Zeichnung – dargestellt.

9.3 Erläuterungszeichnung

Zeichnungen sind nicht nur Fertigungsunterlage oder Darstellungen der äußeren Gestaltung, sondern sie haben auch in Bereichen der Verwaltung oder Montage erläuternde Aufgaben zu erfüllen.

Die *Angebotszeichnung* dient der Erläuterung eines Ausschreibungstextes bei der Abgabe eines Angebots. Angebotszeichnungen können sowohl Skizzen als auch Gesamt-Zeichnungen oder Teilschnitt-Zeichnungen sein. Bei der Ausschreibung von Innenausbauarbeiten oder Möbeln werden in der Regel Entwurfszeichnungen zur Erläuterung beigefügt.

Die *Bestellzeichnung* dient als Grundlage für eine Bestellung, z. B. bei Einbauküchen kann der Bestellung eine erläuternde Zeichnung beigefügt werden, welche die einzelnen zu bestellenden Elemente und ihre spätere Lage ausweist.

Die *Aufstellungszeichnung* macht erläuternde Angaben für die Aufstellung von Maschinen oder einzelner Elemente bei einem größeren Innenausbau.

Die *Zusammenbau-Zeichnung* erläutert dem Monteur oder dem Kunden in anschaulicher Weise (z. B. als Explosionszeichnung) – mit allen zum Zusammenbau der Teile oder Teilgruppen erforderlichen Angaben – den zweckmäßigsten Zusammenbau des Erzeugnisses (B 9.3-1).

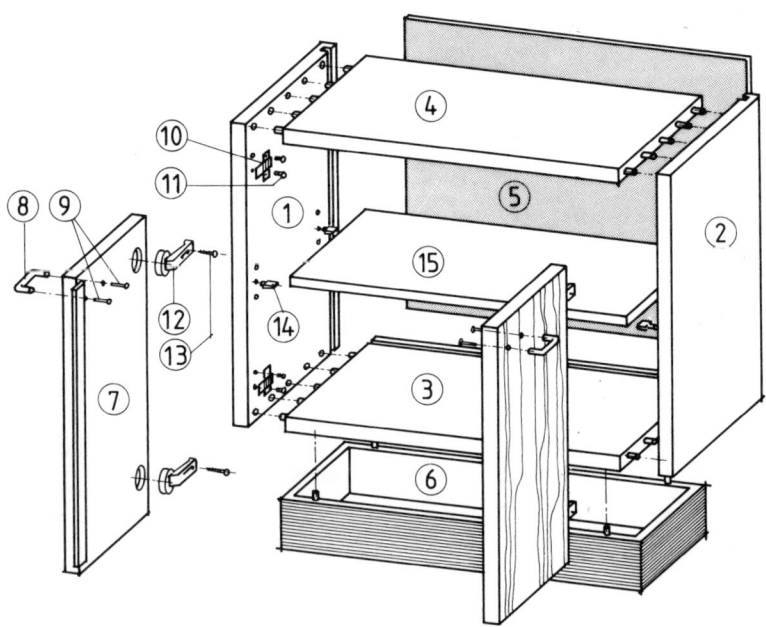

B 9.3-1   Zusammenbau-Zeichnung als Explosionszeichnung.

9.4 Entwurfszeichnung

Unter Entwurf wird einmal die gedanklich erarbeitete und vorläufig zeichnerisch fixierte Lösung einer Konstruktionsaufgabe verstanden. Sie kann in einer Skizze sowie in anderen Zeichnungsarten festgelegt werden. Zum anderen wird besonders in der Holzverarbeitung und auch im Bauwesen neben den rein technologischen Überlegungen beim Entwerfen die gestalterische Seite berücksichtigt. In diesem Fall wird speziell die ästhetische Bearbeitung einer Zeichenaufgabe verstanden, wie Entwurf eines Einbauschrankes, Entwurf eines Möbels. In einer Entwurfszeichnung können die Projekte in einer besonders ansprechenden und für den Kunden verständlichen Form in einer Skizze, verkleinerten Gesamt-Zeichnung, Teilschnitt-Zeichnung oder Pespektive dargestellt werden.
Im Bauwesen ist zwischen Vorentwurfszeichnungen und Entwurfszeichnungen zu unterscheiden. Die Vorentwurfszeichnungen werden meistens im Maßstab 1:200 oder auch im Maßstab 1:100 hergestellt und enthalten vorläufige Lösungen der Bauaufgabe mit angenäherten Abmessungen von Räumen und Bauteilen. Entwurfszeichnungen werden im Bauwesen im Maßstab 1:100 gezeichnet und weisen im allgemeinen schon den Endzustand auf, so daß sie als Bauvorlagen bei der Genehmigungsbehörde eingereicht werden können.

Die Entwurfszeichnungen für den Möbel- und Innenausbau sollten neben der äußeren Gestaltung auch wichtige Einzelheiten zur Konstruktion in maßstäblicher Darstellung beinhalten.
Die Projekte werden in Entwurfszeichnungen meistens als Teilschnitt-Zeichnungen dargestellt, es können aber auch Gesamt-Zeichnungen im verkleinernden Maßstab sein, wie Wandabwicklungen eines Innenraumes, Ansichten eines Möbels, Untersicht einer Decke. Entwurfszeichnungen werden mit den für die Gestaltung wichtigen Maßen versehen und können durch Beschriftungen über die Funktion und Ausführung im einzelnen ergänzt werden. Einige Detailpunkte über die wichtigsten konstruktiven Einzelheiten im Maßstab 1:1 geben Aufschluß über die Konstruktion, welche die gravierende Linienführung des Entwurfs beeinflußt. In besonderen Fällen kann die Entwurfszeichnung durch eine perspektivische Darstellung bereichert werden.
Mit einer Entwurfszeichnung wird in vielen Fällen versucht, einem in der Zeichensprache nicht versierten Kunden das Projekt zu erklä-

VORSCHLAG 1

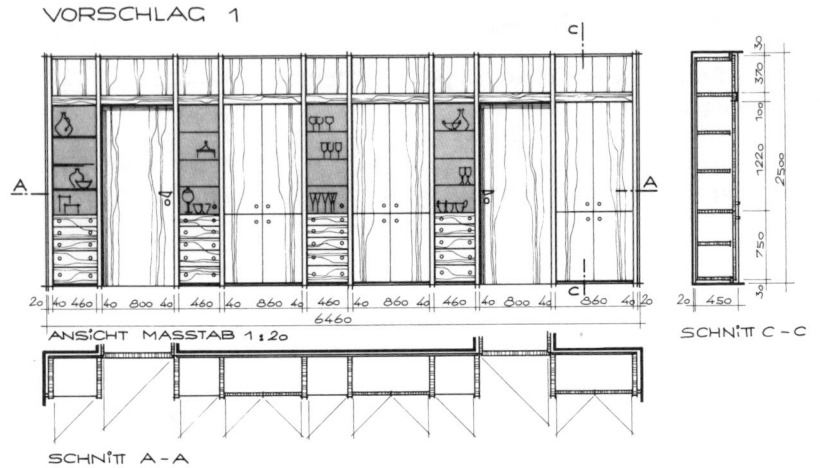

ANSICHT MASSTAB 1:20

SCHNITT A-A

SCHNITT C-C

VORSCHLAG 2

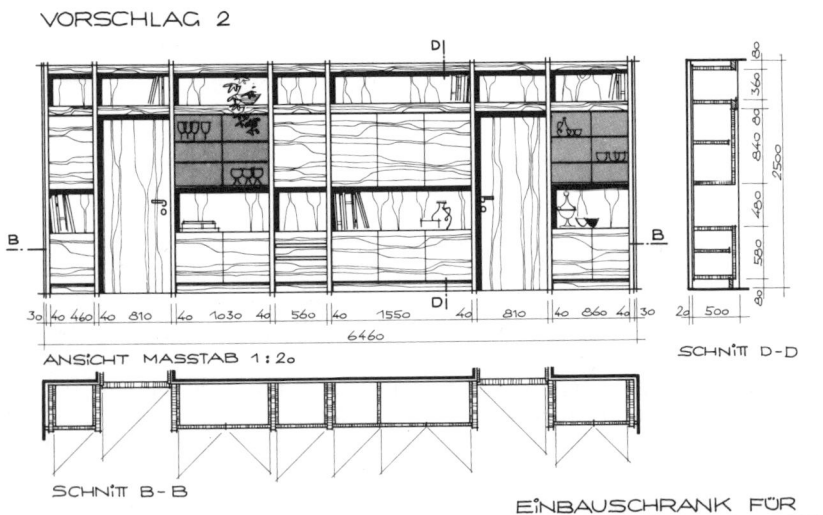

ANSICHT MASSTAB 1:20

SCHNITT B-B

SCHNITT D-D

EINBAUSCHRANK FÜR
HERRN FELIX TORSTENSEN
STEFANISTRASSE 12
STUTTGART 40

B 9.4-1 Entwurfszeichnung.

168

ren. Darum können die Angaben der DIN 919 hier nicht mehr allein angewendet werden. Es kommt nun darauf an, besonders die Vorderansichten des Projekts bildhaft, lebendig und bestechend plastisch darzustellen. Dem Zeichner wird geradezu gestalterisches und ästhetisches Geschick abverlangt. Aus diesen Gründen prägt die Handschrift des einzelnen Zeichners die Darstellung einer Entwurfszeichnung wesentlich (B 9.4-1).

9.5 Zeichnungssätze

Zeichnungssätze sind die Summe aller Zeichnungen, die für die Herstellung eines Erzeugnisses notwendig sind.

In einer **Einzelfertigung** können für einen größeren Einbau Zeichnungssätze erforderlich werden, wenn die Zeichnungsformate für die Darstellung des gesamten Projekts zu groß werden oder wenn zu den Ansichten noch viele konstruktive Einzelheiten geklärt werden müssen, die nicht mehr alle auf dem Blatt unterzubringen sind. Die Zeichnung wird dann in mehrere *Anschluß-* oder *Folgeblätter* aufgeteilt. Auf der ersten Zeichnung des zusammengehörenden Zeichnungssatzes – meistens das Blatt mit den Ansichten oder mit dem Grundriß – ist dann eine Aufstellung aller zugehörigen Blätter notwendig, die links neben oder über den Schriftkasten zu setzen ist.
Beispiel: Deckenuntersicht, Blatt B
Schnitt B–B, Blatt C
Einzelheit E, Blatt D
Die zusammengehörenden Zeichnungen müssen die gleichen Benennungen und gleichen Nummern tragen. Sie unterscheiden sich nur durch die angefügten Zusatzbuchstaben A, B, C usw. Sämtliche Stücke des Projekts werden in einer Liste zusammengefaßt.
Beispiel einer Benennung und Benummerung eines Zeichnungssatzes mit Anschluß- und Folgeblättern: Sitzungszimmer der Kreissparkasse in X-Dorf Zeichnungs-Nummer: 351194, Blatt A von 6 Blättern.

In einer **Serienfertigung** werden die Erzeugnisse in Gruppen oder Einzelteile zerlegt und in dieser Form gezeichnet.
Erzeugnisse sind funktionsfähige Gegenstände, die aus Teilen oder Gruppen zusammengebaut werden, wie Unterschrank, Oberschrank, Anrichte. Sie werden in der Holzbranche als Teilschnitt-

Zeichnung, bei kleineren Erzeugnissen auch als Gesamt-Zeichnung dargestellt.

Gruppen sind in sich geschlossene Einheiten aus zwei oder mehreren Teilen, die in der Regel der Endmontage in dieser zusammengebauten Form zugeleitet werden, wie z. B. Schubkasten, Sockel, Gestelle. Sie werden in Gruppen- oder Gruppen-Teil-Zeichnungen dargestellt.

Teile sind die für den Zusammenbau vorbereiteten Einzelteile des Erzeugnisses, die nicht weiter zerlegbar sind, wie Unterböden, Korpusseite, Tür rechts. Werden diese Teile auch noch in andere Erzeugnisse oder Gruppen eingebaut, wie Korpusseiten zu Unterschrank A und Unterschrank B, nennt man diese Teile *Wiederholteile*. *Normteile* dagegen sind innerbetrieblich genormte Teile, die in nahezu allen Erzeugnissen des Betriebs Verwendung finden, wie Laufleisten für Schubkastenführungen und Schubkastenseiten. Alle Teile werden in Teil-Zeichnungen, meistens auf DIN-A-4-Format dargestellt.

Der *Zeichnungssatz* kann in Form einer graphischen Aufbauübersicht oder eines Stammbaums dargestellt werden. Die *Aufbauübersicht* oder der *Stammbaum* gliedert das Erzeugnis so in Gruppen und Einzelteile auf, wie sie gefertigt und zusammengebaut werden müssen. Mit dem Zeichnungssatz ist häufig auch der Stücklistensatz identisch (Seite 174).

Die **Stücklisten** können auf der Zeichnung über dem Schriftkasten angebracht (Seite 164) oder lose den Zeichnungen angehängt werden. Die Stücklisten müssen mindestens die vollständige Bezeichnung wie Benennung und Sachnummer des Gegenstandes und deren Stückzahl beinhalten.

Die angegebenen *Stückzahlen* beziehen sich auf die Einheit des dargestellten Gegenstandes, z. B. ein Oberboden, vier Füße, zwei Fachböden, und nicht auf die für den Auftrag aufgelegte Stückzahl. Dadurch ist gewährleistet, daß bei einer neuen Auflage in anderen Stückzahlen mit den angegebenen Stückzahlen hochgerechnet werden kann, ohne daß die Zeichnungen bzw. Stücklisten geändert werden müssen. Es ist allerdings auch üblich, daß diese Einheits-Stückzahlen mit 100 multipliziert werden.

Jedes Einzelteil wird mit einer **Positionsnummer** versehen. Die Einzelteile sind auf der Stückliste durchzunumerieren. Sind mehrere

Teile in einer Zeichnung gleich, wie Fachböden, Laufleisten, Schrauben, Bänder, erhalten alle diese Teile die gleiche Positionsnummer. In der Zeichnung sind die Positionsnummern in doppelter Schriftgröße gut sichtbar an die Teile zu schreiben (B 9.2-2). Der Stücklistensatz muß klar und sachgemäß aufgegliedert sein. Eine eindeutige Benennung der Zeichnungsinhalte sowie eine innerbetrieblich einheitlich angewandte Terminologie ist hier äußerst wichtig (heißt es nun Boden, Fachboden, Einlegeboden oder Tablare?). Durch diese klare Aufbauübersicht der Zeichnungen und Stücklisten erhält die Arbeitsvorbereitung gleichzeitig wertvolle Unterlagen für die Fertigungsplanung.

Werden die Stücklisten mit der EDV-Anlage erstellt, sollten die Stücklisten auf den Zeichnungsoriginalen fortfallen, um Doppeldaten zu vermeiden.

Bei der Fertigung eines umfangreichen Erzeugnisprogramms ist es zweckmäßig, neben den Fertigungszeichnungen, wie Teilschnitt-Zeichnungen, Gruppenteil- und Teil-Zeichnungen, für das Programm noch erläuternde **Übersichtszeichnungen** anzufertigen. Besteht das Programm aus Einzelkorpussen, wie Unterschränke, Hochschränke, Oberschränke in verschiedenen Abmessungen und mit unterschiedlichen Frontelementen, dann werden in die Übersichtszeichnungen die Einzelkorpusse des Programms im verkleinernenden Maßstab als Gesamt-Zeichnung dargestellt (B 9.5-3). Die Einzelkorpusse können auch auf kleinformatigen Zeichenblättern dargestellt und dann zu einem *Erzeugniskatalog* zusammengeheftet werden.

Besteht das Erzeugnis aus Einzelelementen, wie Böden, Seiten, Türen, Schubkästen, aus denen die Kundenaufträge zusammengestellt werden müssen, werden diese Teile oder Gruppen in Übersichtszeichnungen dargestellt. Hierfür können auch Explosionszeichnungen angewendet werden (B 9.3-1).

Aufbauübersicht

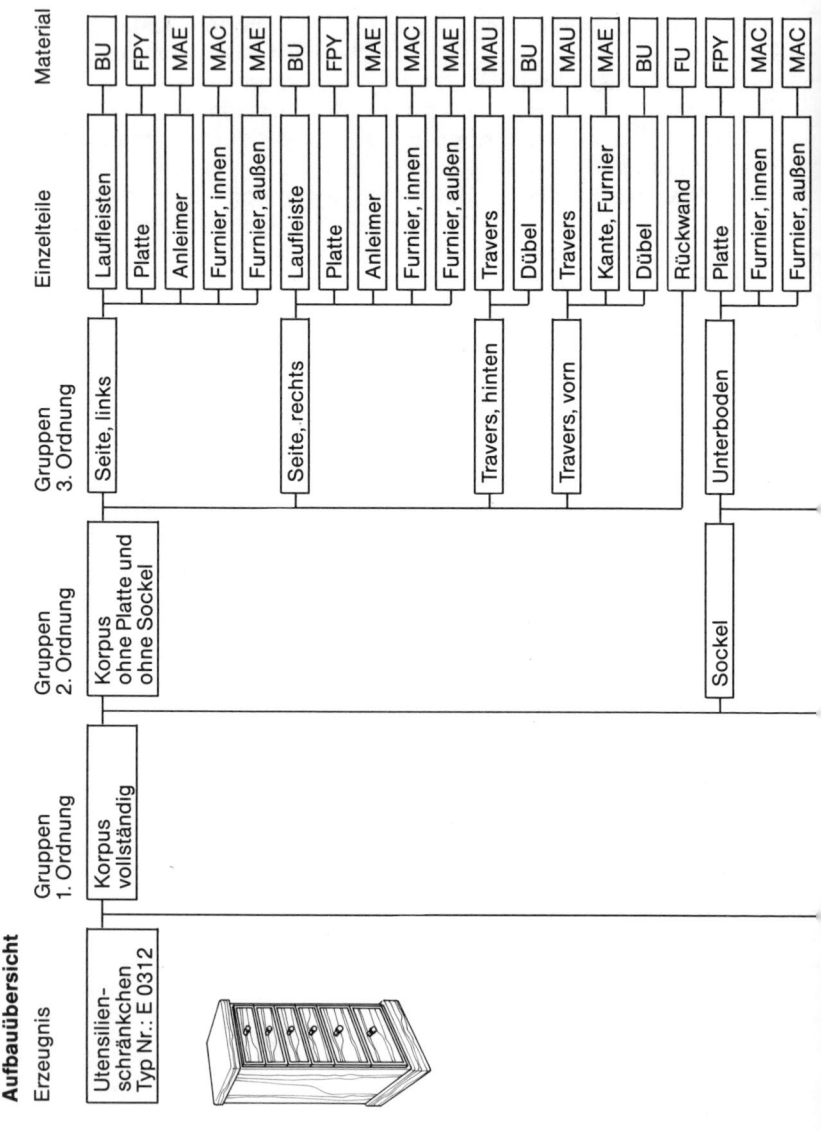

Erzeugnis — Gruppen 1. Ordnung — Gruppen 2. Ordnung — Gruppen 3. Ordnung — Einzelteile — Material

- Utensilienschränkchen Typ Nr.: E 0312
  - Korpus vollständig
    - Korpus ohne Platte und ohne Sockel
      - Seite, links
        - Laufleisten — BU
        - Platte — FPY
        - Anleimer — MAE
        - Furnier, innen — MAC
        - Furnier, außen — MAE
      - Seite, rechts
        - Laufleiste — BU
        - Platte — FPY
        - Anleimer — MAE
        - Furnier, innen — MAC
        - Furnier, außen — MAE
      - Travers, hinten
        - Travers — MAU
        - Dübel — BU
      - Travers, vorn
        - Travers — MAU
        - Kante, Furnier — MAE
        - Dübel — BU
        - Rückwand — FU
    - Sockel
      - Unterboden
        - Platte — FPY
        - Furnier, innen — MAC
        - Furnier, außen — MAC

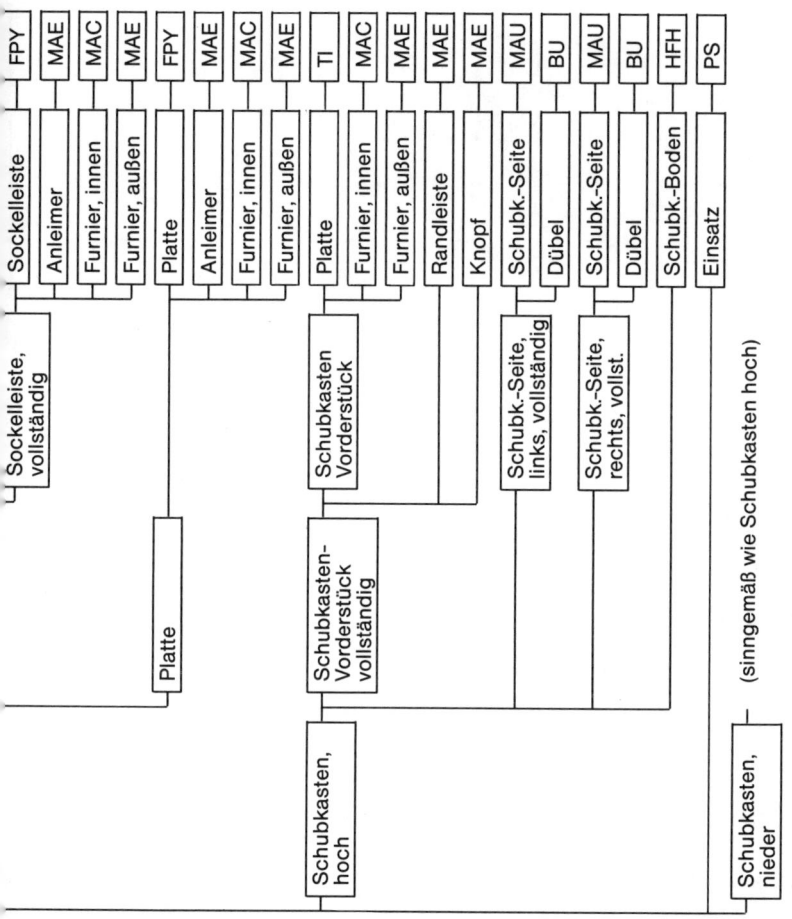

B 9.5-1
Aufbauübersicht
am Beispiel
eines Kleinmöbels.

173

Stammbaum

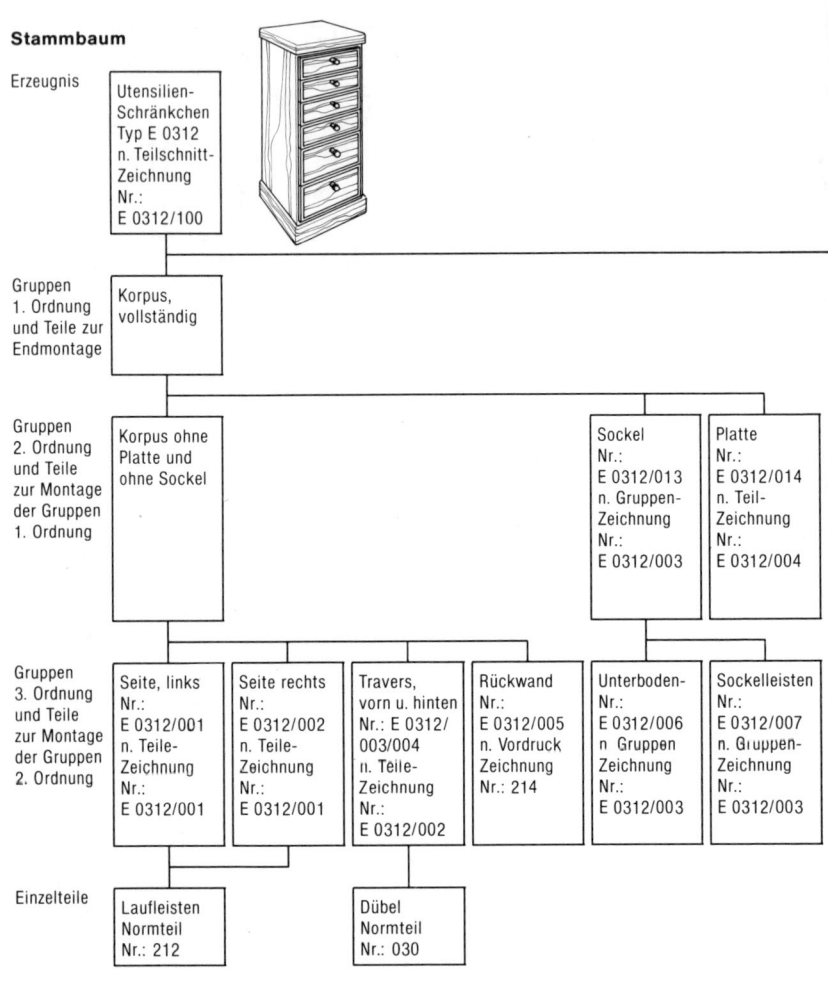

Erzeugnis — Utensilien-Schränkchen Typ E 0312 n. Teilschnitt-Zeichnung Nr.: E 0312/100

Gruppen 1. Ordnung und Teile zur Endmontage — Korpus, vollständig

Gruppen 2. Ordnung und Teile zur Montage der Gruppen 1. Ordnung — Korpus ohne Platte und ohne Sockel | Sockel Nr.: E 0312/013 n. Gruppen-Zeichnung Nr.: E 0312/003 | Platte Nr.: E 0312/014 n. Teil-Zeichnung Nr.: E 0312/004

Gruppen 3. Ordnung und Teile zur Montage der Gruppen 2. Ordnung —
Seite, links Nr.: E 0312/001 n. Teile-Zeichnung Nr.: E 0312/001 |
Seite rechts Nr.: E 0312/002 n. Teile-Zeichnung Nr.: E 0312/001 |
Travers, vorn u. hinten Nr.: E 0312/003/004 n. Teile-Zeichnung Nr.: E 0312/002 |
Rückwand Nr.: E 0312/005 n. Vordruck Zeichnung Nr.: 214 |
Unterboden- Nr.: E 0312/006 n Gruppen Zeichnung Nr.: E 0312/003 |
Sockelleisten Nr.: E 0312/007 n. Gruppen-Zeichnung Nr.: E 0312/003

Einzelteile —
Laufleisten Normteil Nr.: 212 |
Dübel Normteil Nr.: 030

B 9.5 - 2   Stammbaum am Beispiel eines Kleinmöbels.

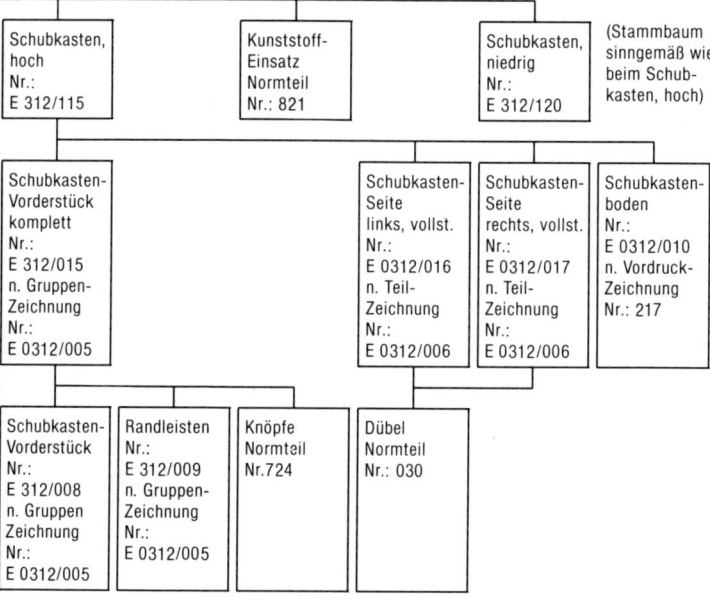

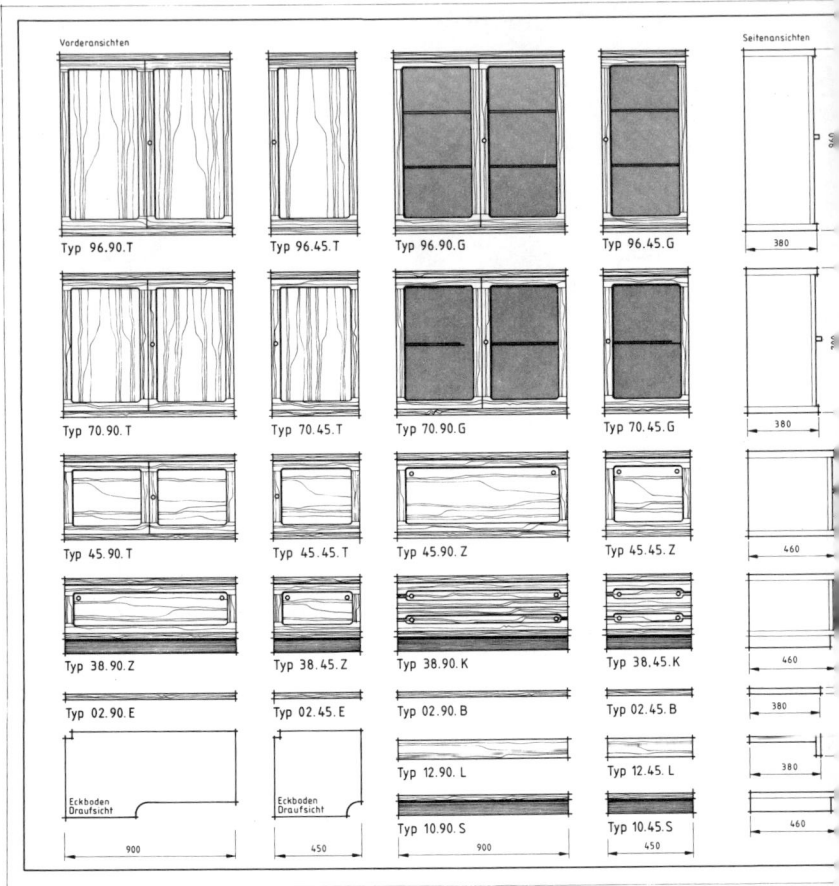

B 9.5-3 Übersichtszeichnung von einem Erzeugnisprogramm.

10 Parallelprojektion und Perspektive

Alle Darstellungen können auf den flächigen Zeichnungsträgern nur planimetrisch sein. Selbst das mit einem Fotoapparat hergestellte Abbild – das Foto – ist planimetrisch. Trotzdem vermitteln diese Darstellungen durch die in die Tiefe laufenden Linien eine ganz bestimmte körperliche Form. Solche räumlichen Darstellungen sind wichtig, um einem in der Zeichensprache ungeübten potentiellen Kunden eine bessere Vorstellung vom geplanten Objekt geben zu können.

Vereinfachte räumliche Darstellungen lassen sich mit Hilfe der Parallelprojektionen erreichen. Hier unterscheidet man die schräge Parallelprojektion, auch Kavaliers-Perspektive genannt, und die axonometrischen Darstellungen, wie die isometrische und die dimetrische Projektion. Am Objekt parallel verlaufende Linien werden bei den Parallelprojektionen parallel gezeichnet. Dadurch kann mit konstanten Winkelstellungen konstruiert werden.

Eine genauere räumliche Darstellung ist die konstruierte Perspektive. Sie vermittelt ein naturgetreues Abbild, so wie es der Fotoapparat aufnimmt oder wie es das menschliche Auge sieht.

10.1 Schräge Parallelprojektion

Bei der schrägen Prallelprojektion wird die Vorderansicht des Körpers maßstabsgerecht gezeichnet. Dabei verlaufen die am Objekt in der Vorderansicht senkrechten Linien senkrecht und die waagerechten Linien waagerecht. Die in die Tiefe verlaufenden Linien können unter einem Winkel von 30° oder unter einem Winkel von 45° an der Vorderansicht angetragen werden. Dadurch können neben der Vorderansicht die Draufsicht und eine Seitenansicht des Objekts dargestellt werden. Wird für die Tiefenlinien ein Winkel von 30° gewählt, sind diese unverkürzt einzutragen. Bei einem Winkel von 45° sind die Tiefenlinien auf $\frac{2}{3}$ ihrer Länge zu kürzen (B 10.1-1).

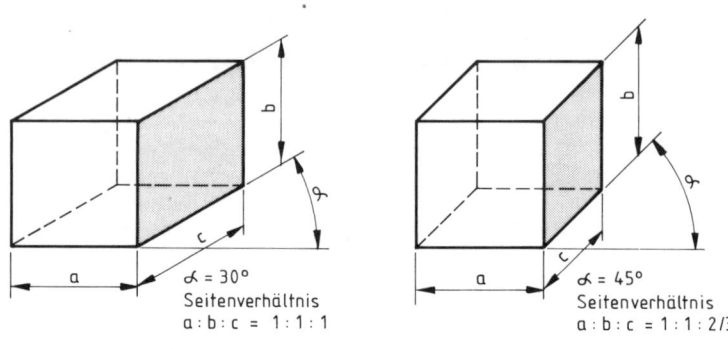

B 10.1-1 Schräge Parallelprojektion.

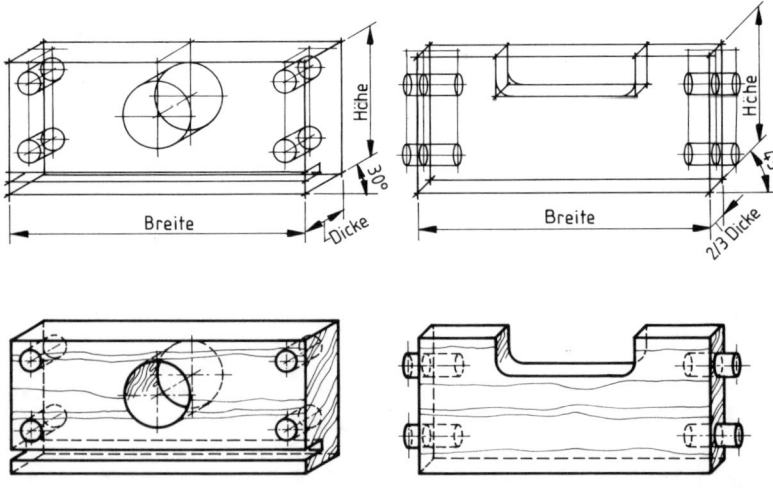

B 10.1-2 Darstellung von Werkstücken in der schrägen Parallelprojektion.

10.2 Isometrische Projektion

Die isometrische Projektion ist in DIN 5, Blatt 1 – axonometrische Projektionen –, genormt. Sie wird dann für körperliche Darstellungen angewendet, wenn in allen drei Ansichten – Vorderansicht, Seitenansicht und Draufsicht – Wesentliches klar gezeigt werden soll. Die isometrische Projektion baut sich auf die drei Hauptachsen – die senkrechte z-Achse und die in die Tiefe laufenden x-Achse und y-Achse – auf. Die in die Tiefe laufenden Achsen werden unter einem Winkel von 30° zur Waagerechten angeordnet. Alle parallel zu den Hauptachsen verlaufenden Strecken des darzustellenden Objekts sind maßstabsgerecht ohne Verkürzung zu zeichnen (B 10.2-1).
Kreisrunde Körper sowie Bohrungen erscheinen auf den drei Ansichten als Ellipsen. Die Ellipsen haben immer ein Achsenverhältnis von 1:1,7. Es ist darauf zu achten, daß die Achsen der Ellipsen rechtwinklig auf den Isometrieachsen stehen (B 10.2-3).
Isometrische Darstellungen können mit Hilfe von Reißschiene und 30°-Winkel, an der Zeichenmaschine sowie freihändig auf isometrischen Liniennetzen gezeichnet werden. Für die Ellipsen in isometrischen Darstellungen gibt es besondere Schablonen. Beim Einzeichnen der Ellipsen müssen die Achsenhilfslinien auf der Ellipsenschablone mit den Achsenlinien der Isometrie zur Deckung gebracht werden.

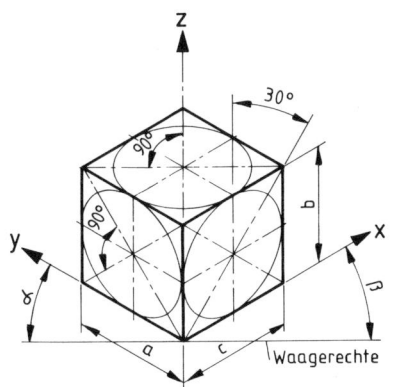

α = 30°
β = 30°
Seitenverhältnis a : b : c = 1 : 1 : 1
Achsenverhältnis der Ellipsen = 1 : 1,7

B 10.2-1 Isometrische Projektion.

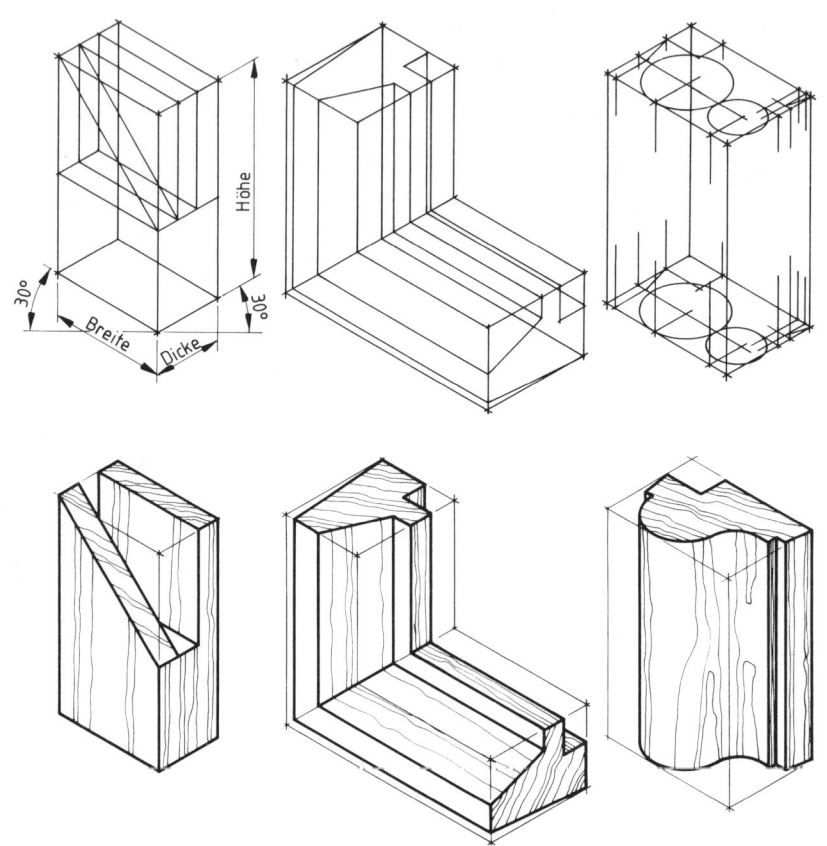

B 10.2-2 Isometrische Darstellung von Werkstücken.

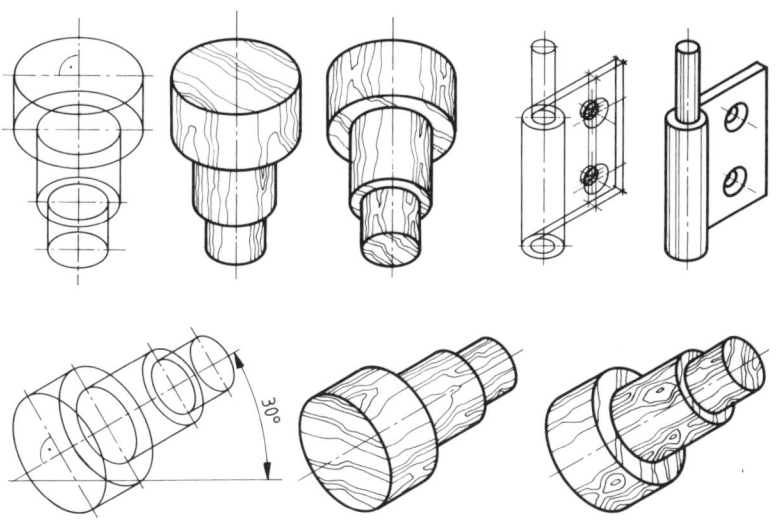

B 10.2-3 Runde Körper in isometrischer Darstellung.

10.3 Dimetrische Projektion

Die dimetrische Projektion (DIN 5, Blatt 2 – axonometrische Projektionen) wendet man für die körperlichen Darstellungen an, in denen besonders in der Vorderansicht Wesentliches klar gezeigt werden soll. Die dimetrische Projektion baut sich auf die drei Hauptachsen, und zwar die senkrechte z-Achse, die in die Tiefe laufende x-Achse und die zur Vorderfront gehörende y-Achse auf. Die in die Tiefe laufende x-Achse wird unter dem Winkel von 42° zur Waagerechten und die zur Vorderfront gehörende y-Achse unter einem Winkel von 7° zur Waagerechten angeordnet. Die in die Tiefe, also in Richtung der x-Achse verlaufenden Linien werden um die Hälfte verkürzt. Die senkrechten und die parallel zur 7°-Achse verlaufenden Linien werden maßstabsgerecht ohne Verkürzung gezeichnet (B 10.3-1).

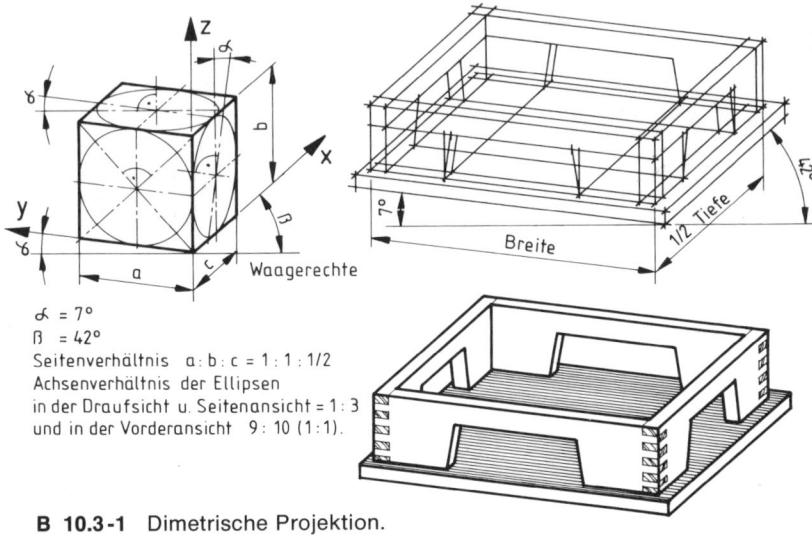

$\alpha = 7°$
$\beta = 42°$
Seitenverhältnis a : b : c = 1 : 1 : 1/2
Achsenverhältnis der Ellipsen
in der Draufsicht u. Seitenansicht = 1 : 3
und in der Vorderansicht 9 : 10 (1:1).

B 10.3-1 Dimetrische Projektion.

Kreisrunde Körper sowie Bohrungen erscheinen auf den Ansichtsflächen als Ellipsen. Die Ellipsen haben in der Draufsicht und Seitenansicht ein Achsenverhältnis von 1:3, die Ellipsen in der Vorderansicht von 9:10. Mit Rücksicht auf die zeichnerische Vereinfa-
chung können die Ellipsen in der Vorderansicht auch als Kreise dargestellt werden (B 10.3-1).
Dimetrische Projektionen lassen sich mit Reißschiene und besonderen Dimetriewinkeln, an Zeichenmaschinen mit besonderen Winkel-
rasterungen sowie freihändig auf entsprechenden Liniennetzen
zeichnen. Für die Ellipsen in dimetrischen Darstellungen sind besondere Ellipsenschablonen im Handel.

10.4 Perspektivische Darstellung

Mit Hilfe einer konstruierten Perspektive kann man von einem Körper oder Raum ein Abbild darstellen, wie es das menschliche Auge
sehen oder die Kamera von einem gewählten Standpunkt aus aufnehmen würde. Die Lichtstrahlen, die von einem Körper reflektiert

werden, dringen durch die Pupille des Auges oder durch die Blendenöffnung des Fotoapparats und erzeugen auf der Netzhaut bzw. auf der Filmebene ein auf dem Kopf stehendes Bild.

Die *Bildebene* ist beim menschlichen Auge die Netzhaut, beim Fotoapparat die Filmebene. Bei der perspektivischen Darstellung wird eine gedachte Bildebene vor, hinter oder direkt am Objekt eingeschoben, so daß die Strahlenbündel beim Durchstoßen dieser Ebenen ein richtig stehendes Bild (nicht auf dem Kopf stehendes Bild) erzeugen. Liegt die Bildebene zwischen Augpunkt und Gegenstand, so wird der Gegenstand kleiner als in Wirklichkeit abgebildet. Liegt die Bildebene hinter dem Gegenstand, so wird der Gegenstand größer als in Wirklichkeit. Liegt die Bildebene am Gegenstand, so sind die an der Bildebene liegenden Kanten des Objekts in wahrer Größe abgebildet (B 10.4-1).

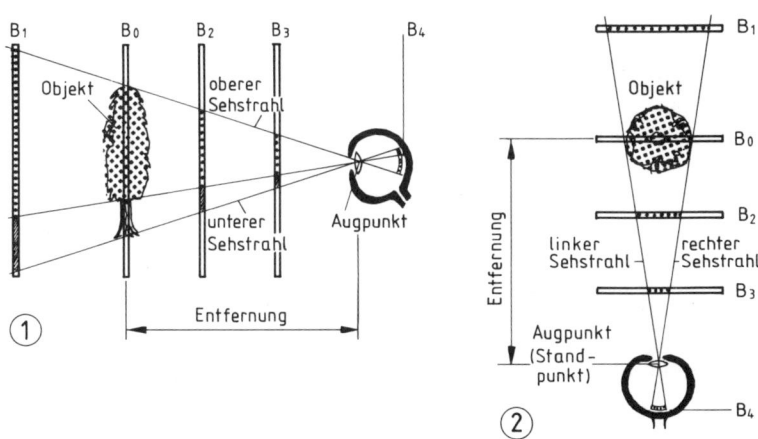

B 10.4-1 Bildebenen in der Höhenprojektion (1) und in der Grundprojektion (2). Der Gegenstand wird auf der Bildebene am Objekt (B_0) in wahrer Größe abgebildet, auf der Netzhaut des Auges bzw. auf der Filmebene im Fotoapparat (B_4) steht der Gegenstand auf dem Kopf. Auf den Bildebenen vor dem Objekt (B_2 und B_3) wird dieses verkleinert, auf den Bildebenen hinter dem Objekt (B_1) vergrößert abgebildet.

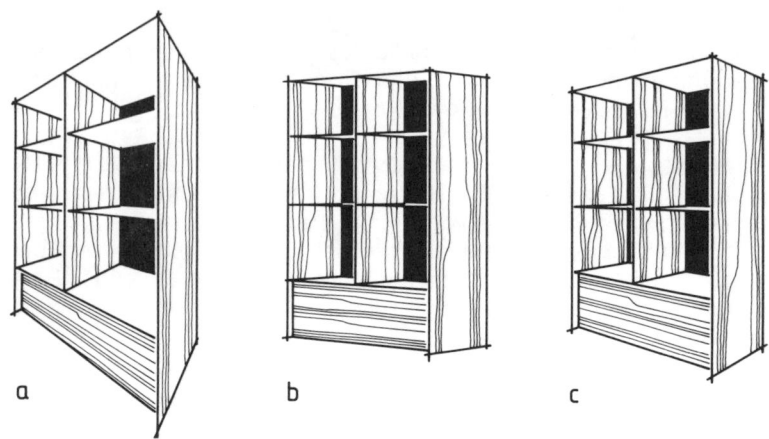

a   b   c

B 10.4-2 Auswirkung der Entfernung des Standpunktes vom Objekt. (a) Standpunkt zu nah am Objekt, perspektivisches Abbild wirkt übertrieben bis verzerrt, (b) Standpunkt zu weit vom Objekt, perspektivisches Abbild wirkt ausdruckslos, (c) Standpunkt in günstiger Entfernung zum Objekt.

Der *Standpunkt* des Betrachters kann mehr oder weniger weit vom Objekt entfernt sein. Steht man dicht am Objekt, ist das perspektivische Bild sehr eindrucksvoll bis unwirklich verzerrt. Ist der Standpunkt sehr weit vom Objekt entfernt, wird die Perspektive ausdruckslos (B 10.4-2).

In der konstruierten Perspektive soll die Entfernung des Standpunktes vom Gegenstand das 1,5fache der größten Ausdehnung des darzustellenden Objekts bzw. der Horizonthöhe betragen. Ist der abzubildende Gegenstand 2,00 m breit und 1,20 m hoch, so sollte für die Entfernung zwischen Standpunkt und Gegenstand $1,5 \times 2,00$ m = 3,00 m eingehalten werden. Diese Maße sind natürlich im Zeichnungsmaßstab umzurechnen.

Der *Horizont* liegt auf der Augenhöhe des Betrachters. Bei hoher Augenhöhe ergibt sich also ein hoher Horizont, bei niedriger Augenhöhe nur ein niedriger Horizont. Von der Horizonthöhe hängt es ab, wie weit man auf den Gegenstand sehen kann. Die Begriffe Froschperspektive oder Vogelperspektive drücken solches aus (B 10.4-3).

In der Regel liegen Horizont und Augenhöhe bei der konstruierten Perspektive für Innenräume 1,60 m hoch über dem Fußpunkt und für

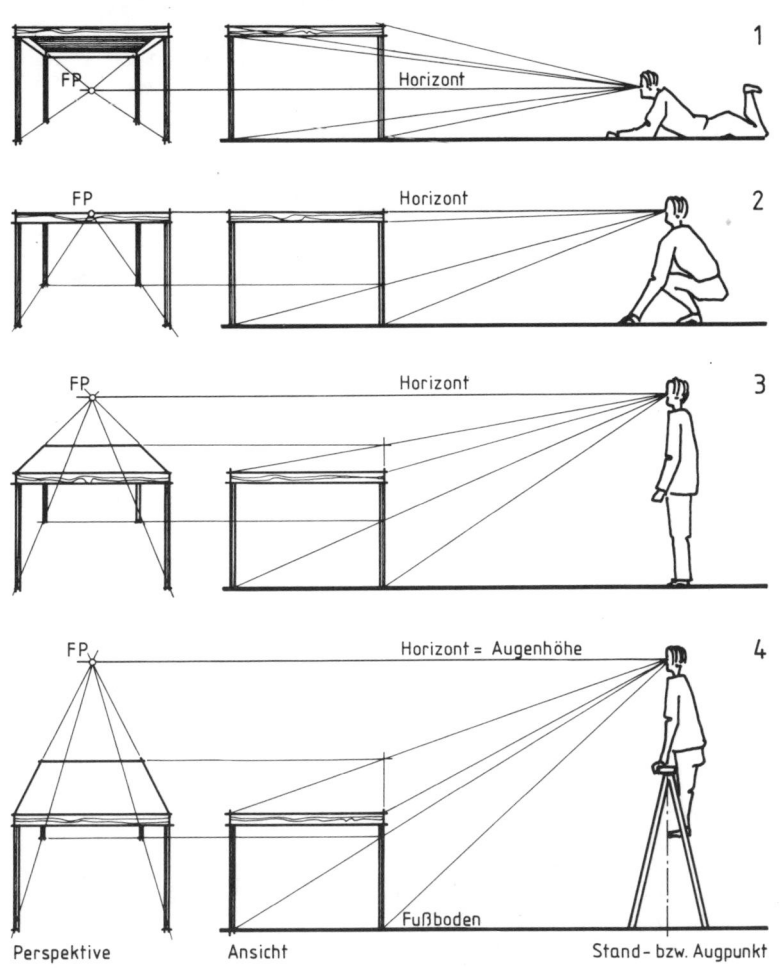

| Perspektive | Ansicht | | Stand- bzw. Augpunkt |

B 10.4-3 Auswirkung der Horizonthöhe bzw. der Augenhöhe auf das perspektivische Bild. (1) Niedriger Horizont, Sicht unter die Tischplatte ist möglich, (2) Horizont in Höhe der Tischplatte, weder eine Untersicht noch eine Aufsicht ist möglich, (3) hoher Horizont erlaubt eine Aufsicht auf die Tischplatte, (4) sehr hoher Horizont, dadurch ergibt sich eine weite Aufsicht auf die Tischplatte.

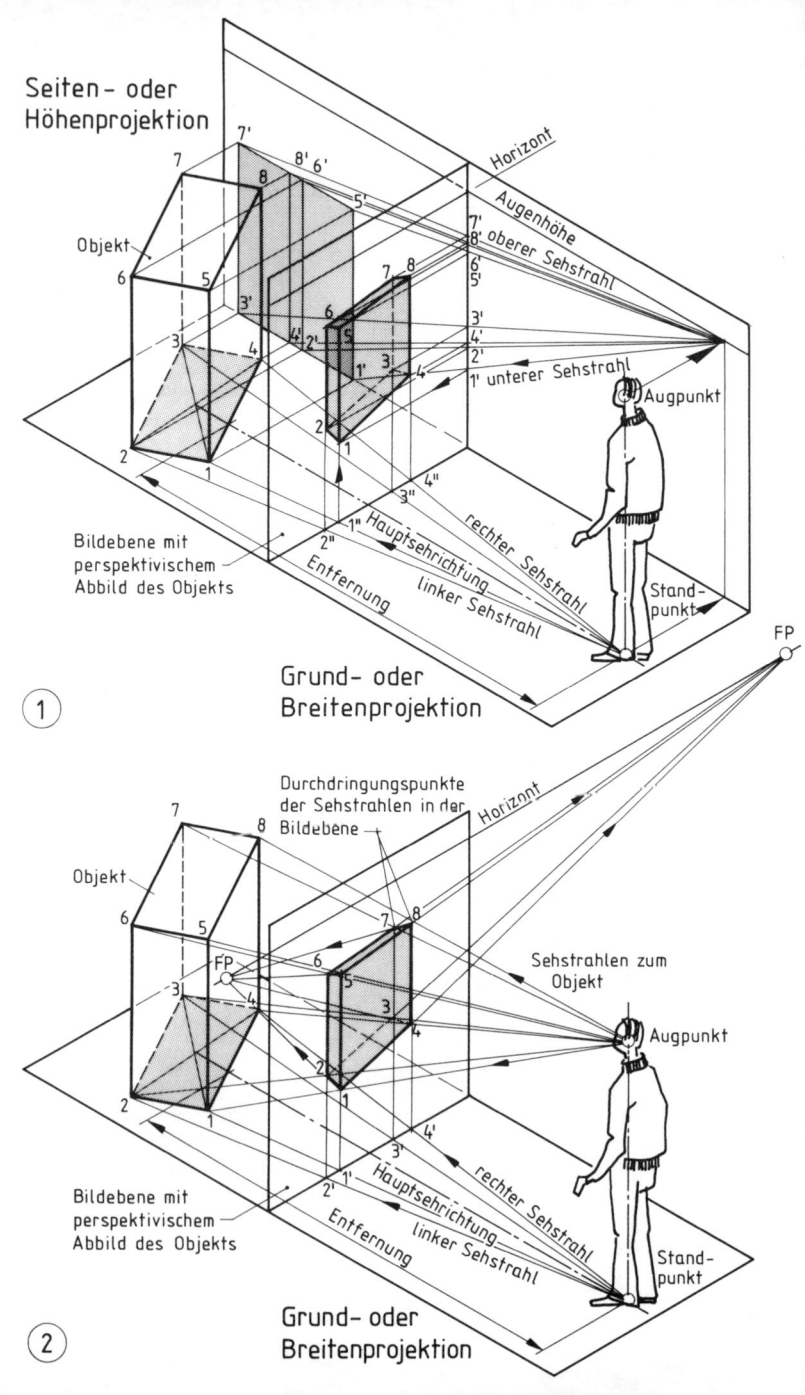

Seiten- oder Höhenprojektion

Horizont

Augenhöhe

7'
8' 6'
5'

7'
8' oberer Sehstrahl
6'
5'

Objekt

7 8

3'

6

3'
4' 2'
2'

S

3'
4'
2'
1' unterer Sehstrahl

Augpunkt

4"
3"

rechter Sehstrahl

1" Hauptsehrichtung

2" linker Sehstrahl

Stand-
punkt

Bildebene mit
perspektivischem
Abbild des Objekts

Entfernung

**Grund- oder
Breitenprojektion**

(1)

FP

Durchdringungspunkte
der Sehstrahlen in der
Bildebene

Horizont

Objekt

7 8

FP

7 8

6

5

Sehstrahlen zum
Objekt

3

Augpunkt

3

4

2

1

4'
3'

rechter Sehstrahl

2' Hauptsehrichtung

1' linker Sehstrahl

Stand-
punkt

Bildebene mit
perspektivischem
Abbild des Objekts

Entfernung

**Grund- oder
Breitenprojektion**

(2)

Möbel etwa 1,50 m hoch. In einem perspektivischen Bild verlaufen die vom Auge wegführenden waagerechten Linien auf den Horizont zu. Befinden sich am Gegenstand mehrere parallele und waagerechte Linien, die vom Auge wegführen, so treffen sich diese alle in einem Punkt. Dieser Punkt wird auch als *Fluchtpunkt* bezeichnet. Die Fluchtpunkte liegen auf dem Horizont (B 10.4-4).

Der *Sehkreis* oder *Bildkreis* umreißt den Bildausschnitt, den man mit dem Auge noch scharf und deutlich wahrnehmen kann. Entscheidend ist hierfür die Hauptsehrichtung. Bei zeichnerischen Darstellungen liegt im Schnittpunkt von Hauptsehrichtung und Horizont der Hauptsehstrahl. Der Öffnungswinkel der äußeren, den Sehkreis bildenden Sehstrahlen sollte 45° bis 50° nicht überschreiten. Abbildungen außerhalb des Sehkreises verzerren sich und erscheinen unwirklich.

10.4.1 Übereck-Perspektive

Bei Übereck-Perspektiven wird das darzustellende Objekt über Eck betrachtet. Dadurch steht der Gegenstand in einem bestimmten Neigungswinkel zur Bildebene oder zum Hauptsehstrahl. In der Übereck-Perspektive sind zwei Fluchtpunkte erforderlich, die beide auf dem Horizont liegen. In dem einen Fluchtpunkt treffen sich alle parallelen Waagerechten aus der Seitenansicht, in dem anderen alle parallelen Waagerechten der Vorderfront.
Je kleiner der Neigungswinkel des Objekts zur Bildebene ist, desto weiter rückt der Fluchtpunkt der Frontlinien vom perspektivischen Bild weg und desto dichter rückt der Fluchtpunkt der Tiefenlinien an das perspektivische Bild heran. Für die perspektivische Darstellung hat sich ein Neigungswinkel von 30°–60° bewährt (B 10.4-4 bis 8). Für Handskizzen und kleinere perspektivische Zeichnungen kann ein Perspektivraster verwendet werden, welcher das Zeichnen einer Perspektive wesentlich vereinfacht.

B 10.4-4 Konstruktion des perspektivischen Bildes auf der Bildebene: (1) durch Schnittpunkte der Abstände der Sehstrahlen aus der Höhen- und Breitenprojektion auf der Bildebene, (2) durch Ermittlung der Durchdringungspunkte der Sehstrahlen durch die Bildebene. Verlängert man die waagerechten Linien des perspektivischen Bildes auf der Bildebene, so treffen sich diese jeweils in einem Punkt, dem Fluchtpunkt (FP1 und FP2). Die Fluchtpunkte liegen auf dem Horizont.

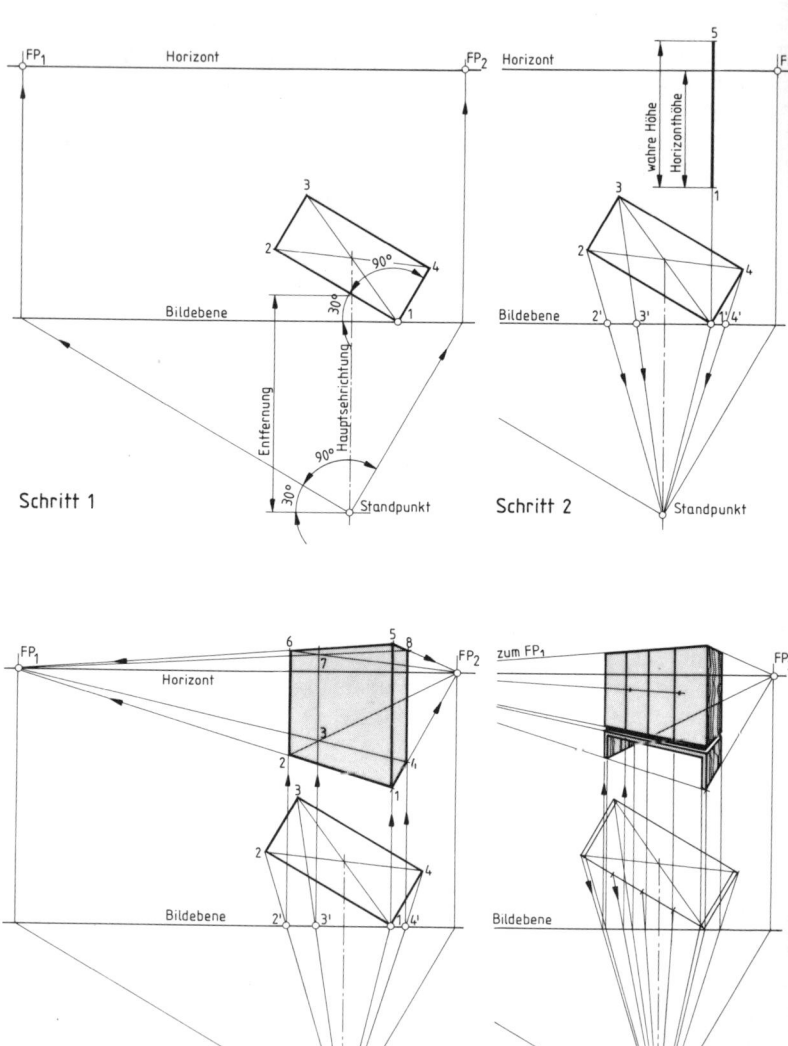

Schritt 1

Schritt 2

Schritt 3

Schritt 4

B 10.4-5

188

B 10.4-5 Konstruktion der Übereck-Perspektive.

Schritt 1: Grundriß des Objekts im Winkel von 30°/60° zeichnen. Durch den Schnittpunkt der Diagonalen des Grundrisses geht der Hauptsehstrahl. Den Standpunkt festlegen, seine Entfernung vom Objekt beträgt etwa das 1,5fache der größten Ausdehnung des darzustellenden Objekts bzw. das 1,5fache der Horizonthöhe. Die Bildebene möglichst so einzeichnen, daß sie durch einen Punkt des Objekts führt. Der Horizont kann wahlweise über oder unter der Bildebene oder auch deckungsgleich mit der Bildebene eingezeichnet werden. Auf dem Horizont liegen die Fluchtpunkte. Sie werden durch Parallelen zu den Körperkanten des Objekts vom Standpunkt aus bis zu den Schnittpunkten mit der Bildebene und durch Übertragen dieser Schnittpunkte auf den Horizont gefunden.

Schritt 2: Einzeichnen der Sehstrahlen vom Standpunkt aus zu den Eckpunkten des Objekts. Die Schnittpunkte der Sehstrahlen mit der Bildebene ergeben die Lage der Breitenlinien im perspektivischen Bild. Da die Bildebene durch den Punkt 1 geht, kann an dieser Breitenlinie die wahre Höhe angetragen werden. Hierbei geht man von der Horizonthöhe aus.

Schritt 3: Die festgelegten Höhenpunkte 1 und 5 können mit den Fluchtpunkten verbunden werden. Durch das Schneiden der Breitenlinien ergeben sich die anderen Eckpunkte des Objekts.

Schritt 4: Einzeichnen der weiteren Teilungslinien in der Höhe und in der Breite. Vervollständigung des perspektivischen Bildes.

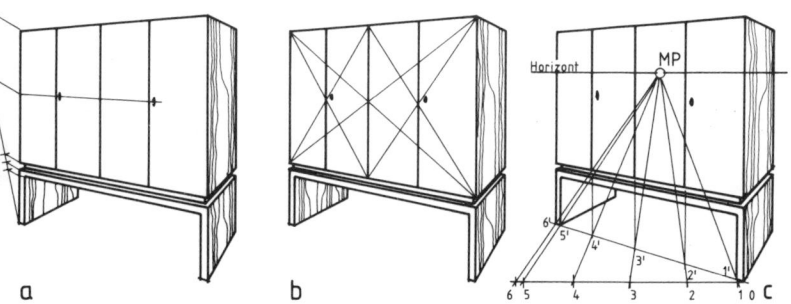

B 10.4-6 Vereinfachte Höhen- und Breitenteilung in der Perspektive. (a) Höhenteilung durch die Proportionalitätsmethode, (b) Breitenteilung durch Einzeichnen der Diagonalen in die Vorderfront, (c) Breitenteilung mittels der Meßpunktmethode. Strecke 0 bis 6 in maßstäbliche Breiten einteilen. Punkt 6 mit 6′ verbinden und bis zum Horizont verlängern, ergibt den Meßpunkt MP. Die Verbindung der anderen Teilungspunkte mit dem Meßpunkt ergibt die perspektivische Breitenteilung der Strecke 0 bis 6′.

189

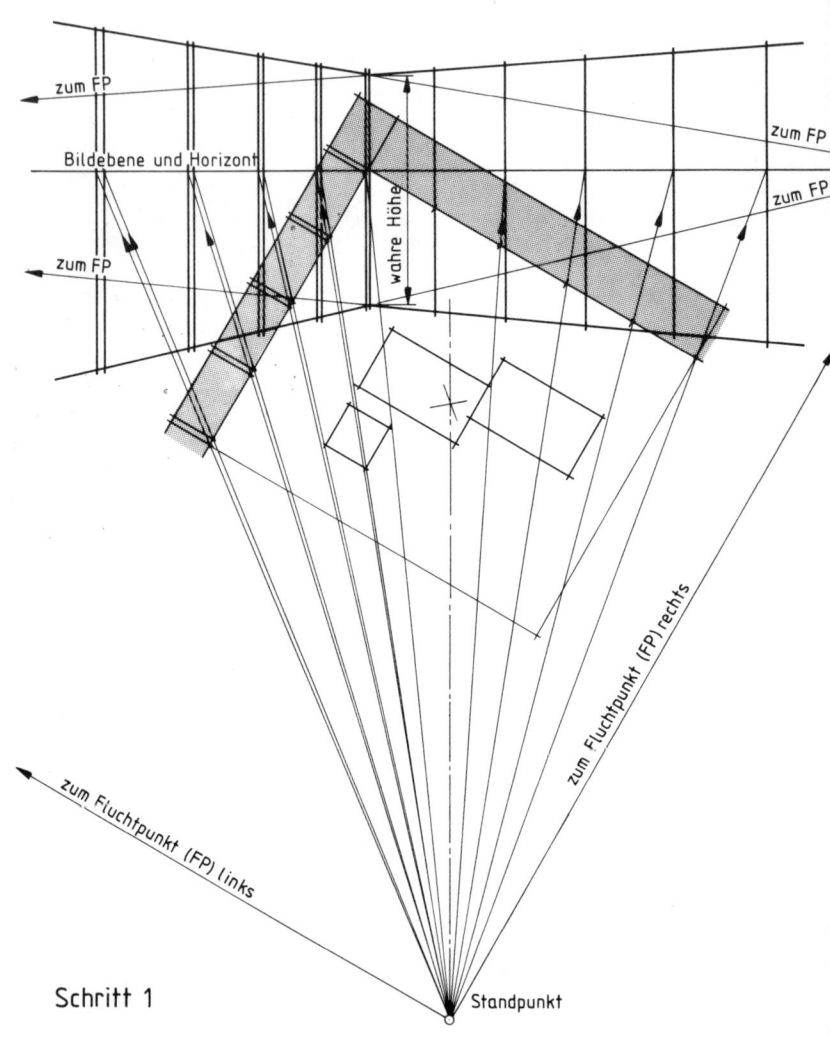

Schritt 1

B 10.4-7 Übereckperspektive eines Innenraumes.

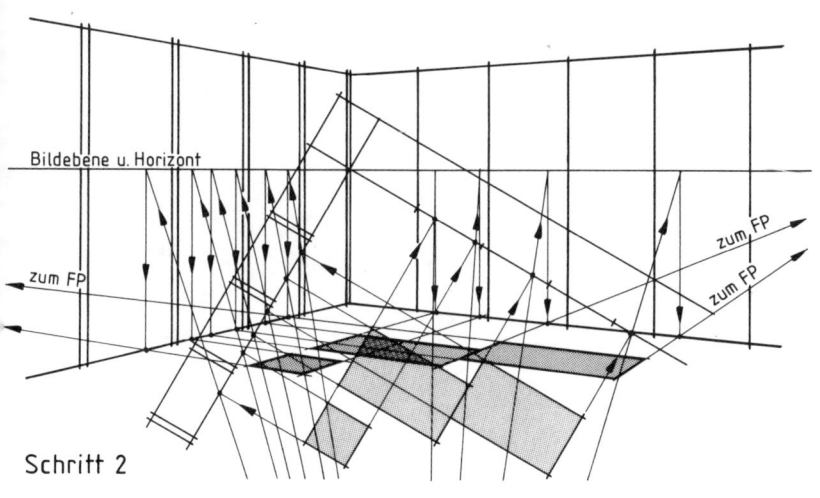

Bildebene u. Horizont

zum FP

zum FP

zum FP

Schritt 2

Schritt 1: Darzustellende Ecke im Grundriß als Rechteck festlegen. Durch den Schnittpunkt der Diagonalen geht der Hauptsehstrahl. Bestimmen des Standpunktes. Das Sehstrahlbündel sollte nicht weiter als 45° bis 50° streuen. Einzeichnen der Bildebene durch den Eckpunkt des Raumes. Bildebene und Horizont fallen zusammen. Ermitteln der Fluchtpunkte. Projektion der Breitenteilung der Wände vom Standpunkt aus über die Teilungspunkte im Grundriß auf die Bildebene.
Festlegen der wahren Höhe und Teilungen der Wände.

Schritt 2: Einzeichnen der Grundflächen des Verkaufstresens. Die Eckpunkte der Möbelkörper sind im Grundriß auf die Wände zu projizieren. Diese gedachten Teilungspunkte auf den Wänden sind vom Standpunkt aus auf die Bildebene und von dort senkrecht herunter auf die perspektivische Raumlinie zu übertragen. Von hier aus können sie auf die Fluchtpunkte projiziert werden, so daß sich die perspektivische Grundfläche der Möbelkörper ergibt.

Schritte 3 und 4 siehe Seite 192.

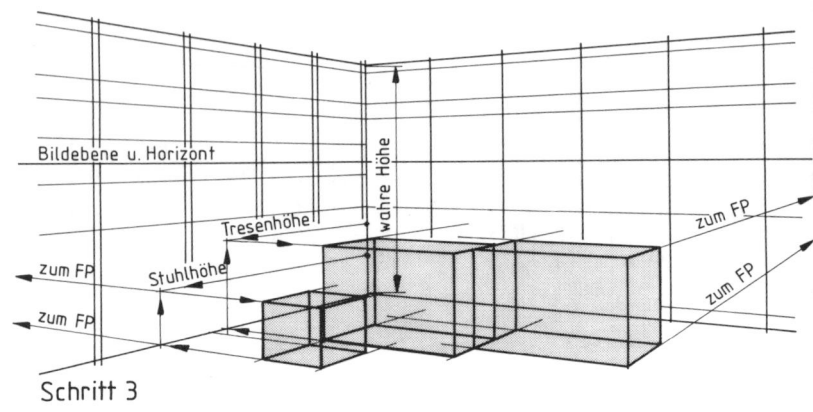

Schritt 3

Schritt 4

Schritt 3: Einzeichnen der Höhen. Auf der wahren Höhe in der Raumecke ist die Tresen- und Stuhlhöhe abzutragen und diese an der Wand herumzuziehen, bis sie auf die perspektivische Flucht der Stellfläche trifft. Von hier aus sind die Höhen in den Raum hineinzuprojizieren. Nun können die Möbelkörper in ihren Umrissen gezeichnet werden. Alle Höhen auf den Wänden können von den Fluchtpunkten aus über die wahre Höhe festgelegt werden.

Schritt 4: Weitere und feinere Teilungen vornehmen und Flächen anlegen.

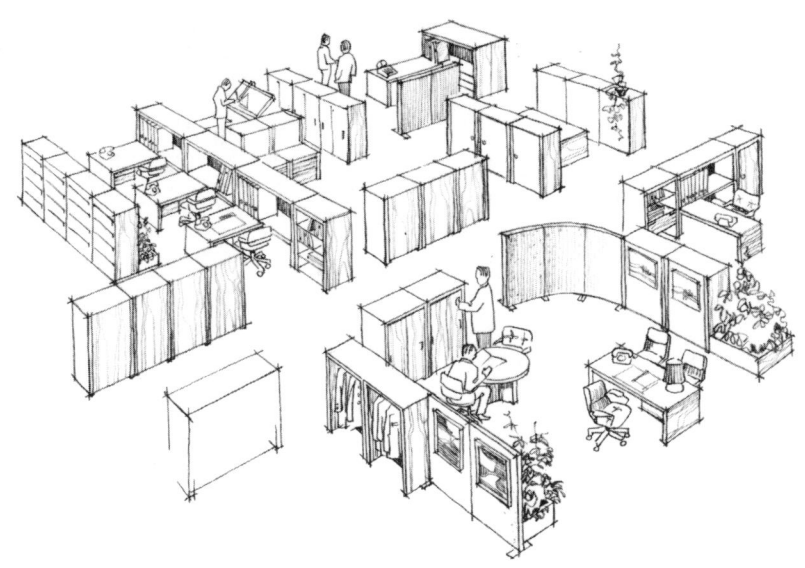

B 10.4-8 Übereckperspektive mit hohem Horizont (Bleizeichnung).

10.4.2 Zentralperspektive

Bei der Zentralperspektive wird das Objekt so frontal betrachtet, daß der Hauptsehstrahl rechtwinklig auf die Frontfläche auftritt. Die betrachtete Fläche verläuft dann parallel zur Bildebene. Bei rechtwinkligen Körpern treffen sich alle in die Tiefe laufenden Linien in einem zentralen Fluchtpunkt, der auf dem Horizont liegt.

Da bei frontalen Betrachtungen die Körper nicht sehr plastisch wirken, sollte die Zentralperspektive für die räumliche Darstellung von Körpern nicht angewendet werden. Für die räumliche Darstellung von Innenräumen ist sie jedoch gut zu verwenden. Dadurch, daß in der Zentralperspektive nicht nur die senkrechten Linien senkrecht bleiben, sondern auch die parallel zur Bildebene verlaufenden Waagerechten waagerecht zu zeichnen sind sowie alle in die Tiefe verlaufenden Linien nur einen Fluchtpunkt benötigen, ist die Zentralperspektive platzsparend und einfach zu konstruieren (B 10.4-9).

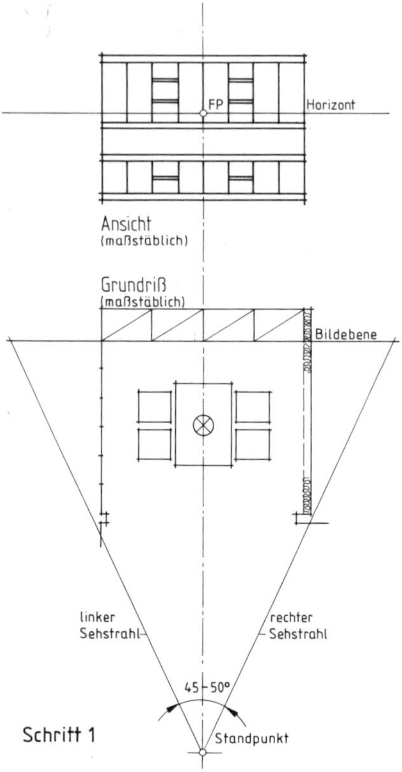

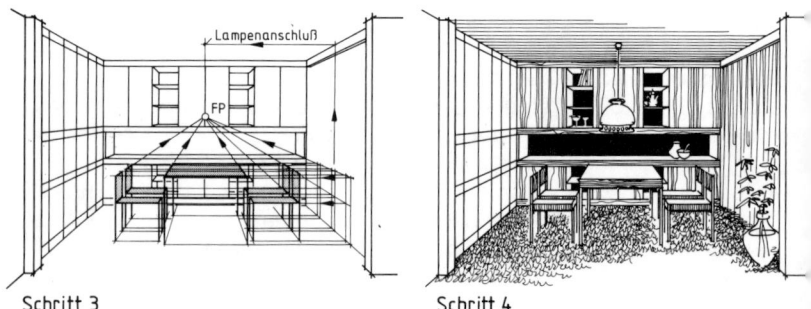

Ansicht
(maßstäblich)

Grundriß
(maßstäblich)

FP

Horizont

Bildebene

linker
Sehstrahl

rechter
Sehstrahl

45-50°

Standpunkt

Schritt 1

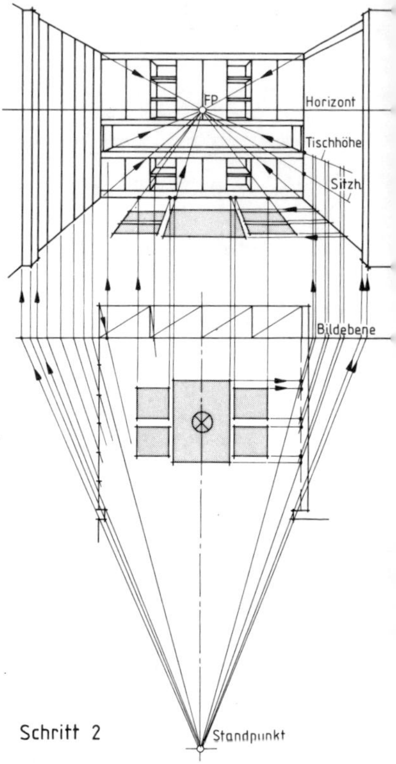

FP

Horizont

Tischhöhe

Sitzh

Bildebene

Standpunkt

Schritt 2

Lampenanschluß

FP

Schritt 3

Schritt 4

194

B 10.4-9 Konstruktion einer Zentralperspektive.

Schritt 1: Grundriß und Wandansicht maßstäblich übereinanderzeichnen. Die Bildebene in die Vorderfront des Schrankes legen, sie wird im Grundriß eingezeichnet. In der Praxis können die Fußbodenlinie in der Ansicht und die Bildebene des Grundrisses zusammenfallen. In der Ansicht wird der Horizont festgelegt. Der Standpunkt wird so weit vom Grundriß entfernt markiert, daß die äußeren Sehstrahlen des darzustellenden Raumes bzw. Körpers keine größere Winkelöffnung als 50° aufweisen. Der Fluchtpunkt liegt auf der Horizonthöhe und bei der Zentralperspektive in der Mitte der Ansicht.

Schritt 2: Vom Standpunkt aus sind die Möbel- und Grundrißecken zur Bildebene hin zu übertragen. Von der Bildebene sind sie senkrecht hochzuziehen. Für die Sitzgruppe müssen im Grundriß erst Hilfslinien auf die Wände projiziert werden. Der Grundriß der Sitzgruppe sollte erst in die Bodenfläche der Perspektive eingezeichnet werden. Die wahre Höhe liegt auf der Ansichtsfläche des Einbauschrankes. Von hier aus sind Stuhl- und Tischhöhen nach vorn zu reißen.

Schritt 3: Aus dem perspektivischen Grundriß der Sitzgruppe können nun die Umrisse von Tisch und Stühlen gezeichnet werden. Die Höhen sind von den Wandflächen her zu übertragen.

Schritt 4: Die Perspektive wird jetzt ausgezogen und ergänzt. Zur Verstärkung der räumlichen Wirkung können die einzelnen Flächen angelegt werden.

11 Methodik des technischen Zeichnens

Entwerfen und Konstruieren sind in erster Linie eine geistig-schöpferische und erst in zweiter Linie eine rein technisch-motorische Tätigkeit. Statistische Erhebungen haben ergeben, daß die Entwicklung und Konstruktion für etwa 70% der Herstellkosten eines Erzeugnisses verantwortlich sind, andererseits der größte Prozentsatz aller Fehler, die in betrieblichen Schwachstellenforschungen festgestellt wurden, ihren Ursprung in der Konstruktion oder Entwicklung bzw. in der zeichnerischen Darstellung hatten. Diese Erkenntnis zwingt zur besonderen Sorgfalt und zur klaren methodischen Gestaltung der zeichnerischen Entwicklungsarbeit. Hierfür bieten sich folgende Schritte an:

- Zielsetzung,
- Aufgabenstellung und Aufgabenverteilung,
- Daten und Informationen beschaffen,
- Entwerfen denkbarer Lösungen,
- durchführbare und wirtschaftliche Lösungen auswählen,
- Ausführung und Kontrolle.

Während bei einer großen Zeichenaufgabe, wie für eine Serienfertigung, alle Stationen organisatorisch erfaßt und die Aufgaben auch schriftlich fixiert werden, wird bei einer kleinen Zeichenaufgabe, wie für eine handwerkliche Einzelfertigung, mehr unbewußt als bewußt der Ablauf der Zeichenarbeit über diese sechs Schritte vollzogen (siehe B 11.1-1).

B 11.1-1 Der methodische Ablauf einer Zeichenarbeit.

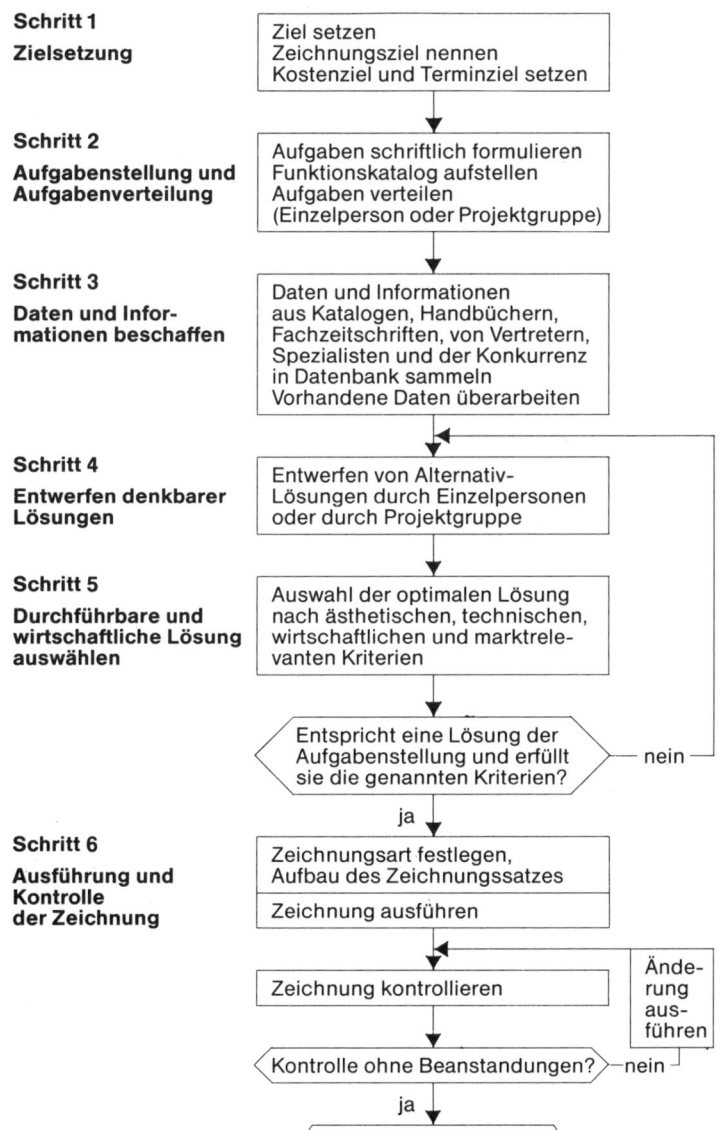

Schritt 1
Zielsetzung

Ziel setzen
Zeichnungsziel nennen
Kostenziel und Terminziel setzen

Schritt 2
Aufgabenstellung und
Aufgabenverteilung

Aufgaben schriftlich formulieren
Funktionskatalog aufstellen
Aufgaben verteilen
(Einzelperson oder Projektgruppe)

Schritt 3
Daten und Infor-
mationen beschaffen

Daten und Informationen
aus Katalogen, Handbüchern,
Fachzeitschriften, von Vertretern,
Spezialisten und der Konkurrenz
in Datenbank sammeln
Vorhandene Daten überarbeiten

Schritt 4
Entwerfen denkbarer
Lösungen

Entwerfen von Alternativ-
Lösungen durch Einzelpersonen
oder durch Projektgruppe

Schritt 5
Durchführbare und
wirtschaftliche Lösung
auswählen

Auswahl der optimalen Lösung
nach ästhetischen, technischen,
wirtschaftlichen und marktrele-
vanten Kriterien

Entspricht eine Lösung der
Aufgabenstellung und erfüllt
sie die genannten Kriterien? — nein

ja

Schritt 6
Ausführung und
Kontrolle
der Zeichnung

Zeichnungsart festlegen,
Aufbau des Zeichnungssatzes

Zeichnung ausführen

Zeichnung kontrollieren

Ände-
rung
aus-
führen

Kontrolle ohne Beanstandungen? —nein

ja

Fertigungsfreigabe

11.1 Zielsetzung

Man kann nur dann einen Weg methodisch beschreiten, wenn man das Ziel kennt. Dieses Ziel ist klar herauszuarbeiten und zu fixieren.

Die Zielsetzung in der Serienfertigung. Das Ziel einer größeren Zeichenaufgabe, wie die Anfertigung der Fertigungszeichnungen eines Serienprogramms oder die Verbesserung einer konstruktiven Einzelheit an einem Serienmöbel, wird häufig von der Geschäftsleitung schriftlich festgelegt. Ihm liegen bei Neuauflagen die Modellentwürfe und deren Veränderungswünsche oder bei laufenden Serien die Situationsberichte aus Vertreter- oder Kundenwünschen sowie statistische Auswertungen der Reklamationen zugrunde.
Dieser Zielsetzung werden noch das Kostenziel und das Terminziel angefügt. Im *Kostenziel* werden die maximalen Herstellkosten genannt oder für Lösungen konstruktiver Einzelheiten die zu erwartende Kostensenkung angegeben.
Durch die Angabe des *Terminziels* kann die Erfüllung der Entwicklungs- oder Konstruktionsbearbeitung kontrolliert werden. Besonders wichtig ist die Angabe des Termins, zu dem die Entwicklung oder Kosntruktionsmaßnahme abgeschlossen sein sollte.

Zielsetzung in der Einzelfertigung. In der Einzelfertigung kommen meistens Entwurfszeichnungen oder Fertigungszeichnungen für einzelne Objekte vor. Hier löst in der Regel die Anfrage, die Vorstellung oder der Auftrag des Kunden die Zielsetzung aus, die dann im Terminkalender, vielleicht auch mit Angabe des ungefähren Kostenzieles, festgehalten wird.

11.2 Aufgabenstellung und Aufgabenverteilung

Die Entwicklungs- oder Konstruktionsabteilung in einem Industriebetrieb hat die Aufgabe, dieses von der Unternehmensleitung gesteckte Ziel zu konkretisieren. Sie wird deshalb weiter ins einzelne gehende Aufgabenstellungen durchführen, die Aufgaben abgrenzen und die Aufgabenverteilung vorschlagen oder vornehmen.
Die Aufgabenstellung sollte in jedem Falle schriftlich formuliert werden; denn selbst die kleinste zeichnerisch zu lösende Aufgabe hat gewisse Funktionen zu erfüllen, die man festhalten muß. Die Konstruktions- und Entwicklungsaufgaben im größeren Umfang

sollen zudem noch nach Dringlichkeit und Zugehörigkeit gegliedert werden. Nur so kann eine klar umrissene Aufgabenstellung vorgenommen werden. Außerdem kann sich der Konstrukteur dann besser an den gestellten Forderungen orientieren und erhält eine richtige Einschätzung für die Durchführbarkeit seiner Ideen.

11.2.1 Funktionsarten des Erzeugnisses

Bei der Bearbeitung einer Entwicklungs- oder Konstruktionsaufgabe sind die zwei Funktionsarten
● technische Funktion oder Gebrauchsfunktion,
● ästhetische Funktion oder Geltungsfunktion
zu beachten. Je nach Erzeugnis kann die technische Funktion oder die ästhetische Funktion ein Übergewicht erhalten. Ein einfaches Kellerregal hat eine hohe technische Funktion, aber eine geringe ästhetische Funktion zu erfüllen. Während bei einer wertvollen Holzschnitzerei der Anteil der Geltungsfunktion hoch und der der Gebrauchsfunktion verhältnismäßig gering ist. Aber gerade bei Innenausbauarbeiten und Möbeln kann man häufig ausgleichende Anteile von Gebrauchs- und Geltungsfunktionen feststellen, die je nach Ausführung und Art zugunsten der einen oder anderen Funktion nur eine geringe unterschiedliche Gewichtung erfahren. Typisch ist hier auch ein gewisses Zusammenspiel der Gebrauchs- und Geltungsfunktionen; denn nur selten läßt sich die ästhetische Funktion ohne Beachtung der technischen Funktion lösen oder umgekehrt.

Beide Funktionsarten bestimmen aber im hohen Maße die Konstruktion. Sie hat die in den Funktionen gestellten Bedingungen kostengünstig und technisch optimal durchführbar zu lösen (B 11.2-1).

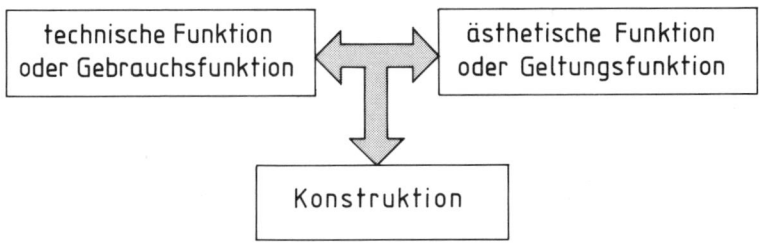

B 11.2-1 Beziehungen zwischen technischer Funktion, ästhetischer Funktion und Konstruktion.

11.2.2 Funktionskatalog zur Aufgabenstellung

Zur Formulierung der Aufgabe läßt sich ein Funktionskatalog aufstellen, der die Kriterien der technischen und ästhetischen Funktionen systematisch aufzeichnet. Allerdings sind die Erzeugnisse der Holzbranche zu vielfältig, um einen allgemeingültigen Katalog bilden zu können. Für die innerbetrieblichen Belange wird man jeweils einen speziellen Katalog entwickeln müssen. Die nachfolgend aufgestellten Beispiele lassen sich für die Aufgabenstellung Entwicklung und Konstruktion von Möbel- und Innenausbauarbeiten anwenden. Die einzelnen Kriterien werden je nach Erzeugnisart und -umfang mehr oder weniger wirksam oder können ganz entfallen.

Tabelle 11.2-1 Kriterien zur Erfüllung der technischen Funktion

Kriterien	Beispiele
Nutzung des Erzeugnisses	Küchenmöbel, Wohnzimmermöbel, Schlafzimmermöbel u. ä., Ladeneinrichtung, Einrichtung eines Sitzungszimmers, usw.
Erzeugnisart	Einzelmöbel, Anbaumöbel, Einbaumöbel, Montagemöbel, Trennwände, Deckenverkleidungen, Wandverkleidungen, Haustüren usw.
Anthropometrische Bedingungen	Körpermaße, Sitzhöhen, Schreibhöhen, Greifbereich, Bewegungsraum, Kopfhöhe, ergonomische Griff- und Sitzmöbelgestaltung u. ä.
Funktionsbedingte Eigenschaften	Optimale Erfüllung der *Nutzungsfunktion* Unterbringungsmöglichkeit der Gegenstände: Fächer, Schubkasten u. ä. Frontelemente: durchsichtig, undurchsichtig. Front durch Drehtüren, Schiebetüren, Auszüge, Klappen usw. verschlossen. Bedienungsmöglichkeit und Bedienungssicherheit.
Konstruktive Bedingungen	Werkstoffauswahl: Materialdicke, Materialbeschaffenheit, Holzart, Materialfestigkeit, richtige Materialdimension usw. Beschläge oder Verbindungsmittel vorhanden oder Sonderkonstruktionen erforderlich? Konstruktionselemente zweckmäßig, wirtschaftlich, materialgerecht, ausreichend belastbar, funktionstüchtig, bedienungssicher?

Kriterien *(Forts.)*	Beispiele
	Verwendung von Normteilen oder Fremdteilen möglich? Werkstückgröße: Bearbeitbarkeit und Transportierbarkeit, Maßgenauigkeit, sinnvolle Toleranz- und Passungsmaße. Kombinierbarkeit oder Austauschbarkeit der Einzelteile, Reparaturfreundlichkeit, Normgerechtigkeit. Fertigungsmöglichkeit und Produzierbarkeit: Welche Maschinen, Vorrichtungen, Werkzeuge, Lehren, Sonderwerkzeuge sind vorhanden oder werden erforderlich? Montagemöglichkeit: Montierbarkeit, Demontierbarkeit, Remontierbarkeit, Transportmöglichkeit zum Verwendungsort, Verpackungsmöglickeit.
Verkaufsbedingungen	Einzelstück, Nachlieferungs-, Ergänzungs- oder Kombinationsmöglichkeit, Reparaturfreundlichkeit, Qualität.
Besondere technische Bedingungen	Oberflächenbeschaffenheit: wasserfest, alkoholfest, hygienisch. Technischer Holzschutz, Schallschutz, Wärmeschutz, Feuerschutz.
Besondere örtliche Bedingungen	(Bei Innenausbauarbeiten besonders zu beachten.) Rohbaumaße, Wasseranschluß, Stromanschluß, Entwässerungsmöglichkeit, Be- und Entlüftung, Heizungsinstallation, Feuerstellen, Fenster-, Brüstungs- und Sturzhöhen, Fußbodenhöhen, Drehrichtung und Durchgangsmaße von Türen, Fußbodenausführung, Materialien der Decken und Wände, Durchgangsmaß der Zugänge (Transport), Gerüstvorhaltung, Leitern, Gestelle, Montagehilfen.

Tabelle 11.2-2 Kriterien zur Erfüllung der ästhetischen Funktion

Kriterien	Beispiele
Marktrelevanz oder Kundengeschmack	Modern, modisch, antik, exclusiv, zweckmäßig, individuell, bequem, behaglich, bodenständig, traditionell, schlicht, profiliert, derb usw.
Architektonische Bedingungen	Wirkung im Raum: dominierend, unterordnend, polarisierend, einfügend usw. Beziehungen dieses Raumes zu den anderen Räumen. Flächengliederung: feingliederig, großflächig, horizontal oder vertikal gegliedert, Rahmen und Füllungen, Reihungen, Kopplungen, Gruppierungen usw. Oberfläche: glänzend, matt, natur oder farbig. Strukturen: glatt, rauh, plastisch, bewegt, ruhig, warm, kalt, nüchtern. Beleuchtung: Beleuchtungsrichtung, Beleuchtungsart, Schattenwirkung usw.
Preisklasse	Ausstattung, Qualität, Oberfläche, Holzart, Beschläge, Verarbeitung (anspruchslos bis anspruchsvoll).

11.2.3 Aufgabenverteilung

Im Kleinbetrieb wird die Aufgabenverteilung keine besonderen Fragen aufwerfen; der Kreis der für die Lösung in Frage kommenden Personen ist nur sehr klein.

In einem Großbetrieb kann die Aufgabe von Einzelpersonen oder von einem Team durchgeführt werden. Bei routinemäßigen und kleineren Aufgaben wird meistens der geeignete Mitarbeiter mit der Aufgabe betraut. Bei Entwicklungsaufgaben ist es zweckmäßig, einer Projektgruppe diese Aufgaben zu übertragen. Die Zusammensetzung einer Projektgruppe muß der Arbeitsaufgabe entsprechen. Von der Auswahl der Mitglieder, deren Vorbildung und fachlichen Qualitäten, von den Fähigkeiten des Teamleiters und von der Teamgröße hängt im wesentlichen der Wirkungsgrad der Arbeitsgruppe ab. Neben den fachlichen Qualitäten muß die Gruppe das besondere Arbeiten in einem Team beherrschen.

Für eine gute Ideenfindung ist eine voreilige Kritik zu vermeiden.

Mutige und außergewöhnliche Gedanken sind zumindest in den ersten Phasen der Teamarbeit zu fördern, um nicht wertvolle Ansätze schon im Keime zu ersticken. Der Teamchef muß ein guter Koordinator sein und darf Diskriminierungen nicht aufkommen lassen.

Teamgrößen von fünf bis sechs Mitgliedern haben sich als besonders effektiv erwiesen. Bei einer neuen Erzeugnisgestaltung sind nicht nur Fachleute aus der Entwicklung und Konstruktion, sondern auch die des Einkaufs und Vertriebs einzubeziehen. Der Einkauf stellt alle erdenklichen Informationen der in Frage kommenden Werkstoffe zur Verfügung, untersucht den Markt, ob einzelne Teile nicht durch Fremderzeugnisse zu ersetzen sind, und gräbt neue interessante Bezugsquellen aus. Die Fachleute des Betriebes sollten wegen der sich ergebenden Fertigungsverfahren gehört werden.

Für komplexe Aufgaben können die Projektgruppen entsprechend der Aufgabengliederung noch weiter aufgesplittert werden, so daß mehrere Gruppen an der Lösung der Gesamtaufgabe arbeiten. Die Geschäftsleitung sollte aktives Interesse an der Teamarbeit zeigen; denn von ihr gehen die Impulse an die Mitarbeiter der Projektgruppe aus, und sie kontrolliert auch die Ergebnisse der Arbeit.

11.3 Daten und Informationen beschaffen

Im Funktionskatalog zur Formulierung der Aufgabenstellung (Seite 200) sind Kriterien angegeben, die als Grundlage zur Beschaffung von Daten und Informationen dienen können.

Bei der *Einzelfertigung* ist ein Teil der Daten in der Regel beim Kunden bzw. Architekten zu erfragen. Zweckmäßig wäre auch hier ein systematisches Vorgehen nach dem Funktionskatalog. Außerdem ist häufig ein Aufmaß zu erstellen, welches die Daten für den Einbau liefert.

Bei der Erzeugnisentwicklung eines *Serienprogramms* werden größere Untersuchungen erforderlich. Am Anfang sind es besonders die Daten des Marktes, die Kauf- und Lebensgewohnheiten der potentiellen Kunden, die zu einer Produktidee führen und in vielen Fällen auch die Kostengrenzen umreißen.

Die Produktgestaltung wird in der Industrie sehr oft mit Hilfe der Wertanalyse durchgeführt. Das gesamte Erzeugnis sowie die Gruppen und Einzelteile werden jeweils in bezug auf ihre Haupt- und Nebenfunktionen und auch unnötigen Funktionen analysiert. Gerade bei der Anwendung der Wertanalyse ist eine Fülle von internen und externen Daten erforderlich, um eine wirksame funktionsgerechte Betrachtungsweise sowie Kostensenkung durchführen zu können. Im einzelnen hat aber jeder Konstrukteur ständig Informationen zu sammeln und in einer Datenbank systematisch anzulegen. Diese Informationen kann er aus Fachzeitschriften, aus Fachaufsätzen oder -vorträgen, aus Betriebsbesichtigungen, aus dem Studium der Konkurrenzerzeugnisse, aus Fachbüchern, aus Beschlagskatalogen, durch Anregungen auf Messen und Ausstellungen, durch Kontakte mit kompetenten Mitarbeitern von Spezialfirmen usw. erhalten. Leider sind diese Daten nicht zementierbar. Ständig kommen Neuentwicklungen bei Betriebsmitteln und Fördermitteln, bei Fertigungsverfahren sowie bei Werkstoffen, Hilfswerkstoffen und Beschlägen auf den Markt, so daß diese Datenbank immer ergänzt oder überarbeitet werden muß. Je rascher dies geschieht, desto geringer ist die Wissenslücke.

Selbst bei umfassender Datenbank sind die Informationen in der benötigten Vielfalt, Exaktheit und Aktualität nur selten direkt greifbar. Häufig müssen sie erst speziell für die gestellte Aufgabe beschafft oder erarbeitet werden. Hier darf man sich nicht scheuen, Spezialisten und Berater zu fragen, die letztlich gründlichere Informationen über den Stand der Technik besitzen. Weiß der gefragte Spezialist nichts von dieser Technologie, dann wird er sicherlich einen anderen Spezialisten benennen können, so daß man über diese Kettenforschung zur gewünschten Information gelangt.

Nicht die Informationen sind die wertvollsten, die man am bequemsten erlangt, sondern die, die man sich aus den besten Quellen holt.

11.4 Entwerfen denkbarer Lösungen

Das Entwerfen ist ein geistig-schöpferischer Prozeß. Hier werden die Ideen gesucht und entsprechend der Aufgabenstellung schriftlich und zeichnerisch fixiert. Entweder Freihandskizzen in Blei oder auch informative Linearzeichnungen entstehen auf dem Zeichenbrett durch Übereinanderlegen von transparentem Zeichenpapier (Klarpapier). Sie können durch Konstruktions- oder Ausführungsbeschreibungen von Fall zu Fall noch besonders erläutert werden. Da es nur selten den optimalen Lösungsweg gibt, wird man mehrere Lösungen – etwa zwei bis drei – als praktikable Lösungen herausarbeiten und nach Abwägen mit den in der Aufgabenstellung fixierten Kriterien eine Endlösung heraussuchen.

In einer *Projektgruppe* werden bei der Entwurfsarbeit erst einmal ideale Lösungen von jedem einzelnen erarbeitet. Es kommt darauf an, daß jedes Teammitglied frei schöpferisch tätig werden kann und sein gesamtes Wissen einsetzt. Niemand sollte unter Kritikangst stehen, sondern zumindest in der ersten Phase ungezwungen und auch ausgefallene Ideen ohne Hemmungen einbringen können. Je freier sich das Team in der ersten Phase von vorgegebenen Grundsätzen machen kann, desto mutiger und vielleicht revolutionärer werden die Ideen. Während einer Besprechung kommen die vielen verschiedenen Alternativvorschläge der Teammitglieder zusammen (Brainstorming, Brainwriting). Die gefundenen Alternativen werden vorgeprüft und die offensichtlich nicht realisierbaren Lösungen ausgeschieden. In einem Formular werden die verbliebenen Alternativen aufgelistet und durch Skizzen erläutert.

Die praktikablen Lösungen werden zur neuen Lösungsebene erklärt, von der aus nun wieder versucht wird, in den Bereich der technisch durchführbaren und wirtschaftlich vertretbaren Lösungen vorzudringen.

Die Lösungen nähern sich dem Ziel, wenn sich kaum noch Abweichungen der Einzelentwürfe zeigen und die Lösungen in nahezu allen Punkten der Aufgabenstellung entsprechen.

11.5 Durchführbare und wirtschaftliche Lösungen auswählen

Bei der Auswahl der Lösungen wird man je nach Zeichnungsaufgabe – ob für eine Einzelanfertigung oder eine Serienfertigung – unterschiedliche Entscheidungskriterien anwenden und auch verschieden vorgehen müssen. Handelt es sich um *Entwurfszeichnungen für Einzelfertigungen*, wie Entwürfe von Innenausbauarbeiten, Ausbauarbeiten oder Einzelmöbel für einen bestimmten Kunden, werden diese Vorschläge dem Kunden unterbreitet. Er hat sich nach Erläuterung der Entwürfe und dem Aufzeigen der Vor- und Nachteile für die eine oder andere Idee oder für eine Kompromißlösung zu entscheiden.

Bei *Konstruktionszeichnungen für Einzelfertigungen* oder auch *Serienfertigungen* werden vom Konstrukteur bzw. mit einem unabhängigen Fachmann die einzelnen Alternativlösungen durchgesprochen und mit der Aufgabenstellung verglichen. Die Prüfung der Lösungen erstreckt sich im wesentlichen darauf, ob die ästhetischen und technischen Funktionen in zweckmäßiger und wirtschaftlicher Weise erfüllt sind. Die im Aufgabenkatalog genannten Kriterien (siehe 11.2.2) können durch systematische Fragestellungen erfüllt werden. Die Entscheidung, welche Lösung verwirklicht wird, kann der Chefkonstrukteur, ein technischer Fachmann aus der nächsthöheren Instanz, bei kleineren Untenehmen auch der Chef selbst oder auch eine aus den vorgenannten Personen zusammengesetzte Gruppe fällen.

Die Entscheidung über die *Einführung eines Serienprodukts* ist wesentlich gründlicher vorzunehmen. Häufig verlangen endgültige Entscheidungen die Anfertigung von Modellen oder Dauerversuche. Neben der technischen und ästhetischen Überprüfung muß hier auch die Wirtschaftlichkeit in Betracht gezogen werden. In Kostenvergleichsrechnungen werden die Herstellkosten den Alternativlösungen gegenübergestellt. Stehen mehrere Lösungsalternativen zur gleich guten Erfüllung der verlangten Funktionen zur Wahl, so wird vorzugsweise die Alternative ausgewählt, welche die geringsten Kosten verursacht.

Zur Entscheidungsfindung werden zum Teil auch die potentiellen Kunden eines Serienprodukts, die nach der repräsentativen Struktur zusammengestellt werden, für die Beurteilung herangezogen. Geschäftsleitung, Fachleute des Verkaufs und Einkaufs sowie der Fertigung tragen zur Auswahl der optimalen Alternative bei. Nach gründlicher Beurteilung der zur Auswahl stehenden Lösungen und der Bewertung der verschiedenen Kriterien werden die Untersuchungsergebnisse in einem Bericht zusammengefaßt. Die endgültige Entscheidung, welche der Alternativlösungen zu verwirklichen ist, wird bei Serienprodukten dann meistens von vorgesetzten Instanzen getroffen.

11.6 Ausführung und Kontrolle

Ist entschieden, welche der Lösungen als optimal und durchführbar zu betrachten ist, müssen die Reinzeichnungen für die zu verwirklichenden Lösungen angefertigt werden. Vor Beginn des Zeichnens sind die Zeichnungsart und auch die Zeichnungsgröße zu klären. Die Entscheidung ist abhängig von:
1. Der Lebensdauer der Zeichnung: Skizze, kurzlebiges oder langlebiges Zeichnungsoriginal, Bleichzeichnung oder Tuschezeichnung.

2. Der Verfielfältigungs- und Archivierungsmöglichkeit, wie Lichtpausfähigkeit, Fotokopierbarkeit, Mikroverfilmbarkeit, oder der Aufbewahrungsmöglichkeit der Originalzeichnungen.
3. Dem zweckmäßigsten Gebrauch der Zeichnung innerhalb des Betriebes; dadurch werden die Größe und das Format der Zeichnung sehr wesentlich bestimmt. Besonders in größeren Betrieben sind für Zeichnungen die DIN-Formate zu verwenden.
4. Dem Zweck der Zeichnung, wie Entwurfs- oder Fertigungszeichnung.
5. Der Fertigungsart und dem Inhalt der Zeichnung. Ist eine Einzelteil-Zeichnung, Teilschnitt-Zeichnung, Gesamt-Zeichnung oder ein Aufriß günstig?

Die technischen Zeichnungen werden zu einer wichtigen Arbeitsunterlage. Sie müssen so klar und eindeutig, vor allem aber auch richtig sein, daß keine Rückfragen auftreten können. Um das zu erreichen und um die zweckmäßigste und wirtschaftlichste Lösung zu finden, muß der Konstrukteur über alle Angaben verfügen, die für die Konstruktion der Einzelheiten sowie deren Fertigungsmöglichkeit wichtig sind. Hierzu gehören genaue Angaben, wie Abmessungen, Festigkeiten und Funktionen über die verwendeten Werkstoffe, Normteile, Hilfswerkstoffe und Beschläge sowie Kenntnisse über die Fertigungsverfahren. Bei Beschlägen und Normteilen ist es besser, Originalteile oder Muster zur Hand zu haben, als nur Katalogangaben, um Funktionen und Abmessungen überprüfen zu können.

Der Ausspruch: »Theorie und Praxis sind zweierlei« kann hier nicht gelten. Diejenigen, die solche Urteile abgeben, haben die Aufgabe einer Zeichnung nicht verstanden.

11.6.1 Ausführung technischer Zeichnungen

Je nach Ausdruckskraft der Darstellung und Beständigkeit können Zeichnungen als Blei- oder Tuschezeichnungen ausgeführt werden. Beide Arten verlangen eine ganz besondere Technik und Ausführungsmethode. Gemäß DIN 1967 sollen Zeichnungen möglichst einen gleichmäßigen Kontrast aufweisen. Eine Kombination Tusche und Blei in einer Zeichnung ist daher zu vermeiden.

Bleizeichnungen ermöglichen in der Linienabstufung vielfältige, weiche und stufenlose Übergänge von sehr hell bis tief schwarz. Außerdem läßt sich mit Bleistift sehr flüssig und flott zeichnen. Deshalb wird die Bleizeichnung vorwiegend für Entwurfszeichnungen und Skizzen angewendet.

Bleizeichnungen können in der Einzeichentechnik oder in der Durchzeichentechnik hergestellt werden.

Bei der *Einzeichentechnik* wird auf dem Papier die Zeichnung sehr dünn vorgerissen und auf dem gleichen Zeichnungsträger dann ausgezogen oder nachgezeichnet. Die vom Vorzeichnen über die Ecken gezogenen dünnen Linien können stehenbleiben. Nur wenn sie besonders stören, sollten sie ausradiert werden.

Bei Verwendung von Transparentpapier kann zum Vorzeichnen eine Minenhärte von 3H oder 4H verwendet werden, bei Karton 2H oder H. Für das Nachzeichnen empfiehlt sich je nach Schwere der Hand, Luftfeuchtigkeit im Raum und Oberflächenbeschaffenheit des Papiers 2H oder 3H für Transparent und F oder H für Karton. Die Papieroberfläche für Bleistiftzeichnungen sollte matt oder rauh sein. Für die Beschriftung und das Zeichnen von freihändigen Linien empfiehlt sich eine weichere Mine. Für die Schraffur und für die Maßlinien kann eine härtere Mine verwendet werden (siehe auch Seite 15). Bei der Einzeichentechnik sollte man beim Vorreißen die gestrichelten und die Strich-Punkt-Linien entweder gleich fertig ausziehen oder diese Linien hauchdünn durchgehend vorziehen und dann darauf beim Nachziehen die Strich- oder Strichpunktlinie setzen; denn ein Nachzeichnen vorgezogener Strich- oder Strich-Punkt-Linien ist schwierig.

Bei der *Durchzeichentechnik* wird auf eine kräftig vorgerissene Zeichnung ein neues Transparentpapier gespannt, auf dem dann die Reinzeichnung durchgezeichnet wird. Der Nachteil der Durchzeichentechnik ist der doppelte Papierverbrauch. Sie hat aber viele Vorteile, die sich besonders in einer Zeitersparnis niederschlagen. So braucht man sich beim Vorzeichnen nicht so sehr in punkto Sauberkeit und Platzaufteilung vorzusehen. Man kann flott und kräftig zeichnen. Durch die kräftigeren Linien ist die vorgerissene Zeichnung übersichtlicher und besser korrigierbar. Die Maße können vorher eingeschrieben und daher richtig placiert werden. Man braucht sich nicht schon zu Beginn Gedanken über die richtige Blattaufteilung zu machen, denn das vorgezeichnete Blatt kann zerschnitten und gemäß der optimalen Blattaufteilung auf das Zeichenbrett geklebt werden. Beim Durchzeichnen kann man systematisch von oben nach unten und von links nach rechts verfahren. Dadurch wird eine minimale Linealbewegung nötig und ein Verschmieren der Bleilinien vermindert. Das Ausziehen kann auch sicherer vorgenommen werden; denn es ist zu bedenken, daß einmal kräftig ausgezogene Bleilinien auch mit den besten Radiermitteln nicht wieder völlig unsichtbar entfernt werden können. Die durch den Bleistift eingedrückten Stellen bleiben auf dem Transparentpapier als sogenannte Geisterlinien stehen.

Für das Ausziehen von Bleizeichnungen wird folgende Reihenfolge empfohlen:

1. Ausziehen aller Kurvenlinien, besonders dann, wenn sich an den Kurvenlinien gerade Anschlüsse fortsetzen. Kreislinien sollten statt mit dem Zirkel mittels Kreisschablone ausgezogen werden, um eine Strichqualität zu erhalten, die sich von den geraden Linearlinien nicht unterscheidet.

2. Auszeichnen aller dicken Linien systematisch von oben nach unten und von links nach rechts. Die Graphitmine sollte beim Ausziehen dicker Linien nicht ganz scharf ausgespitzt sein.

3. Einzeichnen der gestrichelten und strichpunktierten Linien.

4. Einzeichnen der Maßlinien und Bezugslinien.

5. Einschreiben der Maße und Materialangaben.

6. Schraffieren der geschnittenen Werkstoffe.

7. Einzeichnen der Furnierbegleitlinien und Symbole.

8. Angabe der Schnittverlaufslinien in Ansichten und Bezeichnung der Schnitte und der Einzelheiten.

9. Zeichnen des Schriftfeldes und des Blattrandes (wenn gewünscht), Ausfüllen des Schriftfeldes.

Tuschezeichnungen ergeben einen kontrastreichen Strich und sind besonders für die Mikroverfilmung geeignet. Kleinere Tuschezeichnungen auf Transparentpapier oder Tuschezeichnungen auf Karton können dünn mit Blei vorgezeichnet und dann mit Tusche ausgezogen werden. Die Tusche soll den Graphitminenstrich vollständig überlagern.

Für größere Tuschezeichnungen auf Transparentpapier ist die Durchzeichentechnik besonders zu empfehlen; denn die Zeichentusche für Röhrchentuschegeräte ist wässerig und sehr leicht und haftet deshalb nicht an den mit Graphit beschmierten und fettigen Stellen. Außerdem werden die Finger- und Handabdrücke schweißiger Hände nach dem Überzeichnen mit dieser Tusche sichtbar.

Wird eine schlechte Strichqualität beim Zeichnen festgestellt, hilft nur noch ein Abradieren des Zeichnungsträgers mit einem weichen Radiergummi oder ein Abreiben der Fläche mit einem Reinigungspulver. Die Pulverreste müssen wieder sauber von der Fläche gebürstet werden, da sie sonst die Tuschezeichengeräte verstopfen.

Zum Zeichnen mit Tuschezeichengeräten sollten die Zeichenlineale und Schablonen »Tuschekanten« aufweisen, damit die Zeichentusche nicht unter die Lineale läuft. Um den ungestörten Tuschefluß in den Zeichengeräten zu erhalten, dürfen die Zeichenbretter beim Zeichnen mit diesen Geräten nicht steiler als 45° geneigt sein.

Für das Entfernen gezeichneter Tuschelinien stehen besondere Radiergummi oder Glasradierer und Rasierklingen zur Verfügung (siehe Seite 20). Wurde zum Radieren von Tuschelinien ein Glasradierer oder eine Rasierklinge benutzt, muß die korrigierte Fläche wieder geglättet werden. Das kann durch ein besonderes Radiergummi mit feinen Schleifmittelinhalten geschehen oder durch ein Anlegen der korrigierten Stelle mit Graphitminen. Nach dem Überzeichnen und Antrocknen der Tusche kann mit einem feinen tuschefreundlichen Bleiradierer die Stelle von Graphit wieder gereinigt werden, so daß nur die verbesserten Tuschelinien stehenbleiben.

Um bei Vervielfältigungen, bei Verkleinerungen und besonders wieder bei Rückvergrößerungen noch ein klares Bild der Zeichnung ohne zusammenfließende Linien zu erhalten, dürfen die Zwischenräume zweier Linien in einer zeichnerischen Darstellung nicht kleiner als 0,5 bis 0,65 mm oder bei besonders breiten Linien nicht weniger als das Doppelte der schmaleren Linienbreiten betragen. Für die zu verwendenden Linienbreiten ist die DIN 15 (Punkt 3.2) maßgebend. Für Vervielfältigungen dürfen die schmalsten Linien nicht weniger als 0,18 mm breit sein. Je nach Grad der Verkleinerung darf die schmalste Linie höchstens 0,25 mm bzw. 0,35 mm betragen (siehe DIN 6774, Teil 1). Zum Beschriften mikroverfilmbarer Zeichnungen ist besonders die ISO-Normschrift geeignet. Die kleinste zulässige Schriftgröße beträgt 2,5 mm (Seite 109).

Für das Anfertigen einer Tuschezeichnung im Durchzeichenverfahren läßt sich folgende Reihenfolge festlegen:

1. Aufspannen eines für Bleizeichnungen geeigneten Zeichenblattes unter Berücksichtigung des Formats und der Lage der Zeichnung. Die Zeichenblätter werden am besten mit Klebebändern aufgeklebt.

2. Flüchtiges Umreißen der zu zeichnenden Einzelheiten, um zu einer guten Blattaufteilung zu kommen. Dabei ist der Platz für die Maßlinien mit zu berücksichtigen.

3. Vorzeichnen der Zeichnung in Blei, Eintragen der Maße und aller Hinweise.

4. Korrektur der Vorzeichnung, im Hinblick auf Konstruktion, Funktion und Formgebung sowie der Bemaßung und der DIN-

gerechten Darstellung (Bemaßungsregeln Punkt 6, Linienbreiten Punkt 3.2, Darstellungen von Werkstoffen Punkt 5).

5. Korrekturen durchführen und bei nicht gelungener Blattaufteilung die Vorzeichnung zerschneiden und der optimalen Blattaufteilung entsprechend neu aufkleben.

6. Aufspannen eines neuen Zeichenblattes (Transparentpapier) über die vorgezeichnete Zeichnung mit der glatten, für Tuschezeichnungen geeigneten Fläche nach oben.

7. Ausziehen aller Kreis- bzw. Kurvenlinien. Das ist besonders wichtig, wenn an den Kurven gerade Linien fortzusetzen sind.

8. Ausziehen aller dicken Linien, wie sichtbare Kanten und Fugen in Schnitten, in systematischer Folge von oben nach unten oder von rechts nach links, damit die Tuschelinien inzwischen wieder trocknen können.

9. Einzeichnen der gestrichelten und strichpunktierten Linien.

10. Einzeichnen der Maßhilfslinien, Maßlinien und Bezugslinien.

11. Einschreiben der Maße und Materialangaben.

12. Schraffieren der geschnittenen Werkstoffe sowie Angabe der Symbole in den Ansichten.

13. Einzeichnen der Furnierbegleitlinien und Symbole für Stabsperrholzplatten und Furniere.

14. Angabe des Schnittverlaufs in den Ansichten und Bezeichnung der Schnitte und Einzelheiten.

15. Zeichnen des Blattrandes und des Schriftfeldes bzw. der Stückliste (wenn nicht schon vorgedruckt).

16. Ausfüllen des Schriftfeldes und der Stückliste.

17. Durchführen der Abschlußkorrektur.

Wenn man in dieser Reihenfolge beim Tuschezeichnen vorgeht, wirft das Zeichnen mit den neuen Tuschezeichengeräten keine Probleme mehr auf und bedeutet auch keinen wesentlichen Zeitverlust gegenüber dem Bleizeichnen. Zudem hat man beim Tuschezeichnen noch die Möglichkeit der Schablonenbeschriftung und erzielt klarere, kontrastreichere und unempfindlichere Zeichnungen.

11.6.2 Zeichnungskontrolle

Die Zeichnungskontrolle vergleicht die dargestellten Ergebnisse mit dem geforderten Soll, stellt Übereinstimmungen oder Abweichungen fest und trägt zur Sollanpassung bei. Obwohl bei der Konstruktions- und Entwurfsarbeit bzw. während der Zeichnungsarbeit permanent Kontrollen durchgeführt werden müssen, kann man doch

schwerpunktmäßig zwischen einer Vorkontrolle und einer Schlußkontrolle unterscheiden.

Die *Vorkontrolle* ist ein Überprüfen der vorgerissenen Zeichnung vor
dem Ausziehen. Diese Kontrolle sollte jemand übernehmen, der die
Zeichnung nicht selbst angefertigt hat und deshalb nicht aufgaben-
blind ist. Die Vorkontrolle ist gründlich durchzuführen, denn hier
lassen sich die Fehler noch billiger und besser beseitigen als in einer fertig ausgezogenen Zeichnung. Die Vorkontrolle erstreckt sich
auf:

- Konstruktionskontrolle.
  Überprüfung der Konstruktion in bezug auf Durchführbarkeit,
  Zweckmäßigkeit, Wirtschaftlichkeit und Haltbarkeit.
- Funktionskontrolle.
  Funktioniert das auch wirklich? Z.B. gehen Schubkasten hinter
  Türen auf, lassen sich die Türen oder Klappen mit den Beschlägen
  öffnen, ist die Montage der Deckenschale so möglich?
- Beschlagskontrolle.
  Sind die gewählten Beschläge oder Verbindungsmittel richtig?
- Werkstoffkontrolle.
  Sind die Werkstoffe in bezug auf Festigkeit und Verbindungsmög-
  lichkeit richtig ausgewählt?
- Passungskontrolle.
  Paßt das gezeichnete Teil zu den anderen Teilen, die mit diesem
  zusammengebaut werden müssen?
- Bemaßungskontrolle.
  Sind alle Teile vollständig und richtig bemaßt?
- Transportkontrolle.
  Kann das Teil in diesen Abmessungen transportiert werden?
- Montagekontrolle.
  Läßt sich das Erzeugnis am Verwendungsort aufstellen? Ist die
  Montage auf einfachste Weise möglich?

Die Schlußkontrolle: Bei der Schlußkontrolle werden die fertig ausgezogenen Zeichnungen noch einmal kontrolliert. Dabei befaßt man
sich noch einmal mit den in der Vorkontrolle aufgeführten Punkten.
Darüber hinaus wird noch besonders überprüft:

- Kann der Gegenstand nach der Zeichnung ohne Rückfragen hergestellt werden?
- Sind bei der Bemaßung die zulässigen Toleranzen und Pas-
  sungsmaße eingehalten bzw. richtig angegeben worden?

- Sind die Oberflächenzeichen und Wortangaben in der Zeichnung richtig?
- Ist die Stückliste vollständig und richtig?

Auch die Schlußkontrolle ist sorgfältig durchzuführen. Sollte sich eine Veränderung ergeben, die bei der Vorkontrolle übersehen wurde, ist es eine Selbstverständlichkeit, daß die Zeichnung geändert wird; denn eine Zeichnungsänderung ist immer noch billiger als die Fertigung eines fehlerhaften oder unzweckmäßig konstruierten Produkts.

11.6.3 Zeichnungsänderungen
Eine Veränderung der Fertigungsmethode oder die Verwendung anderer Werkstoffe oder Verbindungsmittel wird fast immer eine Änderung des Werkstücks nach sich ziehen. Bei veränderten Werkstücken müssen auch die bestehenden Fertigungszeichnungen geändert werden.

Kleine Änderungen, wie Änderungen von Maßzahlen, von Oberflächenzeichen oder von Furnierangaben, können unmittelbar auf der alten Zeichnung vorgenommen werden. Im Schriftfeld befindet sich ein Teilfeld für Änderungsvermerke, aus denen der Änderungszustand der Zeichnung ablesbar ist (B 7.2-1).
Die Rubrik für Änderungsvermerke enthält folgende Spalten:
Zustand oder *Index* für den Buchstaben oder die Ziffer zur Angabe der Stelle des Änderungszustandes in der Zeichnung.
Änderung, zur Angabe des Änderungsvermerks vor oder nach der Änderung z.B. 35 statt 40 mm, FPY statt FU.
Änderungsdatum
Namenszeichen des Konstrukteurs, der die Änderung vorgenommen hat.
Der geänderte Zustand muß in der Zeichnung auch wiederzufinden sein. Deshalb sollte der Zustand vor der Änderung möglichst erhalten bleiben. Geänderte Angaben werden außerdem durch Kleinbuchstaben markiert, unterstrichen oder in Klammern gesetzt. Unterstrichene Maßzahlen geben ja auch an, daß die Zeichnung nicht maßstäblich ist und das unterstrichene Maß gilt (B 6.2-10).

Erhebliche Änderungen, wie Änderungen der Werkstücksform, machen häufig eine Neuanfertigung der Zeichnung erforderlich. Im Schriftfeld befinden sich die Hinweise »Ersatz für« und »ersetzt durch« (siehe B 7.2-1). Die neue geänderte Zeichnung erhält in der Spalte »Ersatz für« die Nummer der alten Zeichnung, wie 19350, die alte Zeichnung erhält in der Spalte »ersetzt durch« die Nummer der neuen Zeichnung, z.B. 19350/1.

Organisation der Zeichnungsänderungen

Für die Änderungen der Zeichnungen ist im größeren Betrieb eine besondere Änderungsstelle verantwortlich. Diese Änderungsstelle kann der Konstruktionsabteilung oder der Normenstelle zugeordnet werden. Alle Stellen des Betriebs können Änderungsanträge (schriftlich auf vorbereiteten Formularen) an die Änderungsstelle geben. Die Änderungsstelle registriert den Änderungsantrag und gibt Kopien an die betroffenen Fachabteilungen zur Stellungnahme oder zur Genehmigung oder auch Ablehnung weiter. Genehmigte Änderungsanträge werden von der Änderungsstelle bearbeitet; die Änderungen der Unterlagen von ihr veranlaßt und überwacht. Die Stelle, die den Änderungsantrag gestellt hat, wird durch eine Änderungsmitteilung (vorbereitetes Formular) darüber benachrichtigt, daß die Änderung durchgeführt wurde. Bei einem abgelehnten Änderungsantrag erhält die änderungsbeantragende Stelle eine Kopie des Änderungsantrags mit dem Ablehnungsvermerk.

Beim Einführen der geänderten oder ersetzten Zeichnungen muß außerordentlich gründlich vorgegangen werden. Alle Stellen, die über alte Unterlagen verfügen, müssen über Verteilerschlüssel bzw. Karteien bekannt sein, damit diese wieder restlos erfaßt werden können und niemand mehr ungültige Unterlagen verwendet. Ein Rundschreiben kann zusätzlich noch die betreffenden Stellen im Betrieb auf die Änderung und die zu ergreifenden Maßnahmen hinweisen.

Die ändernde Stelle muß besonders auch alle Auswirkungen überdenken, die eine Änderung haben kann, z.B. Veränderungen benachbarter Werkstücke, Änderungen der Teilschnitt-Zeichnung, Änderung der Stückliste, andere Verbindungsmittel, Benachrichtigung des Materialeinkaufs.

12 Grundlagen für Entwurfsdarstellungen

Möbel sowie Arbeiten des Innenausbaus und des Ausbaus werden fast immer mit ästhetischen Maßstäben gemessen. Das kritische Auge und das mehr oder weniger ausgeprägte Schönheitsempfinden des Menschen beurteilen bewußt oder auch unbewußt solche Erzeugnisse. Deshalb ist es für Konstrukteure und Entwerfer der handwerklichen und industriellen Holzverarbeitung außerordentlich wichtig, daß sie sich neben der Lösung konstruktiver Einzelheiten und der Berücksichtigung fertigungstechnischer Herstellungsverfahren auch mit den Gesetzen der harmonischen Wirkung von Proportionen befassen. Für den selbständigen Handwerksmeister wird immer dringlicher, daß er seine Vorstellungen für den Kunden in einer ansprechenden Form zu Papier bringen kann.
Die Gestaltung und Darstellung einer Aufgabe ist nicht allein vom Talent des Zeichners abhängig, sondern kann systematisch erlernt werden; denn so wie es für die rein technischen Zeichnungen Regeln und DIN-Vorschriften gibt, so lassen sich auch für die Darstellung und Gestaltung einige elementare Grundsätze und Gesetzmäßigkeiten festlegen.

12.1 Flächen

Der Entwurf von Möbelkörpern und Innenräumen ist zwar ein Gestalten in drei Dimensionen, wird aber nur in den zwei Dimensionen Höhe und Breite erfaßt. Selbst das perspektivische Bild – ob Zeichnung, Foto oder das Abbild auf der Netzhaut des Auges – ist bloß planimetrisch. Vom Erkennen der sichtbaren Grenzflächen und deren Kombination, vor allem aber von der Beurteilung der Konvergenz der in die Tiefe laufenden Linien, hängt die Umsetzung ins Stereometrische ab. Deshalb ist die Fläche ein wesentliches Element der Architektur und in bezug auf ihre Ausdruckskraft sowie Harmonie der Proportion ihrer Dimension zu bewerten.

12.1.1 Quadrat und Rechteck

Sicherlich liegt es an der senkrechten Stellung des Menschen zur Erde und an der horizontalen Lage seiner Augen, daß die senkrechte und die waagerechte Richtung als Grundrichtungen empfunden werden. Senkrechte und waagerechte Ausdehnungen im rechten Winkel zueinander ergeben das Rechteck und als Sonderform das Quadrat.

Während bei rechteckigen Flächen Ausdehnungstendenzen festzustellen sind – beim hochkant stehenden Rechteck steigende Tendenz, beim liegenden Rechteck lagernde Tendenz –, ist das Quadrat in der Bewegungstendenz neutral. Das Quadrat ist ausgeglichen bis spannungslos und vermittelt – auf der Basis stehend – einen ruhenden kompakten Eindruck (B 12.1.-1). Die Bewegungstendenz der Rechteckflächen kann durch Gliederung, Teilung bzw. Kombination mit anderen Rechteckflächen abgewandelt oder verändert werden. So verlieren langgestreckte, liegende Rechteckflächen durch eine senkrechte Teilung ihre horizontale, hohe Rechteckflächen durch eine Querteilung ihre steigende Bewegungsrichtung.

Mehrere Rechtecke mit verschiedenen Bewegungstendenzen in einer Fläche können bei guter Kombination zur Ruhe und Ausgeglichenheit der Gesamtfläche führen (B 12.1-2 bis 5).

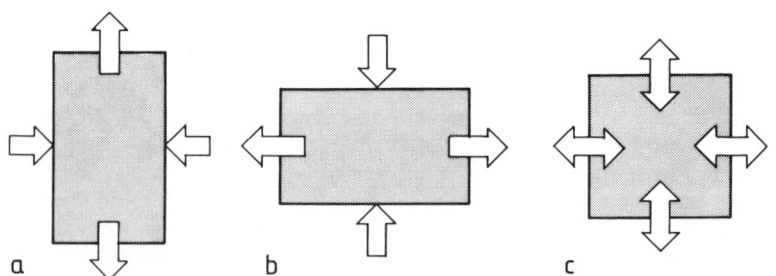

B 12.1-1 Bewegungstendenzen von Flächen. (a) Steigende Tendenz beim stehenden Rechteck, (b) lagernde Tendenz beim liegenden Rechteck, (c) neutralisierte Bewegungstendenz beim Quadrat.

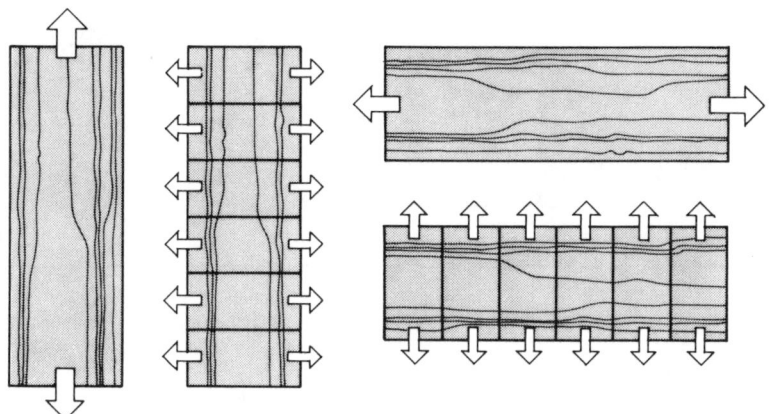

B 12.1-2 Ein hohes Rechteck verliert durch die waagerechte Teilung seine steigende Tendenz und ein liegendes Rechteck durch die senkrechte Teilung seine lagernde Tendenz.

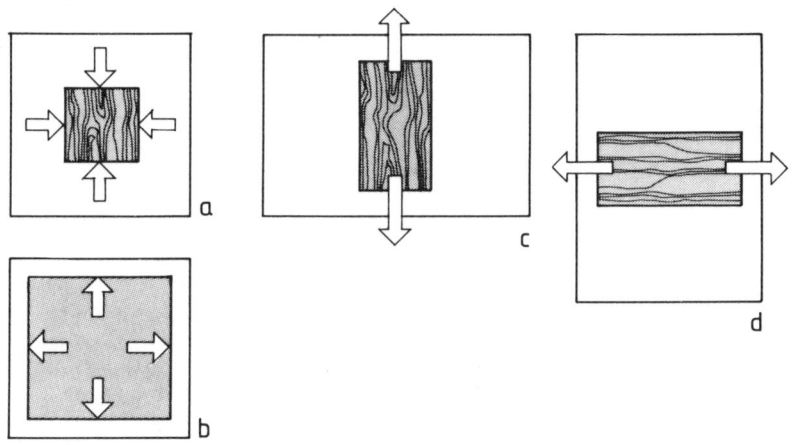

B 12.1-3 Bewegungstendenzen umschlossener Flächen. (a) Das breite Außenfeld erdrückt das Innenfeld, (b) die große Innenfläche weitet sich aus, (c) und (d) die Bewegungstendenz der kräftigen Innenfläche beeinflußt die Ausdehnungstendenz der Außenfläche.

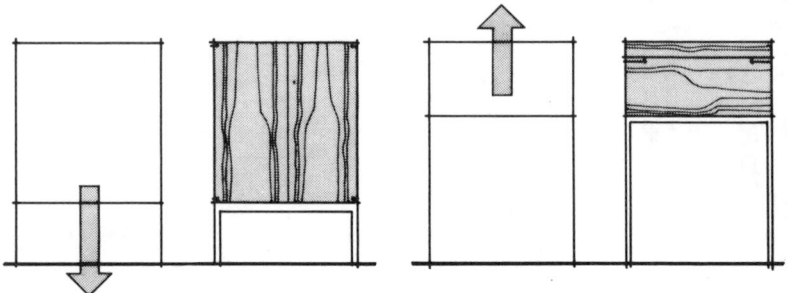

B 12.1-4 Wird eine Rechteckfläche im unteren Teil durch eine Horizontale gegliedert, ist deren Bewegungstendenz nach unten gerichtet. So geteilte Möbel wirken schwer.
Wird eine Rechteckfläche im oberen Teil durch eine Horizontale gegliedert, ist deren Bewegungstendenz nach oben gerichtet. So geteilte Möbel wirken leicht.

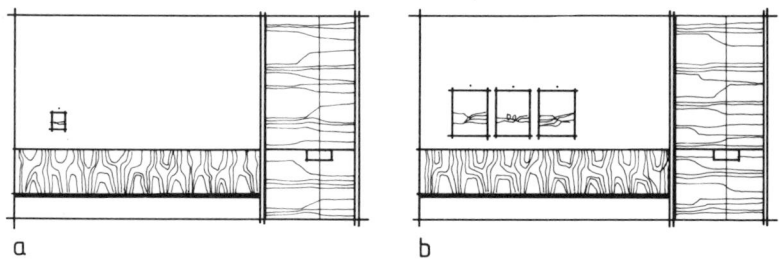

a   b

B 12.1-5 Harmonisches Zusammenwirken mehrerer Rechteckflächen. (a) Unausgewogen, (b) durch die Bildgruppe ist die Gesamtfläche ausgewogen.

12.1.2 Proportion der Rechteckdimensionen

Die Proportion der beiden Rechteckdimensionen ist entscheidend für die ästhetische Wirkung der Fläche. Ausgehend vom Quadrat, erhält die Fläche je nach Größe der Verlängerung oder Verkürzung einer Dimension eine andere Aussagekraft. Die Diagonale ist durch ihre Neigung gleichsam das abkürzende Zeichen für den Proportionswert der Rechteckseitenpaare.

Wolfgang von Wersin* spricht von elf typischen Rechtecken, die alle als Mutterform das Quadrat aufweisen und wegen ihrer Verwandt-

---

* Wolfgang von Wersin: Das Buch vom Rechteck

schaft zueinander als harmonisch anzusehen sind. Auch hier ist die Diagonale – bzw. die Halbdiagonale – das häufigste Konstruktionselement. Die beiden Dimensionen dieser elf harmonischen Rechtecke verhalten sich wie 1:1,118 / 1:1,1547 / 1:1,20271 / 1:1,2361 / 1:1,3674 / 1:1,4142 / 1:1,4531 / 1:1,5 / 1:1,618 / 1:1,732 und 1:2. Das Rechteck 1:1,4142 entspricht dem DIN-Format, und im Rechteck 1:1,618 verhalten sich die Dimensionen im Goldenen Schnitt (B 12.1-6).

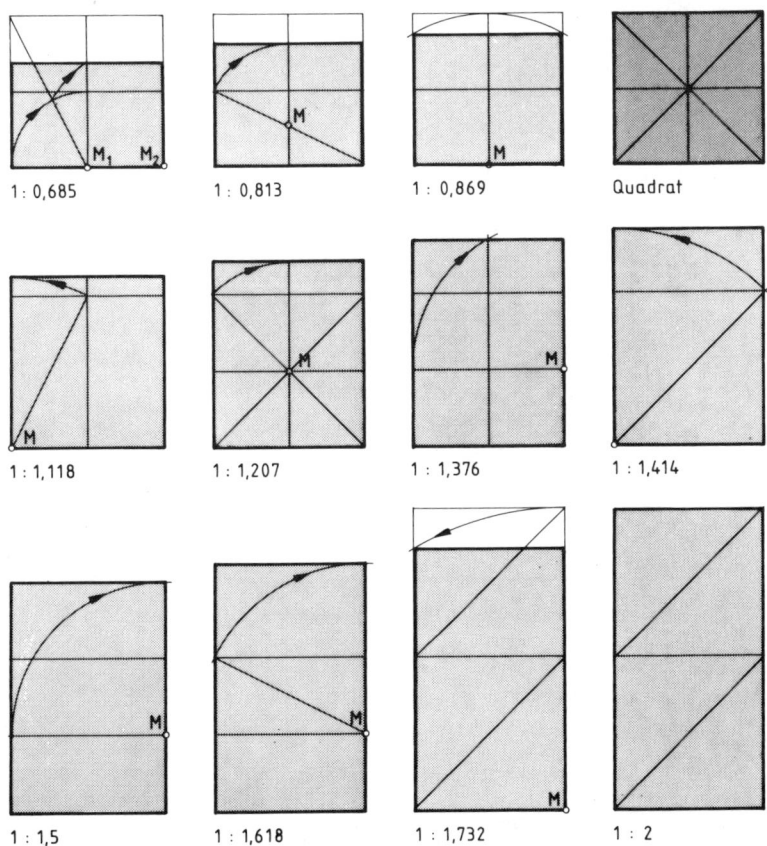

1 : 0,685   1 : 0,813   1 : 0,869   Quadrat

1 : 1,118   1 : 1,207   1 : 1,376   1 : 1,414

1 : 1,5   1 : 1,618   1 : 1,732   1 : 2

B 12.1-6 Elf aus dem Quadrat entwickelte harmonische Rechteckformate.

Der *Goldene Schnitt* ist ein häufig genanntes Verhältnis von Strekkenabschnitten zueinander. Hier verhält sich die kurze Strecke zur langen, wie die lange zur Gesamtstrecke. Wird die kürzere Strecke als Minor (m), die längere als Major (M) bezeichnet, dann verhält sich der Minor zum Major wie der Major zum Minor plus Major.

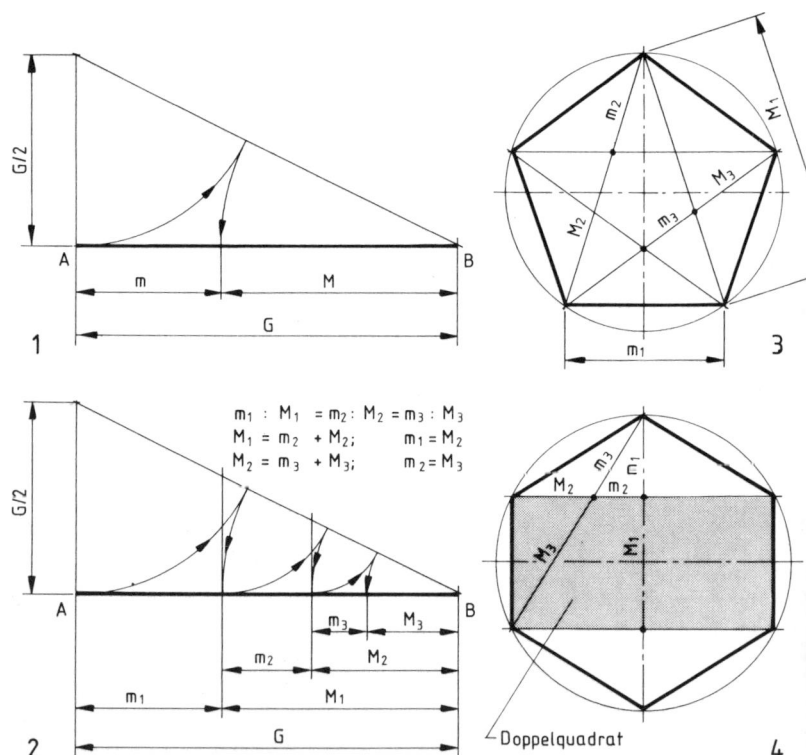

$$m_1 : M_1 = m_2 : M_2 = m_3 : M_3$$
$$M_1 = m_2 + M_2; \qquad m_1 = M_2$$
$$M_2 = m_3 + M_3; \qquad m_2 = M_3$$

B 12.1-7 Streckenteilungen im Goldenen Schnitt. (1) Grundkonstruktion; die Strecken *m* und *M* verhalten sich im Goldenen Schnitt. (2) Fortlaufende Streckenteilung im Goldenen Schnitt. (3) Der Goldene Schnitt am regelmäßigen Fünfeck und (4) am Sechseck, welches aus einem Doppelquadrat konstruiert ist.

Aus diesem Verhältnis läßt sich die sogenannte Lamésche Reihe deuten, die aus den Zahlen 2 : 3 : 5 : 8 : 13 : 21 : 34 : 55 : 89 : 144 : 233 usw. besteht. Jede einzelne Zahlenproportion drückt ein Verhältnis im Goldenen Schnitt aus, welches mit zunehmender Zahlengröße immer genauer wird (3:5 = 1:1,666...; 144:233 = 1:1,618055). Die Verhältniszahl 1:1,618 ist hier ausreichend genau. Wird die kürzere Strecke mit 1,618 multipliziert, erhält man den Major. Wird die längere Strecke mit 1,618 multipliziert, erhält man den Minor.

Bei Rechteckflächen kann sich die kurze Seite zur langen wie 1:1,618 (goldenes Rechteck) verhalten oder – wie es in der Architektur häufig angewendet wird – wie die kurze Seite des Rechtecks zur Rechteckdiagonalen. In diesem Zusammenhang sei darauf hingewiesen, daß sich auch die Zehneckseite zum Radius des Zehneck-Umkreises und die Abschnitte der sich schneidenden Diagonalen im Fünfeck im Goldenen Schnitt verhalten (B 12.1-7).

Natürlich ist der ästhetische Wert einer Proportion durch nichts beweisbar. Aber so wie es in der Musik einen harmonischen Zusammenklang zweier oder mehrerer Töne gibt, so kann man wohl auch in der Architektur eine dimensionale Harmonie von Proportionen erleben.

12.1.3 Flächenteilung und Flächengewichtung

Selten wirkt eine Fläche nur durch die Proportion ihrer Ausdehnungslängen allein. Meistens wird die ästhetische Wirkung der Fläche durch Teilungen oder durch unterschiedliche Gewichtung der Teilflächen erreicht.

Flächenteilungen ergeben sich z. B. durch die Teilung der Möbelfronten in Türen, Schubkastenvorderstücke oder offene Fächer sowie durch Unterteil und Aufsatz des Möbels. Bei einer guten Flächenteilung sollte sich diese Vielzahl von Rechteckfeldern zu einem wohltuenden Akkord zusammenfügen. Zur Lösung einer solchen Gestaltungsaufgabe können die harmonischen Gesetze der elf genannten Rechtecke, die Proportionen des Goldenen Schnittes oder der Quadratmodul führen.

Zwar wird das Entwerfen nach einem festgelegten Modul von vielen Architekten abgelehnt. Sie verlassen sich auf ihr eigenes ästhetisches Formempfinden und verabscheuen die mathematische konstruktive Formgebung. Trotzdem werden hier einige Beispiele aufgezeigt, um auch dem weniger geübten Auge Anhaltspunkte für die Flächenteilung zu geben. Man sollte auch nicht übersehen, daß

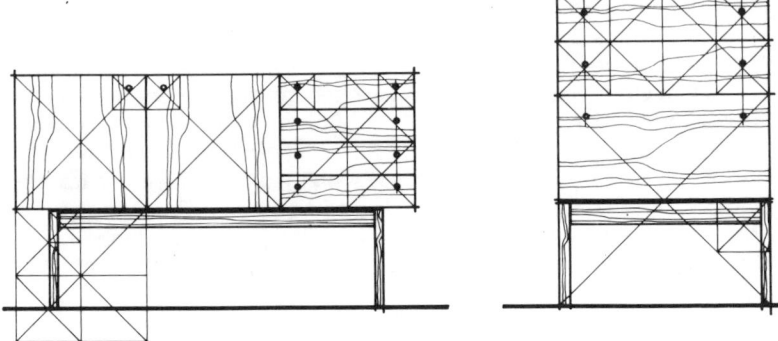

B 12.1-8 Flächenteilung nach dem Quadratmodul. Ein Grundquadrat wird in weitere Quadrate aufgegliedert, um die Lage der Teilungslinien zu finden.

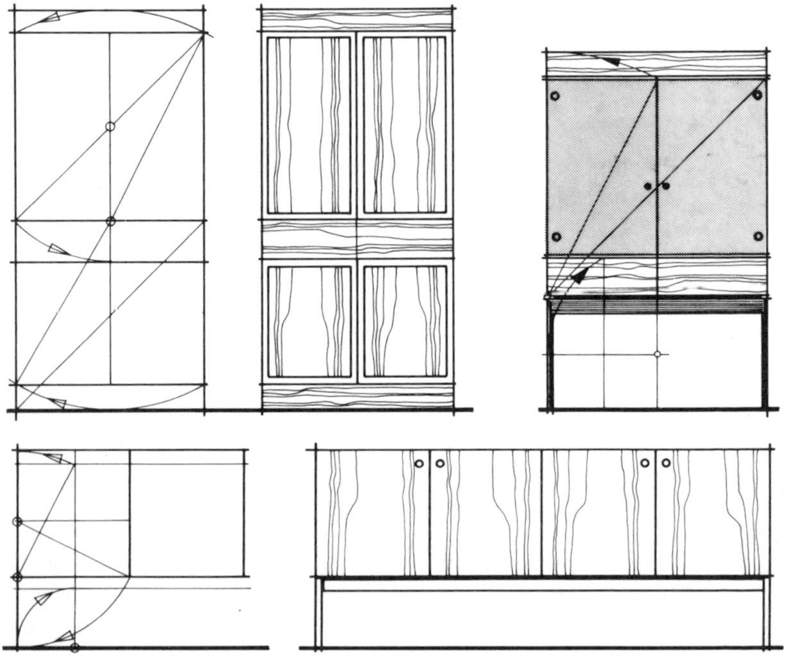

B 12.1-9 Anwendung der Grundkonstruktionen der harmonischen Rechtecke beim Möbelentwurf.

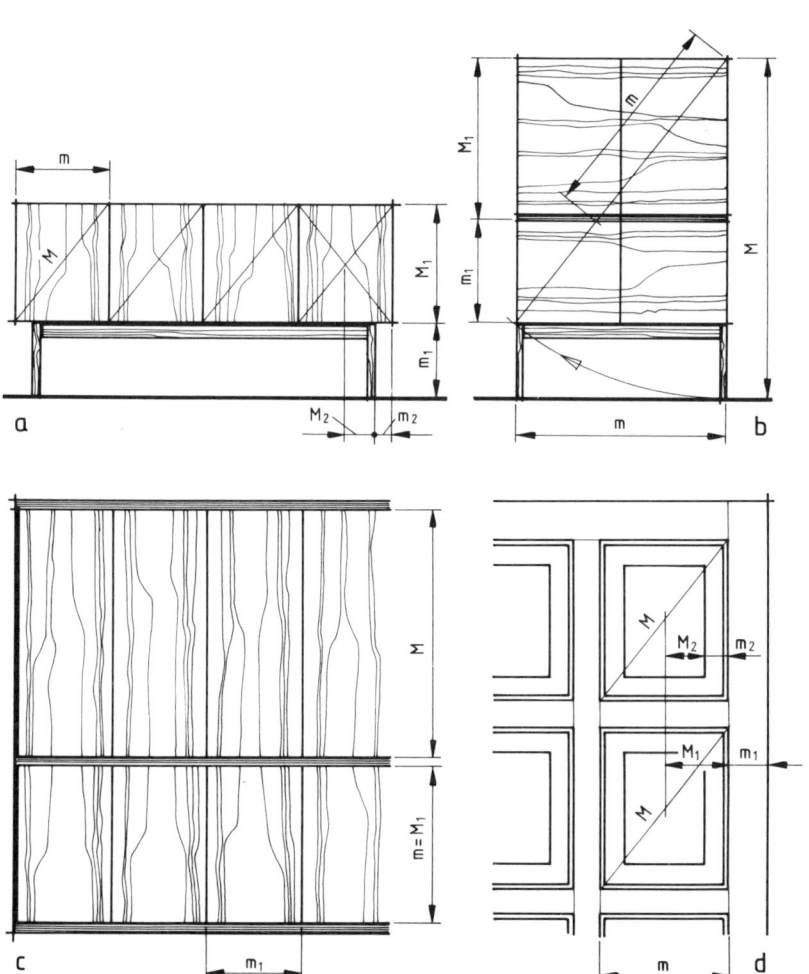

B 12.1-10 Anwendung des Goldenen Schnittes bei Flächengliederungen.
(a) Bei der Anrichte verhalten sich Korpushöhe und Fußgestellhöhe sowie
Türdiagonale und Türbreite im Goldenen Schnitt. (b) Beim Geschirrschrank
verhalten sich Höhe und Breite sowie die Türunterteilung im Goldenen Schnitt.
(c) Bei der Wandverkleidung verhalten sich die Höhen der oberen und unteren
Verkleidungsplatten sowie das Format der unteren Verkleidungsplatte im
Goldenen Schnitt. (d) Bei den Rahmen und Füllungen verhalten sich die
Füllungsdiagonale zur Füllungsbreite sowie die Füllungsgliederungen im Gol-
denen Schnitt.

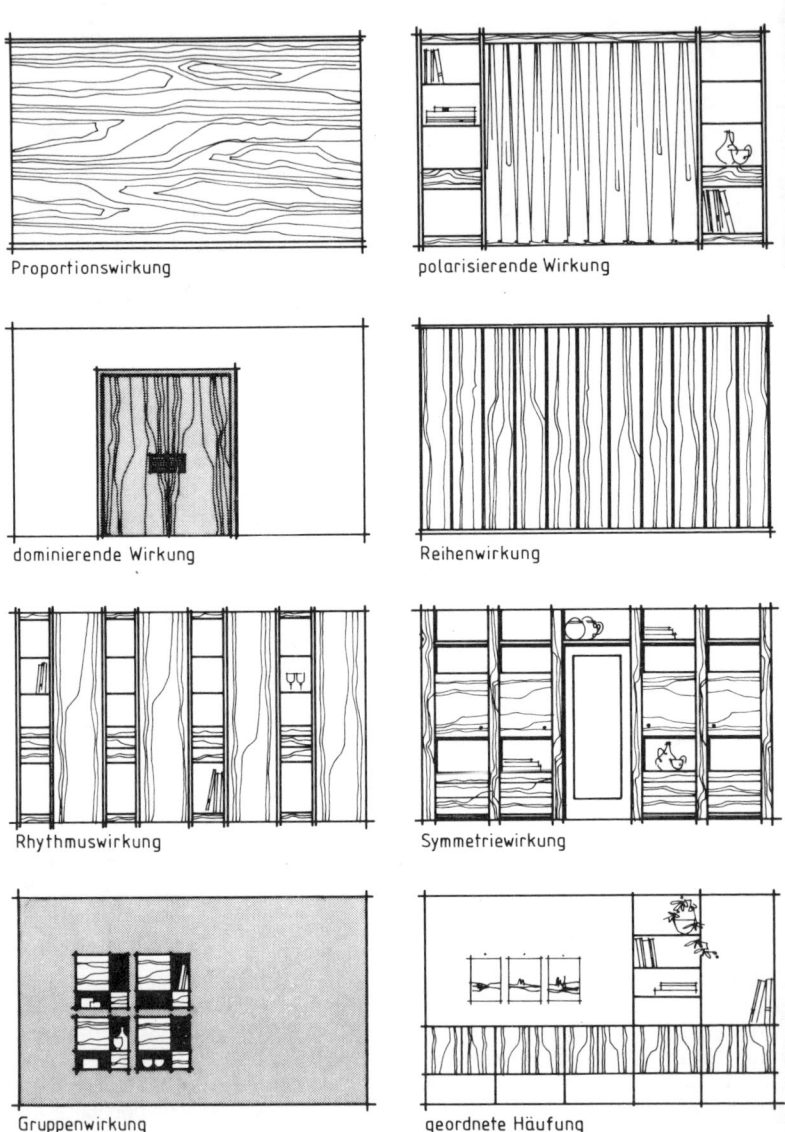

Proportionswirkung

polarisierende Wirkung

dominierende Wirkung

Reihenwirkung

Rhythmuswirkung

Symmetriewirkung

Gruppenwirkung

geordnete Häufung

B 12.1-11 Flächengewichtungen bei der Gestaltung von Innenraumflächen.

selbst versierte Entwerfer sich irgendwann einmal mit solchen Harmoniegesetzen befaßt haben und diese nun mehr oder weniger intuitiv anwenden. Schließlich haben sich selbst so namhafte Architekten wie Le Corbusier eines Moduls bedient, der auf die Maße des Menschen aufgebaut war und dessen Proportionen Werte des Goldenen Schnittes innerhalb des Doppelquadrates ergaben.
Geteilte Flächen können durch Farbkontraste oder Licht- und Schattenwirkung zusätzlich noch eine unterschiedliche Gewichtung erhalten (B 12.1-8 bis 10).

Flächengewichtungen kommen bei Möbelfronten vor, sind aber mehr bei Innenraumflächen zu beobachten, wo sie für die Raumgestaltung auch gezielt eingesetzt werden. Neben der reinen Proportionswirkung der Fläche sind hier die dominierende und polarisierende Wirkung, die Reihen-, Rhythmus-, Symmetrie-, Haufen- oder Gruppenwirkung zu unterscheiden.
Eine *dominierende Wirkung* kann eine durch deutliche Farbgebung oder Kontrastwirkung in der Wandfläche hervorgehobene Haupteingangstür erhalten.
Die *polarisierende Wirkung* wird durch die Spannung zweier im größeren Abstand voneinander auf der Fläche stehende Elemente erreicht.
Eine *Reihenwirkung* ergibt sich durch die gleichmäßigen Abstände von konstruktionsbedingten Linien, wie bei Vertäfelungen, Türen oder Regalseiten.

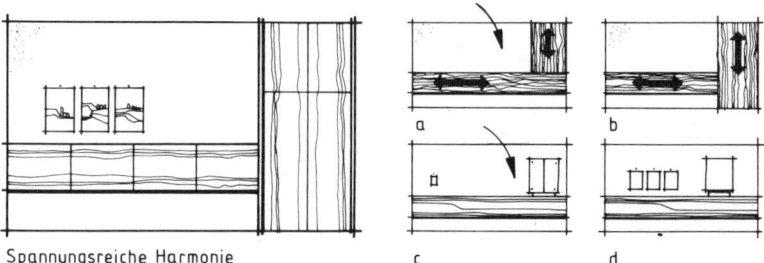

Spannungsreiche Harmonie   c   d

B 12.1-12 Bei einer geordneten Häufung sollten sich Gewichtungen und Bewegungstendenzen der Einzelflächen gegenseitig ausgleichen. (a) Dynamische Bewegungstendenz. (b) Der stehende Schrank geht bis zum Fußboden durch und wirkt dadurch statisch sicher. (c) Unausgewogene Fläche und (d) ausgewogene Fläche.

Bei einer *Rhythmuswirkung* wiederholen sich ähnliche Elemente in gleichen Abständen auf der Fläche.

Eine einachsige *symmetrische Wirkung* liegt vor, wenn die zwei durch die Mittelachse getrennten Flächen spiegelgleich sind.

Eine *Gruppenwirkung* entsteht durch die geordnete Zusammenfassung einer Gruppe gleicher Elemente auf der Fläche (B 12.1-11). Die Gesamtflächen wirken dann statisch in Ruhe, wenn sich die Bewegungstendenzen und Gewichtungen der Einzelflächen gegenseitig ausgleichen (B 12.1-12).

12.2 Körper und Raum

Körper sind von außen und Räume von innen betrachtete dreidimensionale Flächengebilde. Die Beziehungen der Körper untereinander und ihre Wirkung im Raum sowie die Beziehungen der raumumschließenden Flächen zueinander dürfen nicht außer acht gelassen werden. Die Körper innerhalb eines Raumes können ebenfalls wie die Teilflächen eine dominierende oder polarisierende Wirkung sowie Proportion-, Reihen-, Gruppen-, Rhythmus-, Haufen- oder Symmetriewirkung aufweisen.

Eine *dominierende Wirkung* könnte ein wertvolles Stilmöbel auf einer schlichten Wandfläche haben.

Eine *polarisierende Wirkung* kann zwischen Schrank und Zimmertür in gleicher Holzausstattung entstehen oder zwischen zwei ähnlichen sich gegenüberstehenden oder nebeneinanderstehenden Möbeln.

Eine *Proportionswirkung* wird durch Kombination der Möbelkörper, wie lange Anrichte mit kleinem Aufsatzschrank, erreicht.

Eine *Reihenwirkung* entsteht durch das Aneinanderkoppeln gleicher Möbelkörper.

Eine *geordnete Haufenwirkung* kann durch einen Möbelturm im Innenraum entstehen.

Im Innenraum müssen besonders die raumumschließenden Flächen aufeinander abgestimmt werden. So wie sich alle Flächen einander unterordnen können, so sind auch dominierende Flächen, wie Boden, Decke oder eine Wand, im Raum möglich, oder es können polarisierende Flächen geschaffen werden, wie Boden und Decke oder zwei sich gegenüberliegende Wände. Stets ist mit solchen Maßnahmen eine wesentliche Veränderung des Raumeindrucks verbunden (B 12.2-1 und 2).

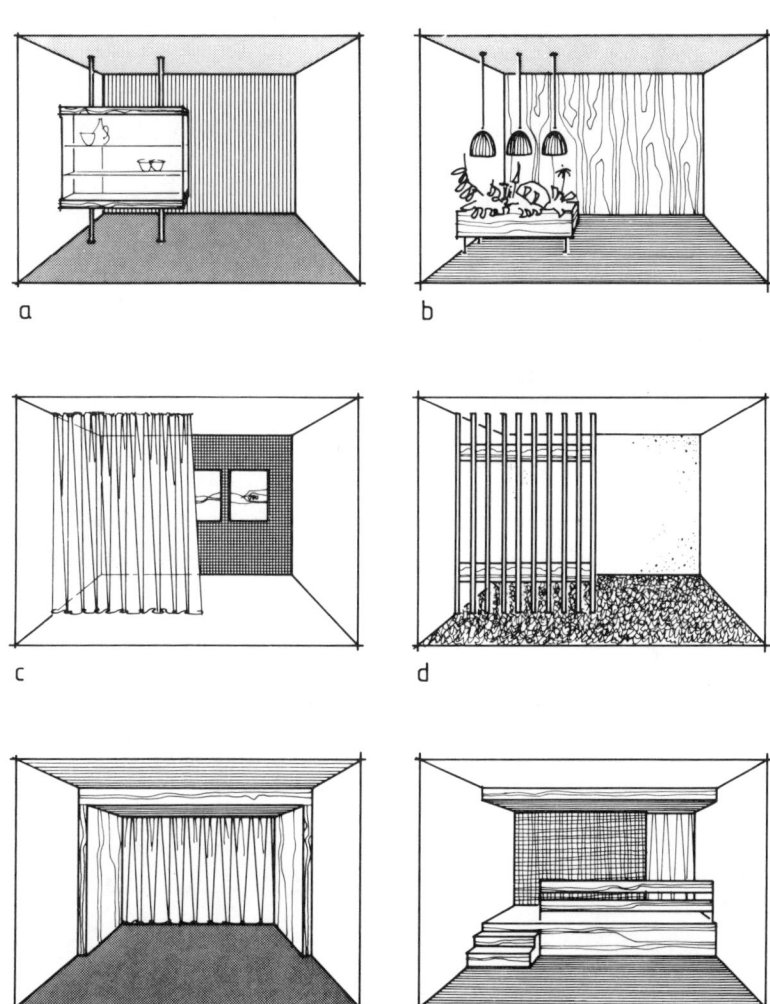

B 12.2-1 Raumteilungen durch (a) Vitrine oder Raumteiler, (b) Blumenbank und Pendelleuchten, (c) Vorhang, (d) Gestell oder Balkengerüst, (e) Materialwechsel und Veränderung der Raummaße und (f) durch Einbau eines Podestes und Abhängung der Decke.

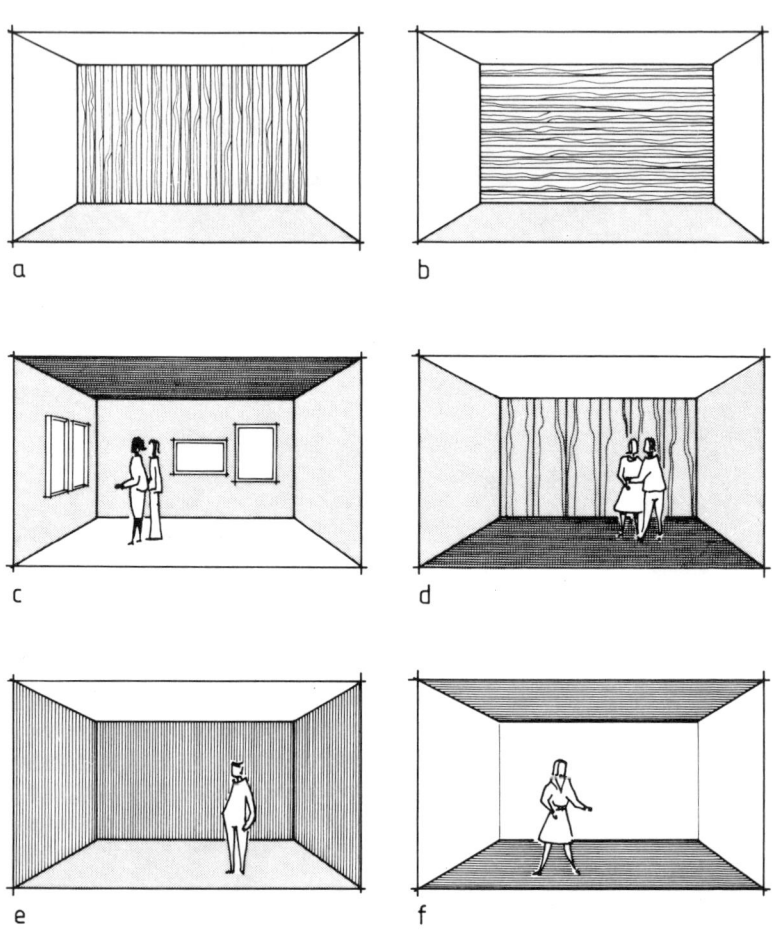

B 12.2-2 Wirkung der raumumschließenden Flächen. (a) Senkrecht geteilte Flächen strecken diese in die Höhe. (b) Waagerecht geteilte Flächen strecken diese in die Breite. (c) Dunkle Decken wirken erdrückend und schwer, hohe Decken erscheinen dadurch niedriger. Helle Fußböden wirken glatt und regen zum Laufen an. (d) Dunkle Fußböden geben Festigkeit. (e) Dunkle Wände in warmer Farbe umschließen den Raum kraftvoll und engen ihn ein. (f) Durch helle Wandfarben wirkt der Raum größer. (g) Ferne Wände lassen sich durch dunkle Farben oder starke Strukturen näher heranholen.

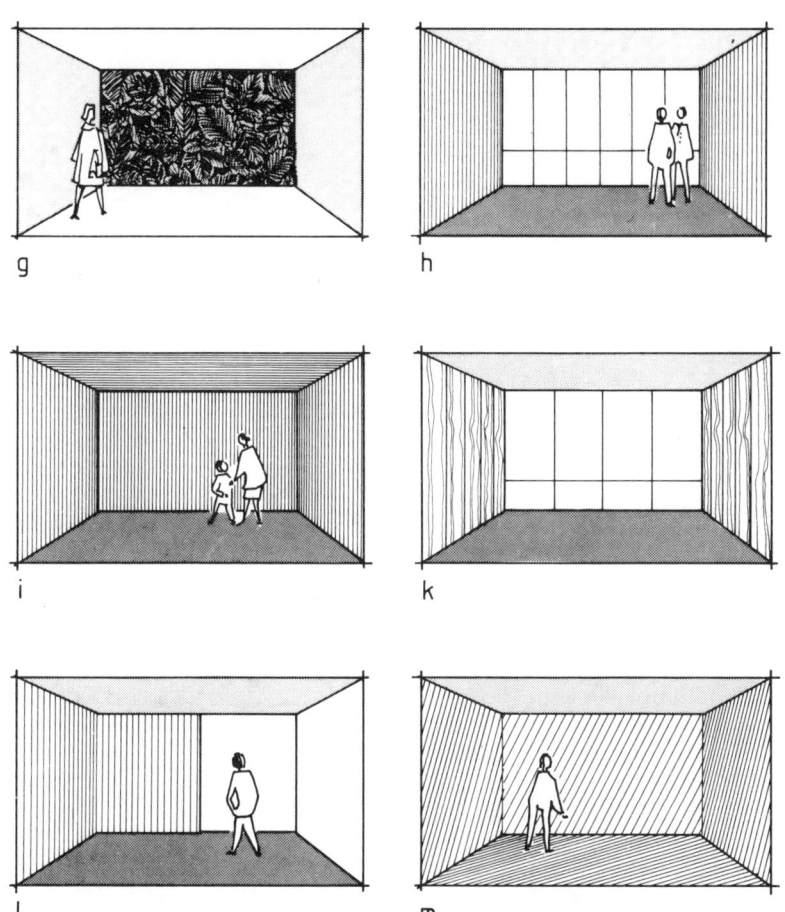

(h) Helle Stirnflächen rücken heraus. (i) Allseitig dunkle oder stark struktu-
rierte Flächen wirken beengend. (k) Polarisierende Wirkung der beiden Seitenflächen. (l) Zufälliger Wechsel von Strukturen oder Farben auf den Flächen ohne Berücksichtigung der Größe der raumumschließenden Flächen
ergeben durch die verwischten Flächenabgrenzungen eine unklare Raumwirkung. (m) Durch die schräge Strukturierung der Wandflächen fehlt die
Senkrechte im Raum; der Mensch wird verunsichert. (Flächengliederungen
der raumumschließenden Flächen nach Beispiel l und m sind zu vermeiden.)

Häufig sind auch die durch die Baukonstruktion vorgegebenen Höhen, wie Brüstungs- und Türhöhen, in die Flächenteilungen aufzunehmen. Außerdem sind solche Höhen in den einzelnen Flächen aufeinander abzustimmen.
Im allgemeinen sollte man in allen Entwürfen mit den Gestaltungsmitteln sparsam umgehen und jeweils nur wenige Elemente zum Gestaltungsprinzip machen. Meistens ist weniger mehr. Außerdem dürfen die Gestaltungselemente die Raumwirkung bzw. Körperlichkeit nicht zerstören oder verwischen, sondern sollten diese klärend unterstützen.

12.3 Profile

Unter einem Profil werden die mehr oder weniger stark bewegten Umrisse einer Querschnittsform verstanden. Im Sprachgebrauch des Holzverarbeiters sind Profile im engeren Sinne Auskehlungen an Leisten und Kanten, also schmückende Gestaltungselemente, die den Charakter eines Gegenstandes betonen und steigern sowie die Gliederung der Konstruktionsteile verschärfen oder abschwächen können.

12.3.1 Elemente des Profils

Beim Betrachten der Profile im Querschnitt kann man deutlich die Gestaltungselemente des Profils erkennen, und zwar die Gerade und die Kreislinie. Aus diesen zwei Elementen lassen sich die einzelnen Profilglieder, wie Platte, Fase, Hohlkehle, Stab bzw. Rundung oder Karnies, bilden. Häufig werden die Profile auch aus mehreren solchen Profilgliedern zusammengesetzt (B 12.3-1).

12.3.2 Gestaltung und Wirkung des Profils

Je nach verwendetem Profilelement sowie nach Art und Größe der einzelnen Profilglieder kann die Profilierung weich oder hart, zierlich oder wuchtig, feingliedrig oder großflächig verlaufen. Die bloße Verkettung der Profilglieder ergibt aber allein noch kein gutes Profil. Hier muß ein harmonischer Wechsel zwischen harten und weichen, schmalen und breiten sowie flachen und stark vorspringenden Profilgliedern gefunden werden. Langweilige Abtreppungen im Profilverlauf sowie Wiederholungen von gleichen Profilgliedern sind zu vermeiden. Für den harmonischen spannungsreichen Rhythmus im Profilablauf können auch die Gesetze der Rechteckproportionen oder des Golden Schnittes als Grundlage dienen (B 12.3-2).

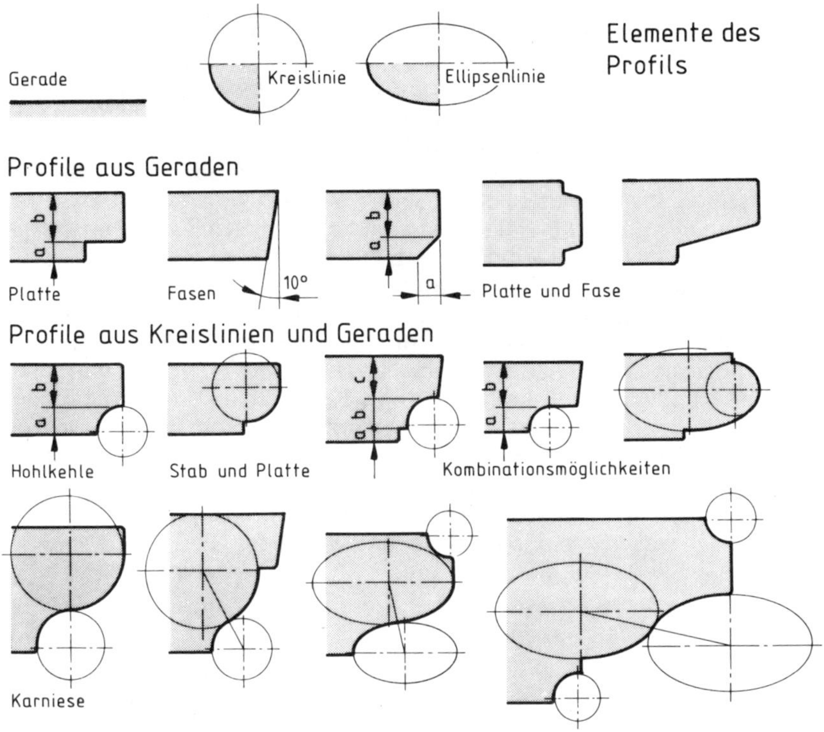

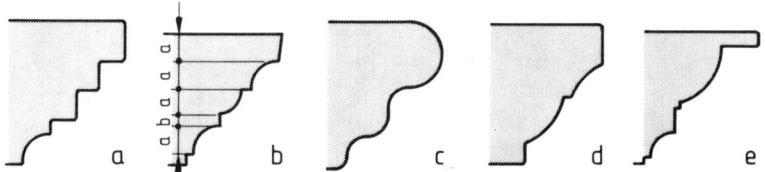

Elemente des Profils

Gerade   Kreislinie   Ellipsenlinie

Profile aus Geraden

Platte   Fasen   10°   a   Platte und Fase

Profile aus Kreislinien und Geraden

Hohlkehle   Stab und Platte   Kombinationsmöglichkeiten

Karniese

B 12.3-1 Elemente des Profils und einige Profil-Grundformen.

a   b   c   d   e

B 12.3-2 Schlechte Profilgliederungen. (a) Langweilige Abtreppung, (b) Profilabläufe in gleichen Maßabständen sind spannungslos, (c) harmonischer Wechsel zwischen weichen und harten Kanten fehlt, schlechte Licht- und Schattenwirkung, (d) Stab und Kehle sollten mindestens einen Viertelkreis groß sein, Rundungen sind hier zu flach, (e) obere Kante ist gefährlich dünn, die Platten sind zu winzig.

Bei der Gestaltung eines Werkstücks darf das Profil nicht nur als Einzelelement betrachtet werden. Selbst das harmonisch gegliederte, schön geformte Einzelprofil kann eine schlechte Wirkung erzielen, wenn es sich in Form, Gliederung und Größe nicht dem Charakter des Gesamtprojekts einfügt.

Hauptprofile, die häufig den oberen, unteren oder seitlichen Abschluß des Objekts bilden, geben hier den Ton an. Das hervortretende Profilglied bildet die Dominante, der sich alle anderen Profile in rhythmischer Reihung unterzuordnen haben.

Entscheidend für die Wirkung des Profils sind auch der Lichteinfall und die Augenhöhe des Betrachters. Gerade das Wechselspiel von Licht und Schatten auf den unterschiedlichen Profilelementen ergibt weiche oder harte Konturen und ist verantwortlich für die Plastizität und Ausdruckskraft des Profils. Konturlinien, die weit über oder unter der Augenhöhe des Betrachters liegen, können weggelassen werden, weil sie entweder nicht zu erkennen sind oder keine klare Konturlinie mehr bilden (B 12.3-3).

Es versteht sich auch von selbst, daß die Profile an Bautischlerarbeiten wesentlich ausgeprägter und wuchtiger auszubilden sind als die an zierlichen Möbelstücken.

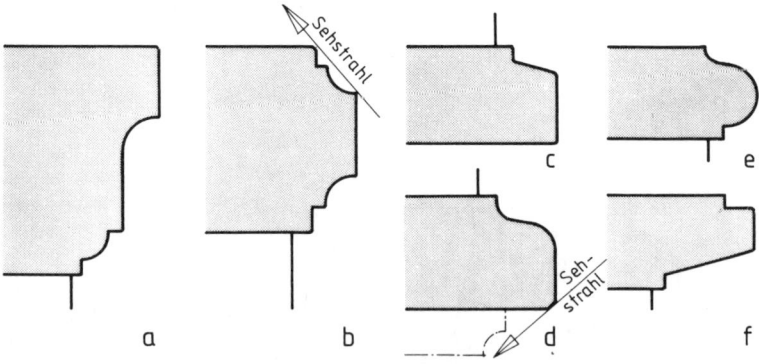

B 12.3-3 Wirkung der Profile in Abhängigkeit von der Augenhöhe des Betrachters. (a) Profil über Augenhöhe, (b) weitere Profilierungen über der vorstehenden Profilkante kommen hier nicht zur Geltung, (c) und (d) Profile unter Augenhöhe, Profilierungen unterhalb der vorspringenden Kante sind sinnlos, (e) und (f) Profile in Augenhöhe.

12.4 Darstellungen in Entwurfszeichnungen

Die Wirkung einer Entwurfszeichnung wird im besonderen Maße von der graphischen Ausdruckskraft der Darstellung bestimmt. In Zeichnungen steht uns hierfür die Linie zur Verfügung, die durch ihre unterschiedliche Breite sowie Führung die Schwarzweißwerte schafft und die verschiedenen Strukturen andeutet. Die Linienführung muß auch in einer Entwurfszeichnung klar ersichtlich bleiben. Entsprechend der Aufgabe einer Entwurfszeichnung, nämlich den potentiellen Kunden zu gewinnen und dem in den meisten Fällen technisch weniger Versierten die Aufgabe zu erklären, wird man hier einige darstellerische Kniffe anwenden müssen, die nicht in der DIN 919 verankert sind. So können die Vorderansichten und perspektivischen Darstellungen durch eingezeichnete Schatten plastischer sowie durch das Anlegen von Holzmaserungen und Andeuten einiger Accessoires lebendiger und verständlicher gestaltet werden. Es geht aber nicht darum, einer Fotographie nachzueifern. Im Gegenteil, durch die klare Linienführung ist der graphische Charakter einer Zeichnung noch zu betonen. Die Linie bleibt das wichtigste Ausdrucksmittel in einer Zeichnung, die in einer Formgebungszeichnung besonders flott und sicher, der Hand des Zeichners entsprechend, ausgeführt sein kann. Alle anderen Darstellungselemente, wie Holzmaserungen, Schatten, Strukturen und Accessoires, sind wohlüberlegt, sparsam und zurückhaltend anzuwenden.

12.4.1 Holzmaserungen

Holzmaserungen können Vorderansichten beleben und über die Richtung und vielleicht auch über die Art der Holzstruktur Aufschluß geben. Die Holzmaserung muß stilisiert dargestellt werden. Eine gute Wirkung kann erzielt werden, wenn man die Maserungslinien gruppenweise zusammenfaßt; immer zwei oder drei Linien eng, die nächste in einem größeren Abstand. Die Maserungslinien selbst sind ruhig mit leichten Schwüngen zu führen. Sogenannte Hakenlinien, Blitze und Sauerkrautlinien sind zu vermeiden. Auch dürfen nicht immer alle Flächen, die aus Holz sind, angelegt werden, da sonst die Plastizität oder auch Tiefenwirkung des Möbels verlorengehen kann. Besonders wichtig ist dieser Grundsatz bei perspektivischen Darstellungen. Hierbei empfiehlt es sich, die verschiedenen Sichtflächen in unterschiedlichen Hell-Dunkelwerten anzulegen, z. B. die Aufsichtsfläche hell lassen, die Frontfläche schwach anlegen und die Seitenflächen stark. Durch solche starken Kontraste kann die

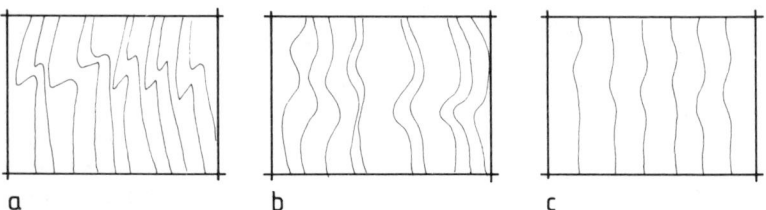

B 12.4-1 Schlechte Holzmaserung. Haken und Blitze (a), weiche, atypische Bogenlinien (b) und gleichmäßige Abstände der Maserungslinien (c) sind zu vermeiden.

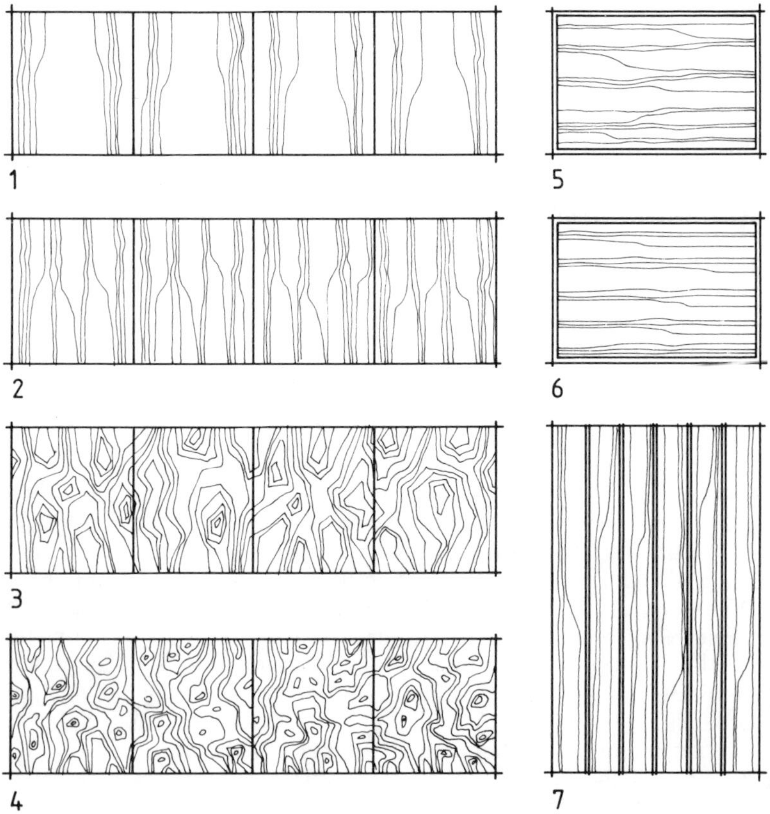

1

2

3

4

5

6

7

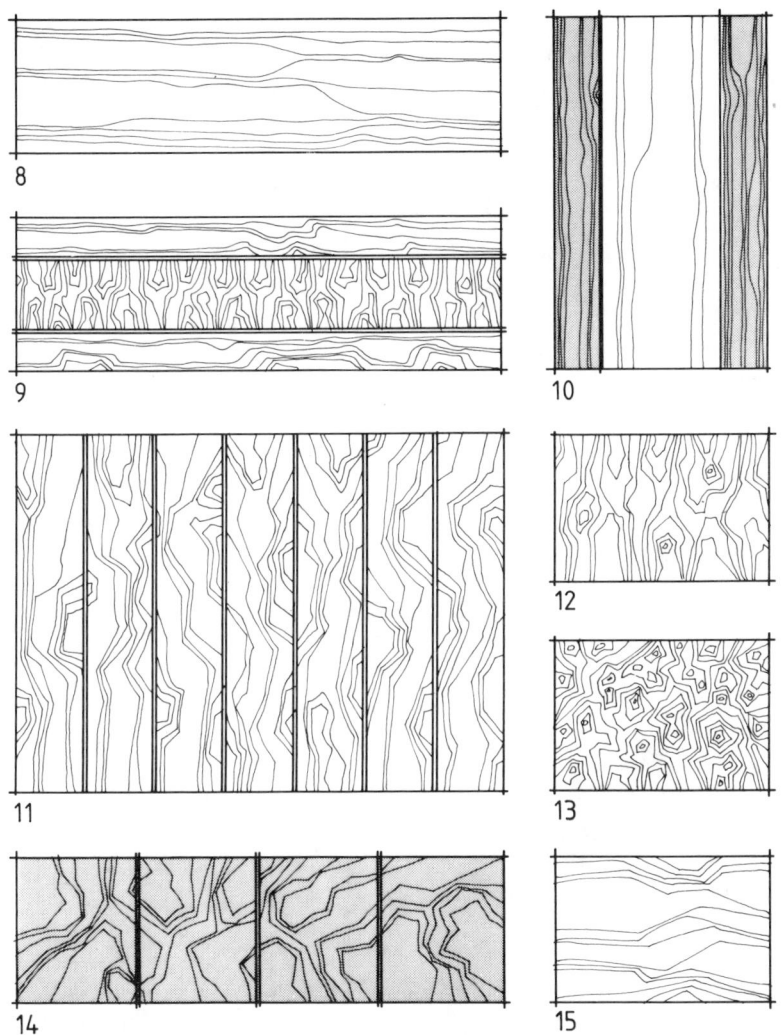

B 12.4-2 Stilisierte Holzmaserungen. (1) und (2) schlichte Holzmaserung, aufrecht laufend, (3) und (4) Wurzelmaser, (5) und (6) schlichte Holzmaserung, quer laufend, (7) Holzmaserung bei einer Verbretterung; (8) Holzmaserung, quer laufend, (9) und (10) Darstellung bei unterschiedlichen Holzarten, (11) bis (15) stark stilisierte Holzmaserungen.

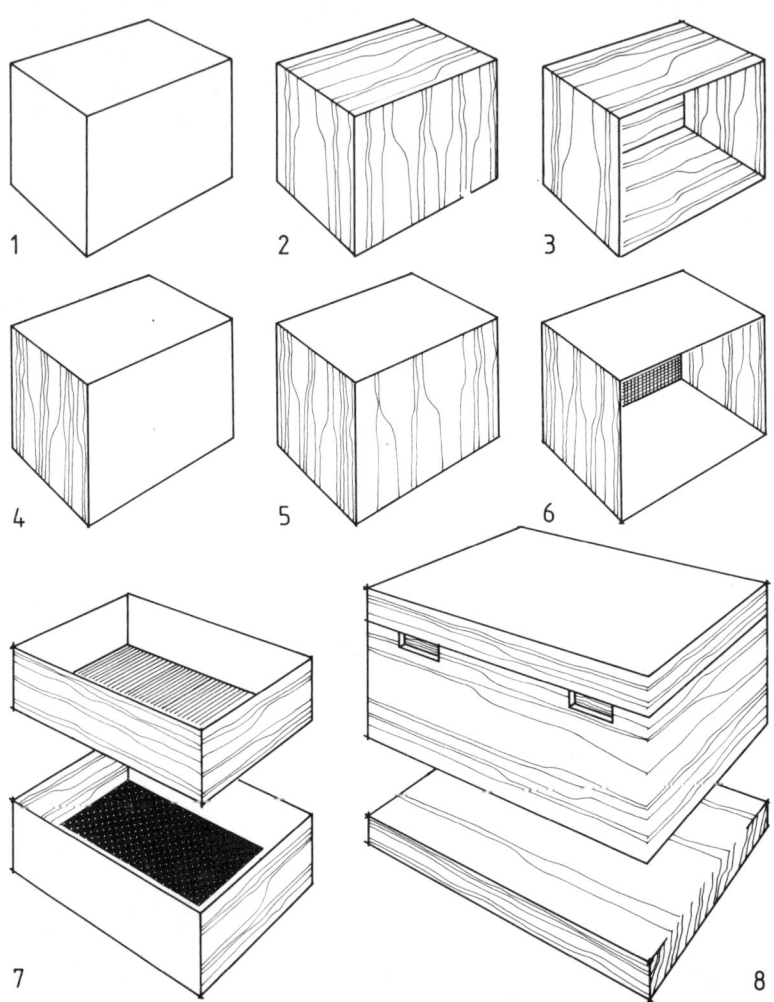

B 12.4-3 Holzmaserung an perspektivisch dargestellten Körpern. (1) Ohne Maserung bleibt der Körper flächig, (2) und (3) durch gleichmäßiges Anlegen aller Flächen geht die Plastizität der Körper verloren, (4) durch das Masern einer Fläche oder (5) durch das Anlegen der Flächen in verschiedenen Tonwerten wird die dreidimensionale Wirkung des Körpers erhöht, (6) durch die dunkle Rückwand oder (7) die angelegten Böden läßt sich die Tiefe der Kästen besonders betonen, (8) die Körperkanten müssen nicht gezeichnet werden, wenn die Holzmaserung um diese herumgebrochen wird.

körperliche Wirkung des Gegenstandes wesentlich erhöht werden (B 12.4-1 bis 3).

12.4.2 Schattenflächen und Schattenkanten

Schattenflächen und Schattenkanten können die Plastizität eines Projekts besonders dann verbessern, wenn es nur in der Ansicht dargestellt wird. Der technische Schatten wird so eingezeichnet, daß das Licht von links oben kommt (B 12.4-4). Der Schatten muß aber nicht in jedem Fall gemäß der Schattenlehre, jeweils unter einem Winkel von 45°, konstruiert werden. Häufig würde dadurch die Ansicht, besonders wenn es sich um tiefe Nischen handelt, zerstört. Für die Erhöhung der Plastizität wird in vielen Fällen lediglich eine verstärkte Linie als Schattenkante genügen. Schatten werden

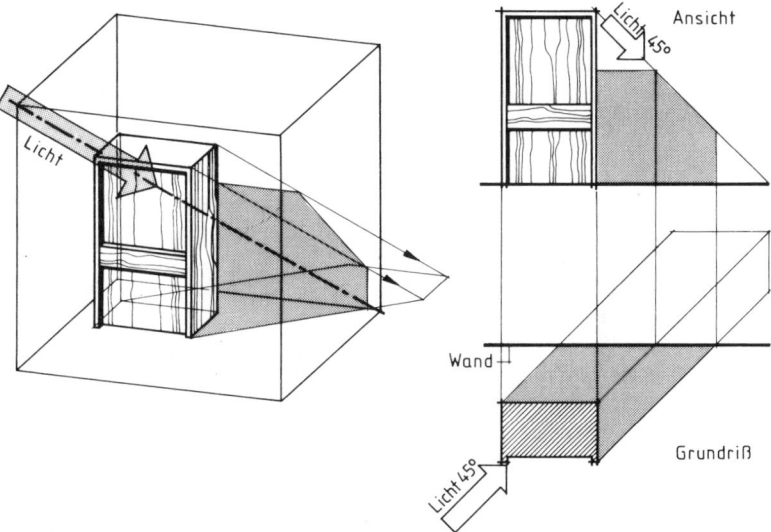

B 12.4-4 Konstruktion des technischen Schattens. Die Lichtstrahlen werden parallel angenommen und liegen in Richtung der Raumdiagonalen eines Würfels, die von vorn links oben nach hinten rechts unten verläuft. In den drei Ansichtsflächen eines Körpers ist der Schatten daher unter 45° zu konstruieren.

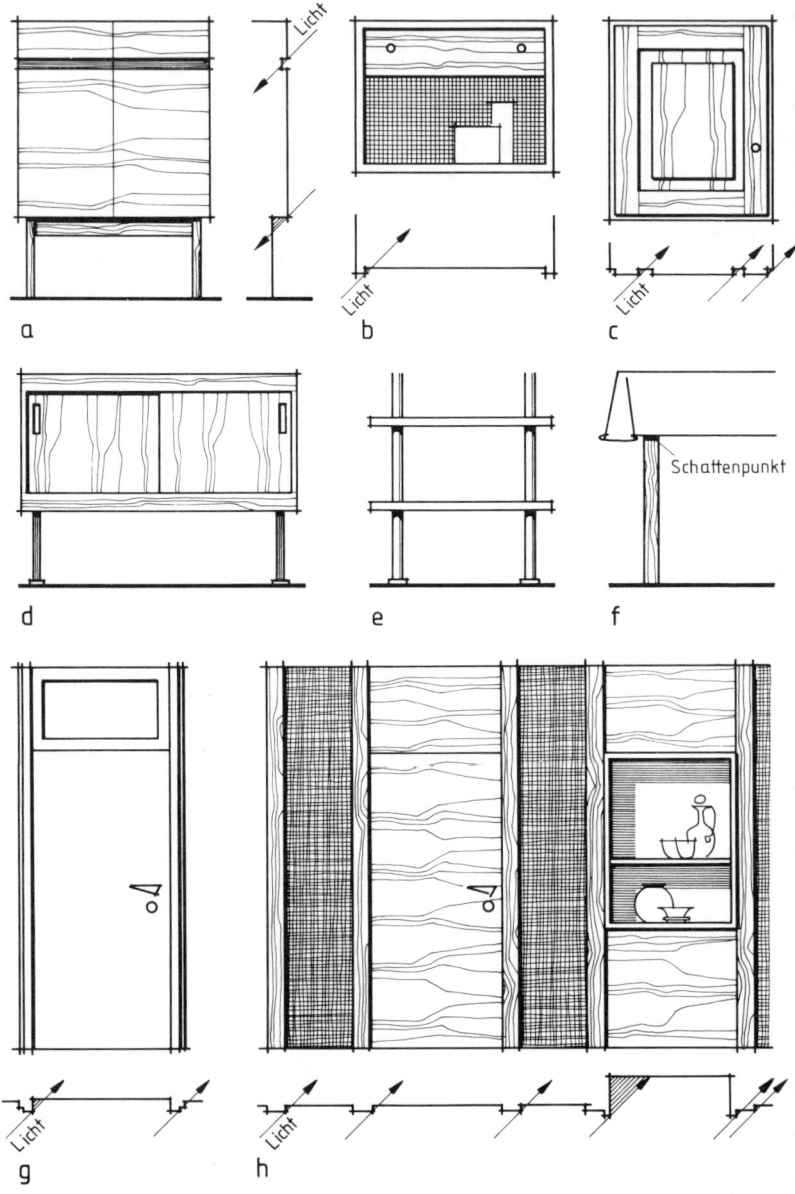

a

b

c

d

e

f · Schattenpunkt

g

h

Licht

238

hauptsächlich in den Vorderansichten oder auch in perspektivischen Zeichnungen angewendet.

In verkleinerten Zeichnungen im Maßstab 1:10 oder 1:20 werden kontruktivbedingte bündige Fugen in der Regel nicht gezeichnet. Durchgezogene Linien in gleicher Linienbreite deuten an, daß hier das anschließende Konstruktionselement zurück- oder vorspringt, wie der Boden gegenüber einer Seite.

Eine Schattenkante kann z. B. angeben, ob eine Tür oder ein Schubkastenvorderstück gegenüber der Seite zurückspringt oder vorsteht. Korpusse von Einzelmöbeln erhalten außen normalerweise keine Schattenkante (B 12.4-5 und 6).

Die Plastizität von Nischen und Regalen läßt sich auf verschiedene Art verstärken. Immer sind die Schattenkanten an Boden und Seiten zur Nische hin darzustellen. In besonderen Fällen kann der Schatten konstruiert und weiter auf die Rückwand projiziert werden oder eine

B 12.4-5 (Seite 238) Schattenkanten und Schattenflächen. (a) Die Schattenkante unter den Schubkästen macht die vertiefte Griffnut deutlich, die unter dem Korpus gibt an, daß das Fußgestell zurücksteht. Die Konstruktionen, (b) zurückspringender stumpfeinschlagender Schubkasten und offenes Fach sowie (c) der Aufbau der Rahmen- und Füllungstür und (d) die Lage der Schiebetüren im Korpus werden schon in der Ansichtszeichnung klar. (e) und (f) Schattenpunkte unter den Böden bzw. unter dem Tischtuch lassen die Stollen zurückspringen. (g) und (h) Schattenkanten und Strukturen geben Aufschluß über die Gliederung und Gestaltung dieser Innenausbauarbeiten.

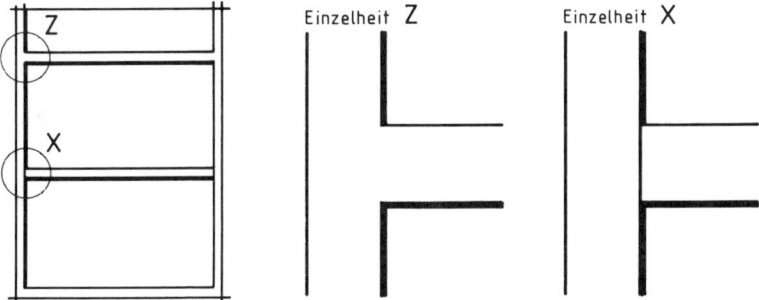

B 12.4-6 Einzeichnen der Schattenkanten bei Regalen. Bündige Fugen werden in der Regel nicht gezeichnet (Einzelheit Z). Springt der Boden gegenüber der Seite zurück, wird die Seitenkante durchgezogen (Einzelheit X).

B 12.4.-7 Darstellung von Nischen bzw. offenen Fächern. (1) Ohne gestalterische Mittel bleibt die Zeichnung unklar, (2) durch Schattenkanten und Gegenstände werden die offenen Flächen deutlicher hervorgehoben, (3) die gemaserte Rückwand betont die Nischentiefe, (4) und (5) Schattenkanten und Schattenflächen machen die Nischenwirkung plastischer, (6) harter, breiter Schlagschatten, (7) und (8) Schattenkanten und angelegte Rückwände ergeben eine starke Tiefenwirkung, (9) ist die kontrastreichste, aber auch härteste Darstellungsmöglichkeit.

B 12.4-8 Klärende Wirkung durch Einzeichnen von Schatten. (a) In der technischen Zeichnung wird es nicht nur für den Laien schwer, Türen, Schubkästen oder offene Fächer in der Schrankfront auszumachen; in der

240

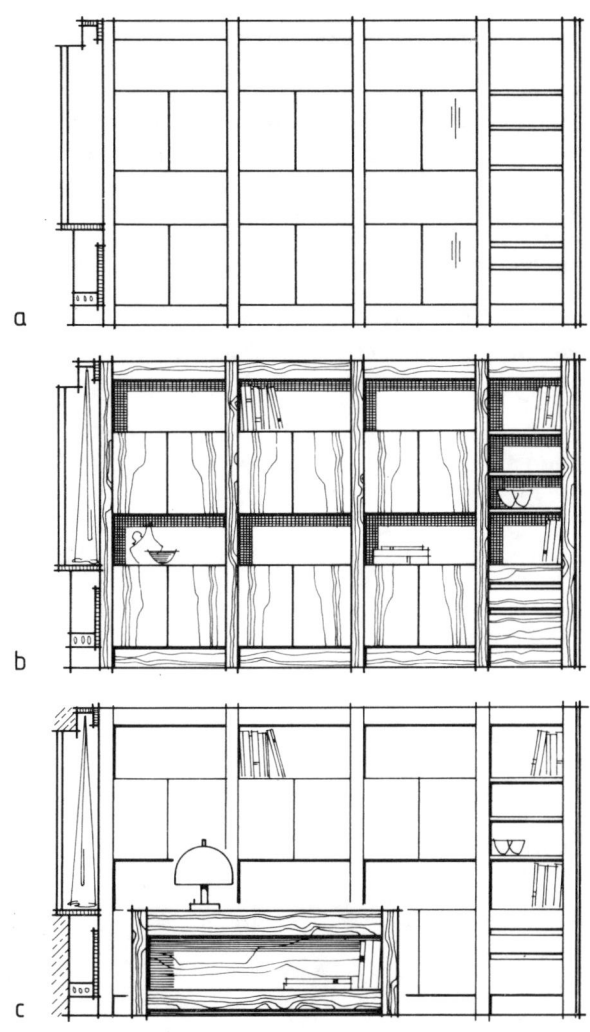

a

b

c

Entwurfszeichnung (b) wird dagegen die Wirkung der Schrankwand sehr plastisch herausgeholt. (c) Wird die Schrankwand mit einem davorstehenden Schreibtisch dargestellt, muß diese durch Weglassen der Holzmaserung und Zeichnen in schmaleren Linienbreiten in den Hintergrund gerückt werden.

241

dunkel angelegte Rückwand die Tiefenwirkung des Faches verstärken. Sparsam eingezeichnete Gefäße oder Bücher verstärken den Eindruck des offenen Regals bzw. der Nische (B 12.4-7).

Stehen mehrere Gegenstände in einer Vorderansicht hintereinander, wie es bei Darstellungen von Innenräumen vorkommt, dann kann einmal durch veränderte Linienbreiten die Tiefenwirkung verstärkt werden. Gegenstände, die dem Betrachter am nächsten sind, werden dick ausgezogen, die weit hinten liegen, nur sehr dünn. Zum anderen ist es in solchen Darstellungen zweckmäßig, bei den entfernten Gegenständen die Holzmaserung und die Accessoires wegzulassen. Die Linien sind an den Stellen, wo sie auf einen dem Betrachter näherstehenden Körper zulaufen, abzusetzen (B 12.4-8).

12.4.3 Gefäße, Bücher, Bilder

Die Darstellung von Gegenständen, wie Gefäßen, Büchern, Bildern, kann auf einfachste Weise geschehen. Viele Gefäße können mittels Lineal oder Kreisschablone gezeichnet werden. Nur in perspektivischen Darstellungen kann man in die Gefäße hineinschauen, wenn

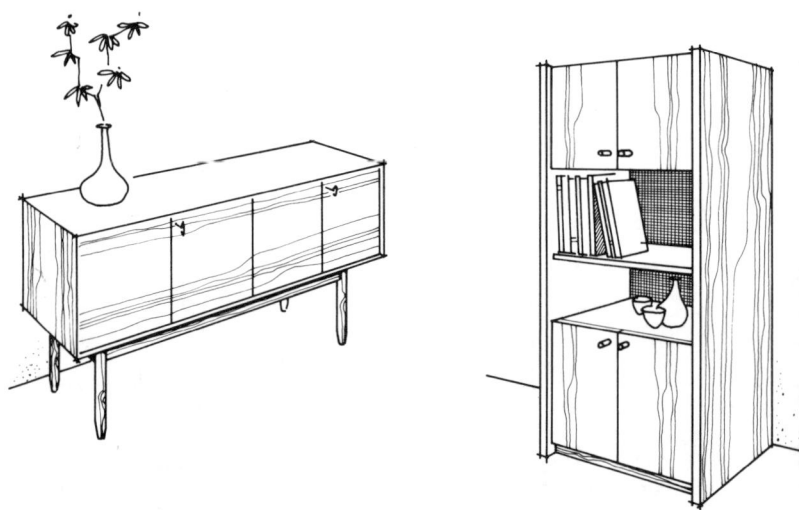

B 12.4-9 Holzmaserung, Nischen und Gegenstände bei perspektivisch dargestellten Einzelmöbeln.

B 12.4.-10 Darstellungsmöglichkeiten von Gefäßen.

sie unter der Augenhöhe liegen. In Ansichten ist der obere Abschluß der Gefäße immer eine Gerade. Bücher werden ebenfalls am Lineal gezeichnet, wenn die Grundzeichnung am Lineal ausgezogen wurde (B 12.4-9).

Alle Gegenstände sind sparsam auf Regalböden oder Anrichten zu gruppieren. Die Gegenstände sollten möglichst schwerpunktmäßig zusammengefaßt und asymmetrisch auf der Fläche angeordnet werden. Eine Verteilung solcher Gegenstände in gleichmäßigen Abständen sowie eine mittige Anordnung auf der Fläche ist zu vermeiden (Beispiele B 12.4-10 und 11).

Von Fall zu Fall müssen Bilder dargestellt werden, sei es, um zur Ausgewogenheit einer gezeichneten Wandansicht zu kommen oder eine besonders leere Wandfläche zu beleben. Bilder sollten sehr stark abstrahiert werden; Rahmen, Format und Aufhängung sind wichtig, das Bildthema selbst wird nur angedeutet (Beispiel B 12.4-12).

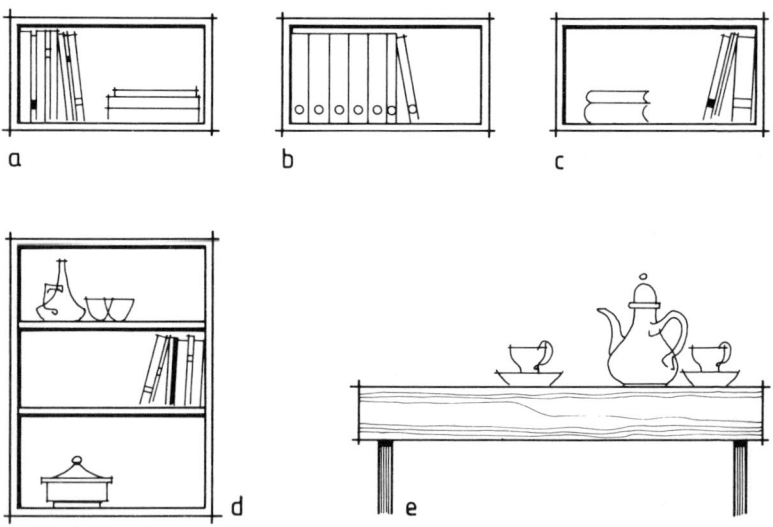

B 12.4-11 Anordnung von Büchern und Gefäßen in Regalen oder auf der Tischfläche; (a) und (c) liegende und stehende Bücher, (b) Aktenordner, (d) Verteilung von Büchern und Gefäßen im Regal, (e) Geschirr auf einer Tischplatte.

B 12.4-12 Darstellungsmöglichkeiten von Bildern.

12.4.4 Textilien, Glas, Metalle, Geflechte

Bei der Darstellung dieser Materialien geht es darum, das Stoffliche besonders herauszuholen. Vorhänge, Decken, Stuhl- oder Polsterbezüge können schlicht, genoppt, kariert, gestreift oder flauschig sein; Teppiche hell oder dunkel, gemustert oder ungemustert, flach oder hochflorig. Wenn es in Entwurfszeichnungen erforderlich wird, diese Stoffarten zum besseren Verständnis der Zeichnung darzustellen, sollte dies in stark abstrahierender Weise geschehen (B 12.4-13 bis 15).

Glas oder Metallflächen können mit einem in Graphit geschwärzten Wattebausch angewischt werden. Bei schmaleren Flächen benutzt man hierfür einen Papierwischer. Auf Tuschezeichnungen lassen sich die Flächen, die nicht angewischt werden sollen, wieder gut sauberradieren, ohne daß die ausgezogenen Linien zerstört werden. Bei Transparentzeichnungen kann man auch die Rückseite der Zeichnung anlegen.

Für besonders feine Entwurfsdarstellungen gibt es eine große Anzahl von Rasterfolien, mit denen sich nicht nur alle möglichen Grautöne erreichen lassen, sondern auch die verschiedensten Stoff-

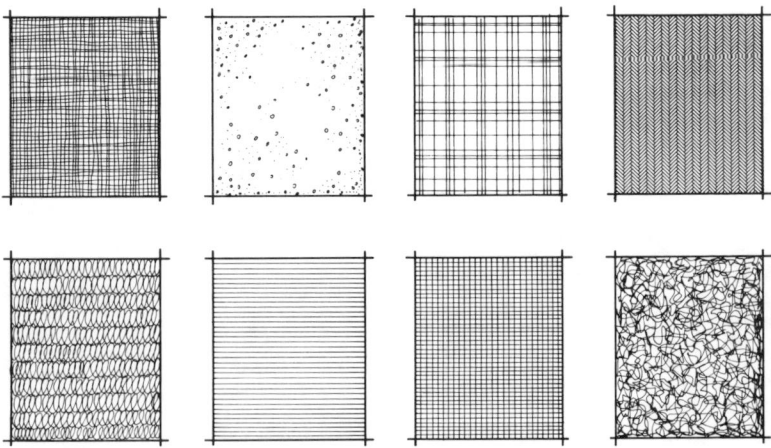

B 12.4-13 Darstellungsmöglichkeiten von Stuhlsitzen in der Draufsicht.

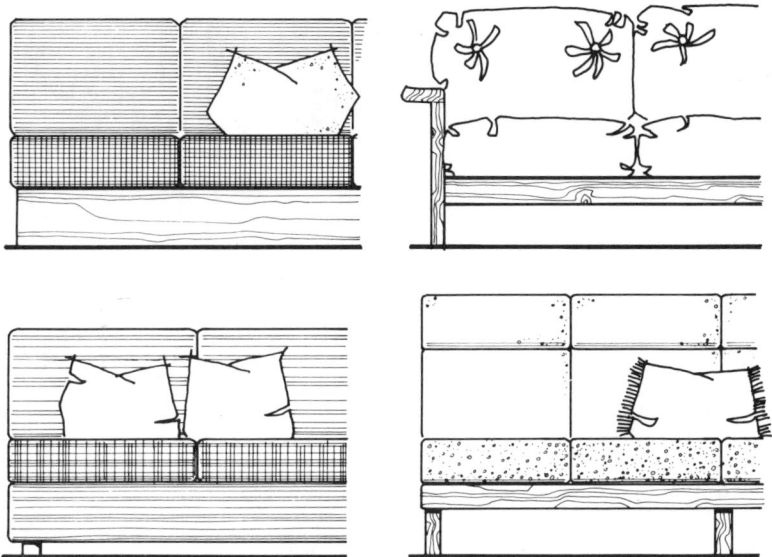

B 12.4-14 Polstermöbel in Stoff oder Leder.

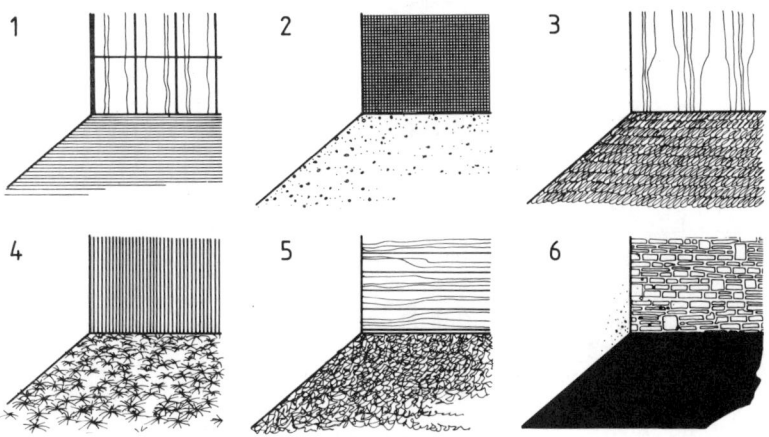

B 12.4-15 Darstellungsmöglichkeiten von Fußbodenbelägen. (1) Dunkler schlichter Fußbodenbelag allgemein, (2) heller genoppter Teppich, (3) Teppich in Schlingenstruktur, (4) langfloriger Teppich, (5) hochfloriger Teppich oder Nadelfilz, (6) dunkler Fußbodenbelag, allgemein.

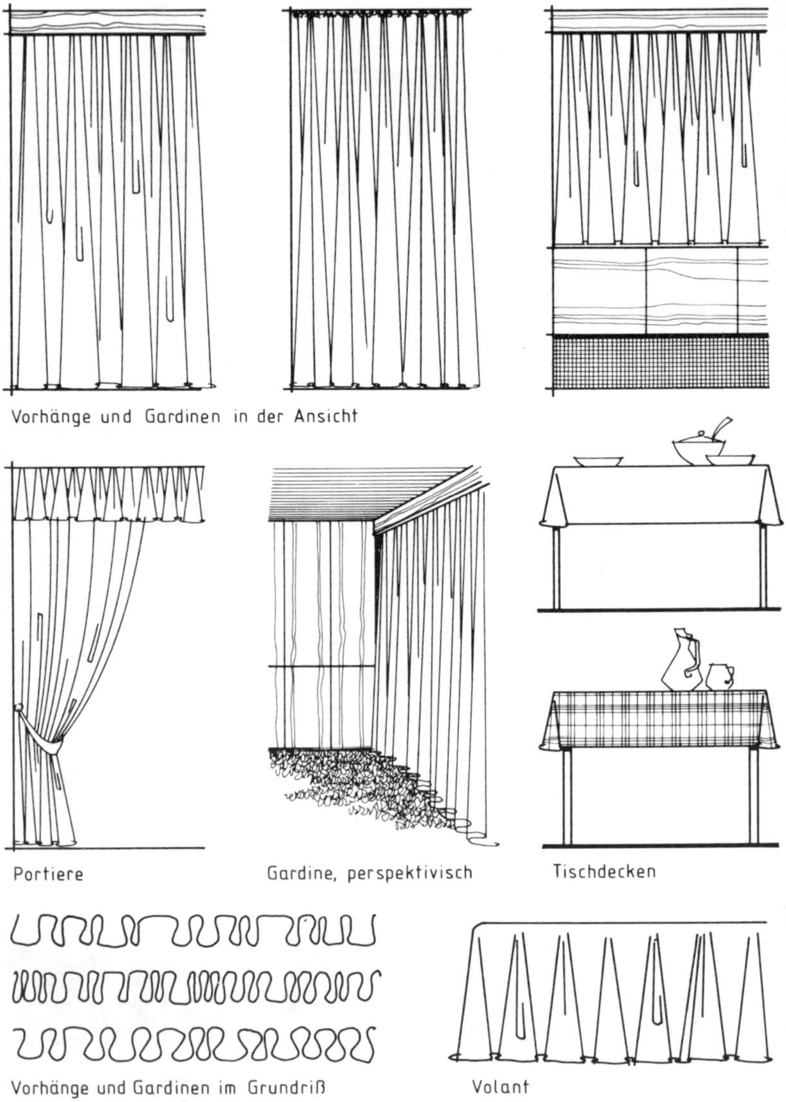

Vorhänge und Gardinen in der Ansicht

Portiere

Gardine, perspektivisch

Tischdecken

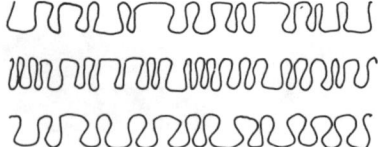

Vorhänge und Gardinen im Grundriß

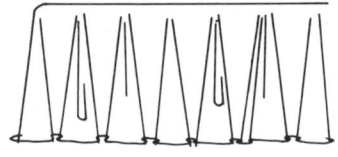

Volant

B 12.4-16 Darstellungsmöglichkeiten von Gardinen, Vorhängen und Tischdecken.

strukturen und Muster. Diese Rasterfolien werden ausgeschnitten und nach dem Abziehen der Schutzfolie auf die Zeichnung geklebt. Sie können auf der Zeichnung noch nach dem Aufkleben mit einem scharfen Messer genau zugeschnitten werden, da sich der überstehende Rest wieder gut herunterziehen läßt (B 12.4-17).

Vorhänge und Gardinen fallen in der Regel ziemlich glatt nach unten. Deshalb kann der Faltenwurf in Ansichten auch mit dem Lineal gezeichnet werden. In Vorderansichten erscheint der Faltenwurf des Saumes nur sehr flach bewegt. Ihn kann man entweder freihändig oder gerade am Lineal zeichnen. Hier können einige Beispiele mehr aussagen (B 12.4-16)).

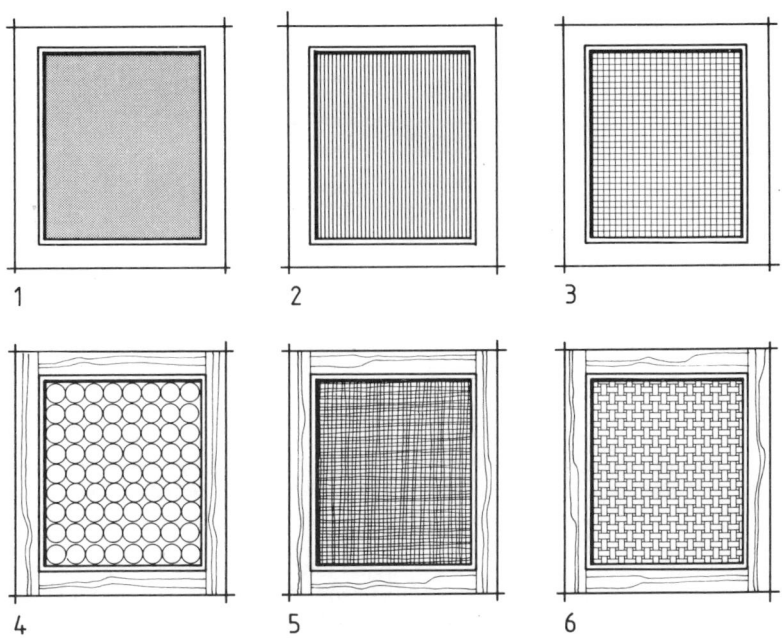

B 12.4-17 Glasflächen, Gewebe oder Geflechte. (1) Glasfüllung allgemein, (2) Glasfüllung, allgemein oder vertikal strukturiert, (3) Glasfüllung, allgemein oder Drahtglas, doppeltes Edelitglas o. ä., (4) Ornamentglasfüllung, (5) Füllung mit Leinen bespannt oder (6) aus Geflecht.

12.4.5 Verschiedene Gegenstände, Pflanzen und Menschen

Sicherlich wird es von Fall zu Fall erforderlich, weitere Gegenstände, auch Pflanzen und Menschen, in Formgebungszeichnungen und besonders in Perspektiven einzuzeichnen. Darüber läßt sich nun kein erschöpfender Katalog von Vorlagen und Regeln aufstellen, denn die Situationen variieren. Alle Darstellungen müssen aber auf ein geringes Maß reduziert werden, damit der Entwurf des Projekts nicht im Beiwerk untergeht. Die Anlage solcher Zeichnungen ist nicht immer leicht und verlangt etwas Übung und Geschick. Einige Beispiele können hier vielleicht Anhaltspunkte geben (B 12.4-18 bis 21).

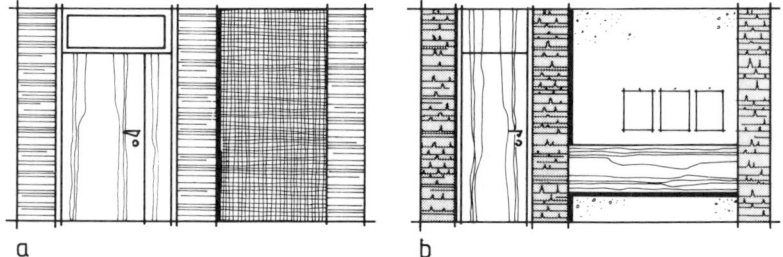

a   b

B 12.4-18 Darstellungsmöglichkeit von Mauerwerk, (a) Klinkermauerwerk, (b) Natursteinmauerwerk.

B 12.4-19 Zeichnerische Darstellung von Menschen in Entwurfszeichnungen. (a) Unterschiedlich große Personen in einer Ansichtszeichnung geben der Ansicht Tiefe. Die Augenhöhen liegen bei gleich großen Personen auf einer Linie. (b) Personen in Ansichten, (c) in Perspektiven. (d) Liegt in perspektivischen Zeichnungen die Augenhöhe des Betrachters auf der Augenhöhe der Personen im Raum, dann liegen die Augenhöhen aller gleichgroßen Personen auf der Horizonthöhe; liegt die Augenhöhe des Betrachters (e) unter oder (f) über der Augenhöhe der Personen im Raum, dann sind die Augenhöhen der Personen auf den Fluchtpunkt zu projizieren, der auf dem Horizont liegt. Die Fußpunkte sind stets auf den Fluchtpunkt zu projizieren, dadurch werden die Menschen im Hintergrund klein und im Vordergrund groß abgebildet.

Augenhöhe

a

b

c

Augenhöhe
Horizont

Horizont in Augenhöhe   d

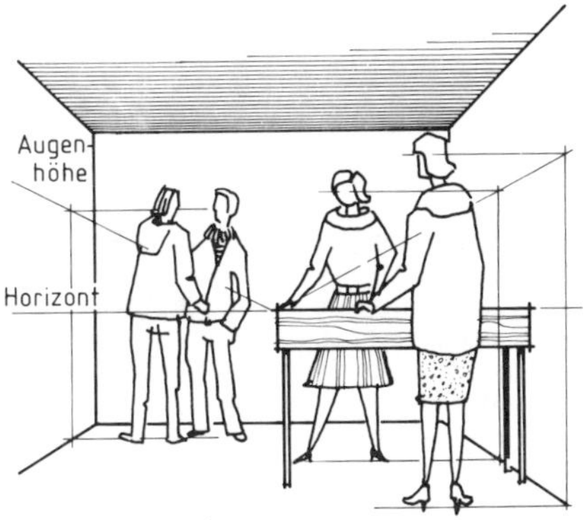

Augen-
höhe

Horizont

Horizont unter Augenhöhe   e

Horizont

Augenhöhe

Horizont über Augenhöhe   f

251

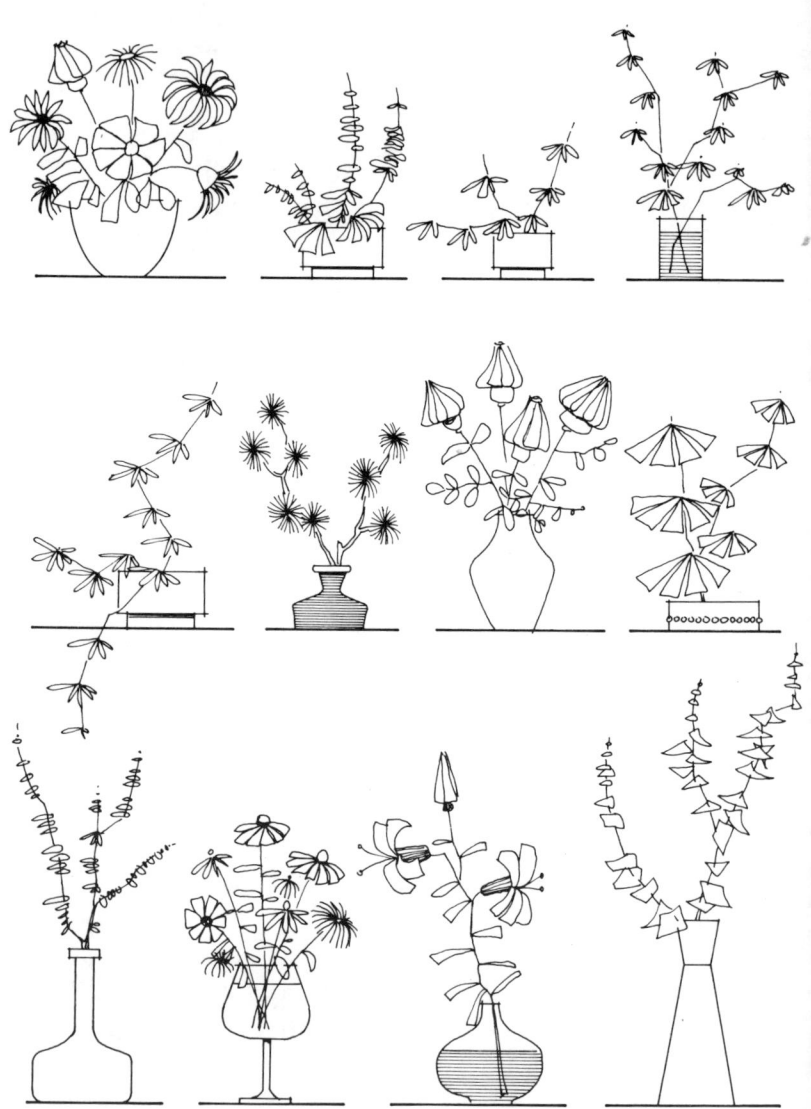

B 12.4-20 Pflanzen.

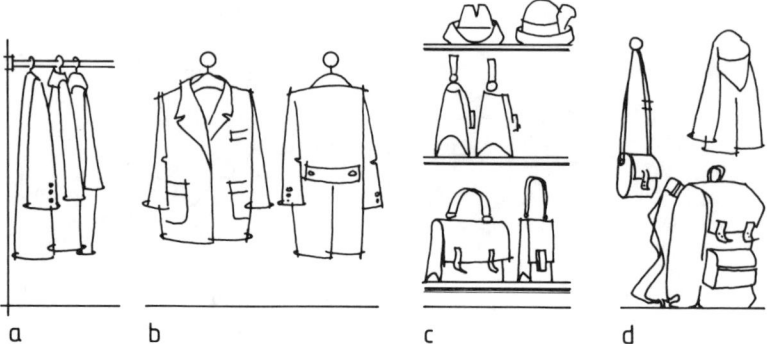

B 12.4-21 Darstellung von Kleidungsstücken, (a) in der Seitenansicht, (b) in der Vorder- und Rückansicht, (c) Darstellung von Hüten und Taschen, (d) von Kinderkleidung, Brottaschen und Rucksäcken.

13 Anhang

Kurzzeichen, Symbole, Grundkonstruktionen

In Zeichnungen sind häufig Abkürzungen für die verschiedenen Holz- und Materialarten anzugeben sowie die Sinnbilder für Möbel oder Installationsobjekte einzuzeichnen. Außerdem gehören die geometrischen Grundkonstruktionen zum Grundwissen des technischen Zeichners. Hier können nur die für den Zeichner wichtigen Abkürzungen, Sinnbilder, Vorschriften und Grundkonstruktionen wiedergegeben werden.

13.1 Holzarten

Die Kurzzeichen und Namen der gebräuchlichsten Nadelhölzer (NH) und Laubhölzer (LH) sind in der DIN 4076, Blatt 1, festgelegt.

ABA	Abachi	ESA	Amerikanische Weißesche
AFR	Afromosia	ESJ	Japanische Esche
AFZ	Afzelia	FI	Fichte
AH	Ahorn	FIS	Sitka-Fichte
AHZ	Vogelaugenahornmaser	HB	Hainbuche (Weißbuche)
AMA	Amarant	HEM	Hemlock
BAL	Balsa	HIC	Hickory
BB	Birnbaum	ILO	Ilomba
BI	Birke	IRO	Iroko
BU	Buche	KB	Kirschbaum
BUB	Bubinga	KI	Kiefer
DIB	Dibetou	KIW	Weymouthskiefer
EBE	Ebenholz	KIZ	Zirbelkiefer
EBM	Makassar-Ebenholz	LA	Lärche
EI	Eiche	LAS	Sibirische Lärche
EIR	Roteiche	LI	Linde
EIW	Weißeiche	LMB	Limba
	(amerikanische Weißeiche)	MAA	Afrikanisch Mahagoni
EKA	Edelkastanie	MAC	Makore
ER	Erle	MAE	Mahagoni, echt
ES	Esche	MAN	Mansonia

MAS	Sapeli-Mahagoni	PRO	Rio-Palisander
MAU	Sipo-Mahagoni (Utile)	RAM	Ramin
MUT	Mutenye	ROB	Robinie
NB	Nußbaum	RU	Rüster
NBA	Amerikanischer Nußbaum	RWK	Redwood
OKU	Okoume (Gabun)	SAO	Satinholz, ostindisches
PA	Pappel	SAW	Satinholz, westindisches
PAF	Padouk (afrikanisch)	SEN	Sen
PAL	Paldao	TA	Tanne
PBA	Burma-Padouk	TEK	Teak
PIP	Pitchpine	TUY	Thuja-Maser
PIR	Redpine	WEN	Wenge
PLT	Platane	WIW	Whitewood
PML	Manila-Padouk	ZIN	Zebrano (Zingana)
POS	Ostindischer Palisander		

13.2 Plattenwerkstoffe

BFU   Bau-Furniersperrholz (Sperrholz für Bauzwecke aus Furnierlagen), DIN 68705/3

BPH   Poröse Holzfaserplatte mit Bitumengehalt (Bitumen-Holzfaserplatte), DIN 68753

BST   Bau-Stabsperrholz (Sperrholz für Bauzwecke mit Stabholz oder Stäbchenmittellage), DIN 68705/4

BSTAE   Bau-Stäbchensperrholz

DKS   Dekorative Schichtpreßstoffplatte, DIN 16926 (Hds. Namen: Resopal, Formica, Hornitex, Duropal usw. In neueren Normen auch mit Kurzzeichen HPL = Hochdruck-Schichtstoffplatten bezeichnet.)

DKS   – Typ F widerstandsfähig gegenüber Flammeneinwirkung

DKS   – Typ N normale Qualität

DKS   – Typ P unter Druck und bei bestimmter Temperatur verformbar

DKS   – Typ Z wiederstandsfähig gegenüber Zigarettenglut

FPO   Flachpreßplatte (Spanplatte) mit feinspaniger Oberfläche

FPY   Flachpreßplatte (Spanplatte) für allgemeine Zwecke, DIN 68761

FU   Furniersperrholz (Sperrholz) für allgemeine Zwecke, DIN 68705/1

GFK   Glasfaserverstärkter Kunststoff

GKB   Gipskarton-Bauplatte, DIN 18180

GKF   Gipskarton-Feuerschutzplatte, DIN 18180

HF   Holzfaserplatte, DIN 68753

HFD   Poröse Holzfaserplatte (Holzfaserdämmplatte)

HFH   Harte Holzfaserplatte

HFM   Mittelharte Holzfaserplatte

HFE   Extraharte Holzfaserplatte

HPL	Kunststoffbeschichtete dekorative Flachpreßplatte, DIN 68765 (KF 1 bis KF 5, die Zahlen geben Aufschluß über die Beschichtungsdicke)
KF	Kunststoffbeschichtete dekorative Holzfaserplatte, DIN 68751
KH	Kunstharzpreßholz
KP	Hochdruck-Schichtstoffplatten (siehe DKS)
LF	Leichte Flachpreßplatte mit höherer Schallabsorption, DIN 68762
LR	Leichte Strangpreßröhrenplatte, beidseitig beschichtet oder beplankt
LRD	Leichte Strangpreßröhrenplatte mit durchbrochener Oberfläche und höherer Schallabsorption
MHF	Verbundplatte mit Mittellage aus Holzfaserplatte, DIN 68753
PSCH	Preßschichtholz, DIN 7707 (Kunstharzpreßholz)
PSN	Preßsternholz, DIN 7707 (Kunstharzpreßholz)
PSP	Preßsperrholz, DIN 7707 (Kunstharzpreßholz)
SCH	Schichtholz
SN	Sternholz, DIN 68705/1
SR	Strangpreß-Röhrenplatte
ST	Stabsperrholz (Tischlerplatte mit Stabmittellage) DIN 68705/1
STAE	Stäbchen-Sperrholz (Tischlerplatte mit Stäbchenmittellage), DIN 68705/1
SV	Strangpreß-Vollplatte (Spanplatte), DIN 68764
TSR	Beplankte SV-Platte für die Tafelbauart, DIN 68764/2
TSV	Beplankte SR-Platte für die Tafelbauart

13.3 Kunststoffe

Kurzzeichen für Kunststoffe sind in der DIN 7728, Blatt 1, genormt.

ABS	Mischpolymerisat aus Acrylnitril, Butadien und Styrol (Spritzgußteile, Platten)
CA	Celluloseacetat (Cellon, Trolit W)
CAB	Celluloseacetobutyrat (Türbeschläge)
CN	Cellulosenitrat (Zelluloid)
EP	Epoxidharz (Gieß- und Lackharze, Metallkleber)
MF	Melaminformaldehyd (Schichtpreßstoffplatte, Formteile)
PA	Polyamid (Nylon, Perlon)
PC	Polycarbonate (Gehäuse, Zahnräder)
PE	Polyäthylen (Gefäße, Leitungen für Trinkwasser)
PF	Phenolformaldehyd (Füllharz in Holz »PAG« sowie in Trägerpapieren bei Schichtpreßstoffen und als Leimharz)
PIB	Polyisobutylen (mit Glasgewebe kaschiert als Bauten-Abdichtungsbahn)
PMMA	Polymethylmethacrylat (Acrylglas oder Acrylharz)
PP	Polypropylen (Spritzgußteile und Platten)

PS   Polystyrol (Gefäße, Spielzeug, Möbeleinsätze, Polystyrol-Schaum)
PTFE   Polytetrafluoräthylen (Lager, Führungsteile, Dichtungen)
PUR   Polyurethan (Schaumstoffe, Lacke, Kunstfasern)
PVAC   Polyvinylacetat (weißer Dispersionsleim)
PVC   Polyvinylchlorid (Beschlagteile, Fußböden, Beläge)
SAN   Styrol-Acrylnitril (Gehäuse- und Beschlagteile)
SB   Styrol-Butadien (Gehäuse- und Beschlagteile)
SI   Silikon (Trennmittel, Dichtungen)
UF   Harnstofformaldehyd (Leimharz)
UP   Ungesättigter Polyester (Lacke, mit Glasfaser verstärkt für Sitzscha-
         len – GFK, glasfaserverstärkter Kunststoff)

13.4 Klebstoffe, Verleimungsarten und Beanspruchungsgruppen für Holzleimverbindungen

Kurzzeichen für Klebstoffe, Verleimungsarten und Holzleimverbin-
dungen sind in der DIN 4076, Blatt 3, festgelegt.

13.4.1 Klebstoffe

KG   Glutinleim
KC   Kaseinleim
KPF   Phenol-Formaldehydharz-Klebstoffe
KFPF   Phenol-Formaldehydharz-Leimfilm
KRF   Resorcin-Formaldehydharz-Klebstoffe
KUF   Harnstoff-Formaldehydharz-Klebstoffe
KFUF   Harnstoff-Formaldehydharz-Leimfilm
KMF   Melamin-Formaldehydharz-Klebstoffe
KFMF   Melamin-Formaldehydharz-Leimfilm
KEP   Epoxidharz-Klebstoffe
KUP   Polyester-Klebstoffe (ungesättigt)
KPVAC   Polyvinylacetat-Dispersions-Klebstoffe (Weißleim)
KCPD   Copolymerisat-Dispersions-Klebstoffe
KPAN   Polyacrylnitrilkautschuk-Klebstoff
KPCB   Polychloroprenklebstoffe (Neoprenkleber)
KSCH   Schmelzklebstoffe

13.4.2 Verleimungsarten

IF 20   Sperrholzverleimung nach DIN 68705, Blatt 1, beständig bei niedri-
         ger Luftfeuchtigkeit (nicht wetterbeständig)
AW 100   Sperrholzverleimung, beständig gegen alle Witterungs- und Feuch-
         tigkeitseinflüsse (wetterbeständig)

258

AW 100 G Wetterbeständig verleimtes Sperrholz, zusätzlich durch Holz-
        schutzmittel geschützt
V 20   Flachpreßplatten-Verleimung (Spanplatten) nach DIN 68763, be-
        ständig bei Verwendung in Räumen mit niedriger Luftfeuchtigkeit
V 100   Flachpreßplatten-Verleimung, beständig gegen hohe Luftfeuchtig-
        keit (begrenzt wetterbeständig)
V 100 G Flachpreßplatten-Verleimung, beständig gegen hohe Luftfeuchtig-
        keit (begrenzt wetterbeständig), zusätzlich Holzschutz gegen holz-
        zerstörende Pilze
SV 1   Strangpreß-Vollplatte; Verleimung der Beplankung mit Rohplatte,
        beständig in Räumen mit niedriger Luftfeuchtigkeit
SR 1   Strangpreß-Röhrenplatte; Verleimung wie SV 1
SV 2   Strangpreß-Vollplatte; Verleimung der Beplankung mit Rohplatte,
        beständig gegen hohe Luftfeuchtigkeit (nicht wetterbeständig)
SR 2   Strangpreß-Röhrenplatte; Verleimung wie SV 2

13.4.3 Beanspruchungsgruppen für Holz-Leimverbindungen

Für Konstruktionsverleimungen sind in DIN 68602 und 68603 folgende Beanspruchungsgruppen festgelegt.

B 1   Verleimung beständig bei niedriger Luftfeuchtigkeit und Raumtempe-
       ratur, wie sie in geschlossenen Räumen normalerweise vorhanden sind
B 2   Verleimung beständig gegen hohe und auch wechselnde Luftfeuchtig-
       keit in Räumen sowie gegen kurzzeitige und gelegentliche Einwirkung
       von Wasser
B 3   Verleimung beständig gegen gebietsübliche Klimaeinflüsse
B 4   Verleimung beständig gegen besonders hohe Klimaeinflüsse

13.5 Verbindungsmittel

Zu den Verbindungsmitteln gehören Heftklammern, Stifte, Schrauben und Dübel.

13.5.1 Heftklammern

Heftklammern sind nicht genormt und in der Regel in den Abmessungen auf das Magazin des Nagel- bzw. des Klammergerätes abgestimmt. Die Abmessungen der Klammern werden aus der Rücken-
breite, Länge und Drahtdicke in Millimetern bestimmt (kleine Maß-
auswahl).

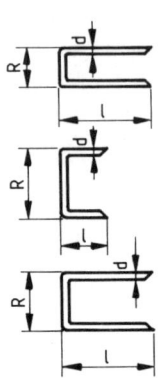

Schmalrückenklammern: R × l × d
5,5 × 16/19/22/25/29/32/38/41 × 1,2

Breitrückenklammern: R × l × d
25,7 × 16/19/22/25/29 × 1,57

Normalrückenklammern: R × l × d
11 × 16/19/25/29/32/38/41 × 1,2
11,7 × 25/29/32/35/38/41/44/51/57/64 × 1,57
12,3 × 51/57/64/70/75 × 1,8

Angabe in Zeichnungen (Beispiel):
Heftklammer 5,5 × 32 × 1,2

13.5.2 Stifte aus Stahl

Stifte aus Stahl sind genormt. Die Größe der Stifte wird durch die zehnfache Schaftdicke und die Länge in Millimetern bestimmt. Die Ausführung kann blank (bk), verzinkt (zn), metallisiert (me) oder blau geglüht (bl g) sein.

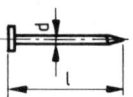

Drahtstifte rund nach DIN 1151

A: *Flachkopf,* glatt, in bk, zn oder me
Nennmaße: 10d × l;
9 × 13; 10 × 15; 12 × 20; 14 × 25; 16 × 30
Angabe in Zeichnungen (Beispiel):
12 × 20 DIN 1151 A–bk

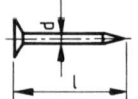

B: *Senkkopf,* geriffelt, in bk, zn, me
Nennmaße: 10d × l;
18 × 35; 20 × 40; 22 × 45/50; 25 × 55/60; 28 × 65;
31 × 65/70/80; 34 × 80/90;
38 × 100; 42 × 100/110/120; 55 × 140/160
Angabe in Zeichnungen (Beispiel):
28 × 65 DIN 1151 B–bk

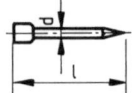

Drahtstifte, rund, nach DIN 1152
mit *Stauchkopf,* in bk; zn
Nennmaße: 10d × l;
10 × 15; 12 × 20; 14 × 25; 16 × 30; 18 × 35;
20 × 40; 22 × 45/50/55;
25 × 55/60; 28 × 65; 31 × 80; 34 × 90; 38 × 100
Angabe in Zeichnungen (Beispiel):
22 × 55 DIN 1152–bk

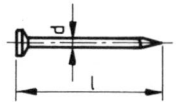

Maschinenstifte, rund, nach DIN 1143
Kopffläche glatt, bk
Nennmaße: 10d × l:
18 × 35; 20 × 40; 20 × 45; 22 × 50; 25 × 55/60;
28 × 65; 31 × 70/80; 34 × 90.
Angabe in Zeichnungen (Beispiel):
20 × 40 DIN 1143

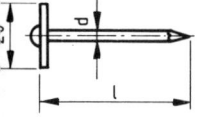

Leichtbauplattenstifte, nach DIN 1144
Form A: Kopfplatte ∅ 20 mm
Form B: Kopfplatte □ 20 mm
Ausführung in zn oder me
Nennmaße: 10d × n; 31 × 40/50/60; 34 × 70/80/90
Angabe in Zeichnungen (Beispiel):
34 × 70 DIN 1144 B−me

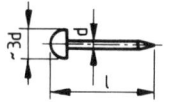

Tapezierstifte (Kammzwecken, Gurtstifte),
nach DIN 1157
Ausführung bk und bl g
Nennmaße: 10d × n;
14 × 10/13; 16 × 16; 20 × 20; 25 × 25
Angabe in Zeichnungen (Beispiel):
16 × 16 DIN 1157−bl g

Breitkopfstifte (Dachpappen-, Schiefer- und
Gipsdielenstifte) nach DIN 1160
Form A: kleiner Kopf ∅ $d_2 ≈ 3d$
Form B: großer Kopf, ∅ $d_2 ≈ 4d$
Ausführung bk und zn
Nennmaße: 10d × l
Form A: 25 × 25; 28 × 35
Form B: 20 × 20; 25 × 25; 28 × 25/30/35/40
Angabe in Zeichnungen (Beispiel):
25 × 25 DIN 1160 B−zn

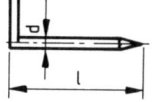

Hakenstifte, nach DIN 1158
Ausführung bk
Nennmaße: 10d × n;
20 × 30; 22 × 35; 25 × 50; 31 × 65; 34 × 80

13.5.3 Schrauben

Schrauben weisen je nach Verwendungszweck unterschiedliche Kopf- und Gewindeformen auf. Im wesentlichen sind Schrauben mit Holzgewinde und mit Maschinengewinde zu unterscheiden.

Holzschrauben mit Langschlitz (s. Seite 72)

Senkholzschrauben, nach DIN 97
Halbrundholzschrauben, nach DIN 96
Linsensenkholzschrauben, nach DIN 95
Ausführung in Flußstahl (St), Messing (Ms), Aluminium (Al) oder in Stahl verzinkt, vermessingt, verchromt, in Messing verchromt, in Aluminium gefärbt
Nennmaße: Schaftdurchmesser × Schaftlänge; d × l
Vorzugsgrößen in Millimetern:
1,7 × 7/10/15; 2,0 × 7/10/15/20; 2,6 × 7/10/15/20/25/30/35;
3,0 × 7/10/15/20/25/30/35/40/45/50;
4,0 × 10/15/20/25/30/35/40/45/50/60/70;
5,0 × 15/20/25/30/35/40/45/50/60/70/80/100;
6,0 × 20 bis 120; 8,0 × 30 bis 120
Kopfdurchmesser = 2 × Schaftdurchmesser
Angabe in Zeichnungen (Beispiel):
4 × 20 DIN 97−St

Holzschrauben mit Kreuzschlitz (s. Seite 72)

Senkholzschrauben, nach DIN 7997
Halbrundholzschrauben, nach DIN 7996
Linsensenkholzschrauben, nach DIN 7995
Ausführung und Nennmaße entsprechen den Holzschrauben mit Langschlitz
Angabe in Zeichnungen (Beispiel):
3×25 DIN 7995−Ms

Vierkant- und Sechskant-Holzschrauben

Vierkant-Holzschrauben, DIN 570
Sechskant-Holzschrauben, DIN 571 (s. Seite 72)
Ausführung: Stahl, Stahl verzinkt
Nennmaße: Schaftdurchmesser × Schaftlänge
s = Schlüsselweite; d × l (s) in mm
  6 × 20/25/30/35/40/45/50/55/60 (10);
  8 × 25/30/35... 80/90/100 (13);
10 × 30/35... 80/90... 140 (17);
12 × 40/45... 80/90... 200 (19);
16 × 60/65/70/80/90... 200 (24);
20 × 80/90... 200 (30)
Angabe in Zeichnungen (Beispiel):
8 × 65 DIN 570

Einschraubmuttern

Einschraubmuttern (Rampa-Schrauben), DIN 7965, können in Holz bzw. in Holzwerkstoffe eingedreht werden und weisen innen ein metrisches Gewinde auf

Ausführung: Stahl (St), Messing (Ms)

Nennmaße: Innengewinde × Länge der Mutter; d_1 × l

Vorzugsgrößen in Millimetern (d_2 = Bohrlochdurchmesser)

d_1	M 3	M 4	M 5	M 6	M 8	M 10	M 12	M 16	M 20
l	8	10	12	15	18	25	30	30	30
d_2	5	6,5	8,5	10,5	14,5	17	20	22,5	26

Angabe in Zeichnungen (Beispiel):
M 5 × 12 DIN 7965–Ms

Flachrundschrauben mit Vierkantansatz nach DIN 603

(Schloßschrauben), Ausführung in Stahl (St), Messing (Ms) auch vernickelt

Nennmaße: Schaftdurchmesser = Gewindedurchmesser × Länge

Zu den Flachrundschrauben gehören in der Regel Sechskantmuttern (Mu)

Vorzugsgrößen (d × l):

M 5 × 20/25/30/35/40/45/50/60; M 6 × 20/25/30/35/40/45/50/60/70/80;
M 8/M 10 × 20 bis 100; M 12 × 30 bis 120

Angabe in Zeichnungen (Beispiel):
M 6 × 35 Mu DIN 603–St

Senkschrauben mit Vierkantansatz, nach DIN 605

Ausführung in Stahl, Stahl verchromt, Stahl vermessingt

Zu den Senkschrauben gehören in der Regel Sechskantmuttern (Mu)

Vorzugsgrößen (d × l):

M 5 × 30/40/45; M 6 × 30 bis 60; M 8 × 30 bis 80; M 10 × 50/55/60/70/80

Angabe in Zeichnungen (Beispiel):
M 6 × 40 Mu DIN 605–St

13.5.4 Holzdübel

Holzdübel können in der Dicke und Länge sowie in der Qualität nach DIN 68150 hergestellt sein. Hier sind *Riffeldübel* = **Form A,** *Glattdübel* = **Form B** und *Quelldübel* = **Form C** zu unterscheiden. Die Nennmaße erfolgen in der Reihenfolge: Dübeldurchmesser × Dübellänge; d×l.

Die Vorzugsgrößen in Millimetern:

5×25, 30, 35; 6×25, 30, 35, 40; 8×25, 30, 35, 40, 50; 10×30, 35, 40, 45, 50, 60; 12×35, 40, 45, 50, 60, 80; 14×50, 60, 80, 120, 140, 160; 16×60, 80, 120,

140, 160; 18×80, 120, 140, 160; 20×60, 120, 160.

DIN-Angabe: Holzdübel DIN 68150 – C–10×40–BU. Es handelt sich um einen Quelldübel nach DIN 68150 mit einem Durchmesser von 10 und einer Länge von 40 mm aus Buchenholz.

Kurzangabe in Zeichnungen (Beispiel):

Ø **10×40 C–BU**

13.6 Installationen

In Grundrissen sind häufig Angaben über die Installation von elektrischen Anlagen, Wasser-, Gas- oder Heizungsanlagen zu machen. Hier können im einzelnen nur die wichtigsten Symbole und Zeichen wiedergegeben werden.

Elektrische Installation (DIN 40717)

⌀	Ausschalter, einpolig	⊏⊐	Türöffner
⌀	Ausschalter, zweipolig	◁	Lautsprecher
⌀	Gruppenschalter	▢	Fernsehempfangsgerät
⌀	Serienschalter		
⌀	Wechselschalter	◁	Hupe
⌀	Kreuzschalter	⊲	Summer
◉	Tastschalter	⊃	Wecker
⊥	Einfach-Steckdose	▭	Raumheizung, allgemein
⊥	Einfach-Steckdose mit Schutzkontakt	▭	Speicherheizgerät
⊥	Zweifach-Steckdose	Ⓜ	Motor
		Ⓛ	Lüfter, elektrisch

264

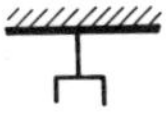

⊤	Fernmelde-Steckdose	⊥	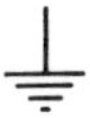 Erdung
⊤	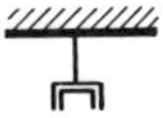 Antennensteckdose	 E	Elektrogerät, allgemein
✕	 Leuchte, allgemein	••	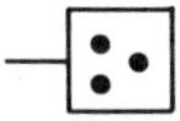 Elektroherd
✕	 Leuchte, mit Schalter	•	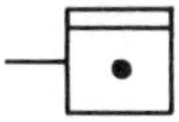 Backofen
⊠	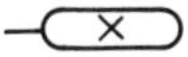 Leuchte, mit Entladungslampe	≈	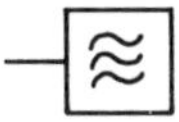 Mikrowellenherd
🕐	 Uhr		Infrarotgrill
🕐	Hauptuhr	✳	Kühlgerät
⊙	Heißwasserbereiter	✳✳	Tiefkühlgerät
⊙	Waschmaschine	✳✳✳	Gefriergerät
⊕	Wäschetrockner	✳	Klimagerät
⊗	Geschirrspüler		

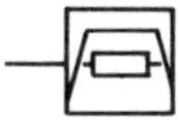

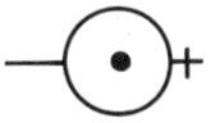

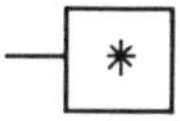

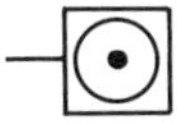

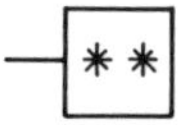

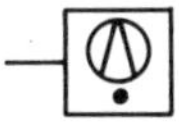

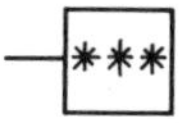

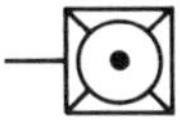

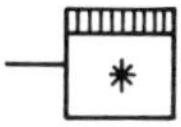

Rohrleitungen nach DIN 1988 und 2429

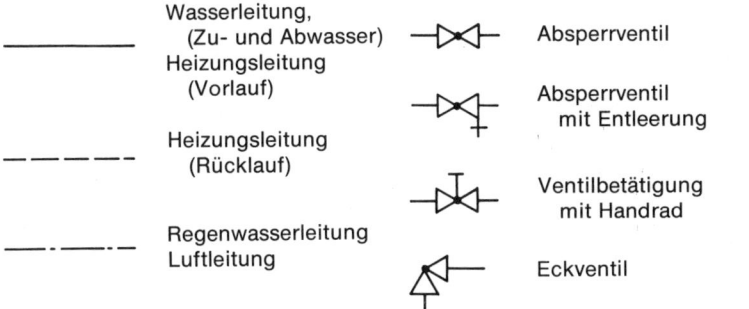

———————— Wasserleitung, (Zu- und Abwasser) Heizungsleitung (Vorlauf)

– – – – – Heizungsleitung (Rücklauf)

—·—·— Regenwasserleitung Luftleitung

—▷◁— Absperrventil

Absperrventil mit Entleerung

Ventilbetätigung mit Handrad

Eckventil

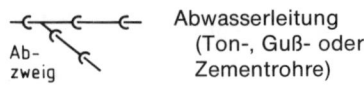 Abwasserleitung
(Ton-, Guß- oder
Zementrohre)

Ab-
zweig

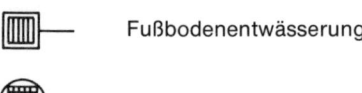 Fußbodenentwässerung

Hofeinlauf

Rohrleitungen können nach Durchflußstoff farbig gekennzeichnet werden.

Wasser	– grün	Säuren	– orange
Dampf	– rot	Laugen	– violett
Luft	– blau	Flüssigkeiten	– braun
Gas	– gelb	Vakuum	– grau

In Installationszeichnungen kommt der Durchflußstoff Wasser mehrfach vor, deshalb kann in Zeichnungen eine andere Farbkennzeichnung erforderlich werden. Auf der Zeichnung ist dann eine Farberklärung nötig.

Für Installationspläne

Kaltwasser	– blau	Gas	– gelb
Warmwasser	– rot	Abwasser	– braun
Zirkulationsleitung	– violett		

Installationsobjekte im Grundriß

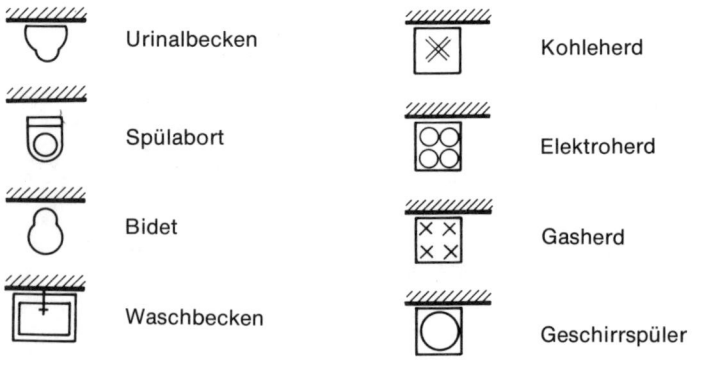

Urinalbecken		Kohleherd
Spülabort		Elektroherd
Bidet		Gasherd
Waschbecken		Geschirrspüler

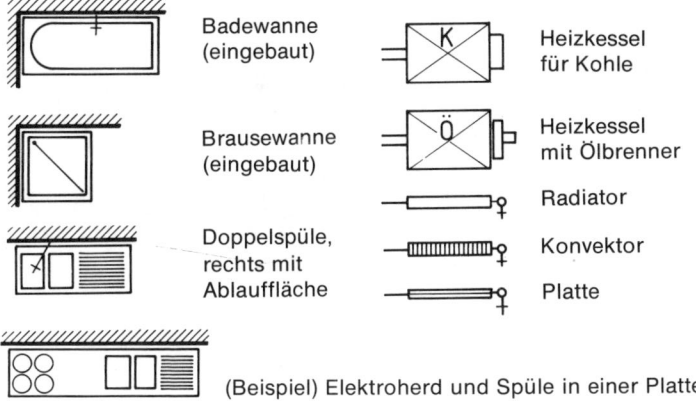

Badewanne (eingebaut)	Heizkessel für Kohle
Brausewanne (eingebaut)	Heizkessel mit Ölbrenner
	Radiator
Doppelspüle, rechts mit Ablauffläche	Konvektor
	Platte

(Beispiel) Elektroherd und Spüle in einer Platte

Möbelstellflächen, Türen, Schächte im Grundriß

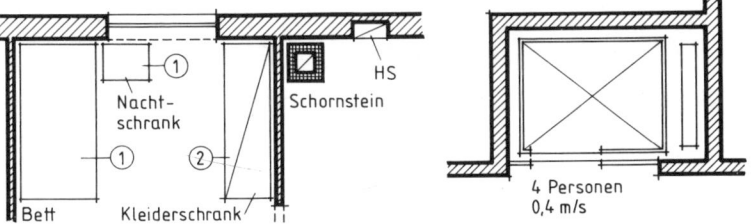

B 13.6-1
Möbelstellflächen, Schornstein und Mauerschlitz. (1) Möbel unter 1,40 m Höhe, (2) Möbel über 1,40 m Höhe (mit Diagonale); HS = Heizungsrohrschlitz.

B 13.6-2
Darstellung eines Aufzugschachtes.

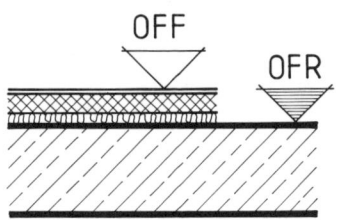

B 13.6-3
Angabe der Oberkante-Fertigfußboden (OFF) und Oberkante-Rohfußboden (ORF).

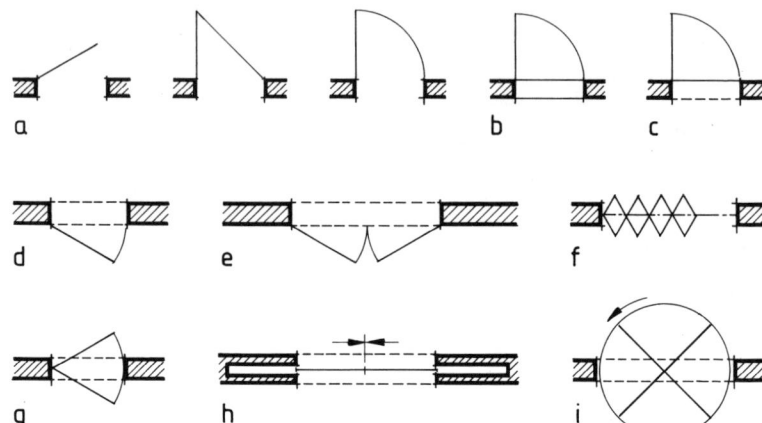

B 13.6-4 Türen. (a) Darstellungsmöglichkeiten des Türschlages, Drehtür DIN rechts angeschlagen, Türöffnung ohne Sturz, (b) Drehtür mit Schwelle, (c) Drehtür mit Anschlagschiene, (d) Drehtür, Öffnung mit Sturz; (e) zweiflügelige Drehtür, (f) Falttür, (g) Pendeltür, (h) zweiflügelige Schiebetür, (i) Drehkreuztür.

13.7 Geometrische Grundkonstruktionen

13.7.1 Lote und Streckenteilungen

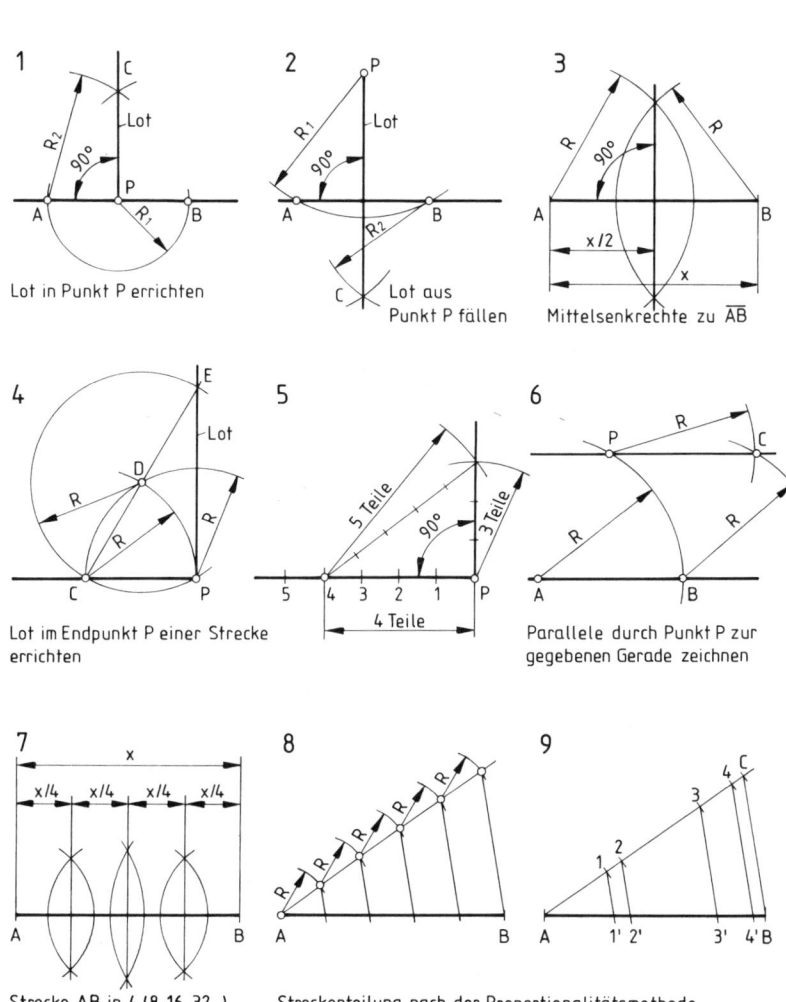

1 Lot in Punkt P errichten

2 Lot aus Punkt P fällen

3 Mittelsenkrechte zu $\overline{AB}$

4 Lot im Endpunkt P einer Strecke errichten

5

6 Parallele durch Punkt P zur gegebenen Gerade zeichnen

7 Strecke AB in 4 (8, 16, 32...) gleiche Teile teilen

8 **9** Streckenteilung nach der Proportionalitätsmethode

B 13.7-1

(1) *Lot im Punkt P errichten.* Um P Kreisbogen mit beliebigem Halbmesser (R_1) geschlagen, ergibt Punkte A und B. Um A und B mit gleichen Halbmessern (R_2) Kreisbögen geschlagen, ergibt Schnittpunkt C. Die Gerade von P durch C ist das errichtete Lot im Punkt P.

(2) *Lot aus Punkt P fällen.* Um P Kreisbogen mit Halbmesser (R_1) geschlagen, ergibt die Punkte A und B. Um A und B mit gleichen Halbmessern (R_2) Kreisbögen geschlagen, ergibt Schnittpunkt C. Die Gerade von P durch C ist das von Punkt P gefällte Lot.

(3) *Mittelsenkrechte auf Strecke AB errichten.* Um A und B mit gleichem Halbmesser (R) Kreisbogen schlagen, ergibt zwei Schnittpunkte. Die Verbindung der zwei Schnittpunkte halbiert die Strecke AB und steht senkrecht auf dieser.

(4) *Lot im Endpunkt P einer Strecke errichten.* Um P einen Kreisbogen mit beliebigem Halbmesser (R) geschlagen, ergibt Punkt C. Um C mit gleichem Halbmesser (R) Kreisbogen geschlagen, ergibt Punkt D. Um D Kreisbogen mit gleichem Halbmesser (R) geschlagen, ergibt mit der durch Punkt C und D gezeichneten Geraden den Schnittpunkt E. Die Gerade durch E und P ist das Lot in Punkt P.

(5) *Rechten Winkel konstruieren.* Die Streckenverhältnisse 3:4:5 ergeben ein rechtwinkliges Dreieck.

(6) *Durch Punkt P eine Parallele zur gegebenen Geraden zeichnen.* Von einem angenommenen Punkt A auf der gegebenen Geraden einen Kreisbogen mit Halbmesser R = AP geschlagen, ergibt Punkt B. Kreisbogen mit gleichem Halbmesser (R) um P und B geschlagen, ergibt Schnittpunkt C. Die Gerade durch C und P ist parallel zur gegebenen Geraden.

(7) *Teilung der Strecke AB in 4, 8, 16, 32... gleiche Teile* ist nach ständigem Halbieren der Teilstrecke (wie B 13.7-1 Punkt 3) möglich.

(8) *Teilung der Strecke AB nach der Proportionalitätsmethode.* Von A aus eine Gerade im beliebigen Winkel ziehen und von A aus beliebig große, aber gleiche Teile (R) in gewünschter Teilungszahl mit Zirkel antragen. Den letzten Teilungspunkt mit Endpunkt B verbinden und dazu Parallelen durch die Teilungspunkte auf Strecke AB ziehen.

(9) *Teilung der Strecke AB in ungleiche Teile.* Von A aus Strecke AC im beliebigen Winkel antragen und Teilungspunkte festlegen. Parallele zur Strecke CB durch die Teilungspunkte 1 bis 4 ergeben die gesuchten Teilungspunkte 1' bis 4' auf der gegebenen Strecke AB.

B 13.7-2

(1) *Winkel halbieren.* Um Scheitelpunkt S einen beliebigen Kreisbogen geschlagen, ergibt die Punkte A und B. Die Kreisbögen mit beliebigem, aber gleichem Halbmesser (R) um A und B geschlagen, ergeben den Schnittpunkt, durch den die Winkelhalbierende geht.

(2) *Rechten Winkel 90° in drei gleiche Teile teilen.* Um S einen beliebigen Kreisbogen geschlagen, ergibt die Punkte A und B. Um A und B mit dem gleichen Halbmesser Kreisbögen geschlagen, ergeben die Schnittpunkte C und D, durch die die Schenkel der 30° und 60° Winkel gehen.

(3) *Winkel von 60° zeichnen.* Um Punkt A einen beliebigen Kreisbogen geschlagen, ergibt Punkt B. Um B mit gleichem Halbmesser Kreisbogen geschlagen, ergibt Schnittpunkt C, durch den der Schenkel eines 60° großen Winkels geht. (In gleicher Weise läßt sich ein gleichschenkliges Dreieck konstruieren.)

(4) *Winkel β in Punkt P übertragen.* Durch beliebigen Kreisbogen von A aus die Punkte B und C in gegebenem Winkel festlegen. Von Punkt P aus mit gleichem Halbmesser (R_1) Kreisbogen geschlagen, ergibt Punkt B_1. Die Strecke BC in den Zirkel genommen, entspricht dem Halbmesser (R_2). Von B_1 aus mit dem Halbmesser R_2 Kreisbogen geschlagen, ergibt Punkt C. Die Gerade durch die Punkte P und C_1 entsprechen dem Schenkel des gegebenen Winkels.

(5) *Konstruktion verschiedener Winkelgrößen.* Durch die weitere Teilung der konstruierten Winkel von 90° und 60° lassen sich Winkel von 45°, 22,5° sowie 30°, 15°, 7,5° usw. zeichnen und zu anderen Winkeln wie 52,5° oder 75° ergänzen.

B 13.7-3

(1) *Gleichseitiges Dreieck.* Um den Mittelpunkt M mit dem Halbmesser R einen Kreis gezeichnet, ergibt durch Schneiden der Mittelachse die Punkte Z und C. Von Z mit gleichem Halbmesser (R) Kreisbogen geschlagen, ergibt die Punkte A und B. Die Verbindung der Punkte A, B und C ergibt das gleichseitige Dreieck.

(2) *Regelmäßiges Sechseck.* Durch den Kreis um M ergeben sich die Schnittpunkte mit den Mittelachsen A und B. Kreisbögen mit dem gleichen Halbmesser (R) um A und B ergeben weitere Schnittpunkte C und D sowie E und F. Durch Verbinden der Punkte erhält man ein regelmäßiges Sechseck.

(3) *Regelmäßiges Zwölfeck.* Um die Schnittpunkte der Mittelachsen mit dem Umkreis A, B, C und D Kreisbögen mit Halbmesser (R) geschlagen, ergibt sämtliche Eckpunkte des regelmäßigen Zwölfecks.

13.7.2 Winkel teilen, Winkel übertragen

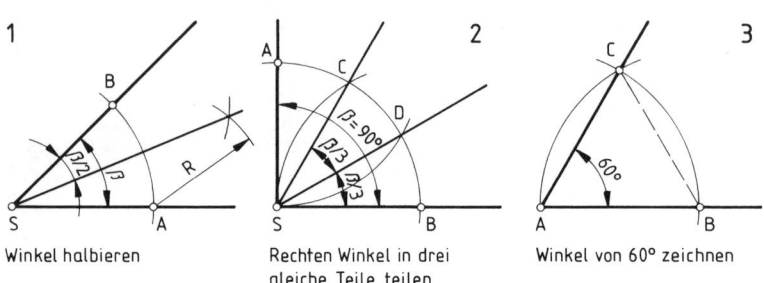

Winkel halbieren

Rechten Winkel in drei gleiche Teile teilen

Winkel von 60° zeichnen

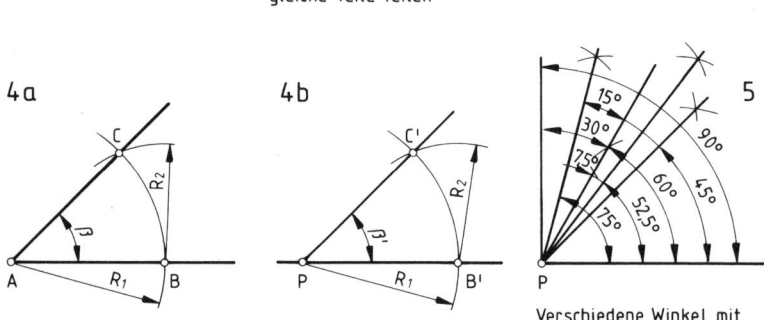

Winkel β in Punkt P übertragen

Verschiedene Winkel mit dem Zirkel konstruieren

13.7.3 Vieleckkonstruktionen

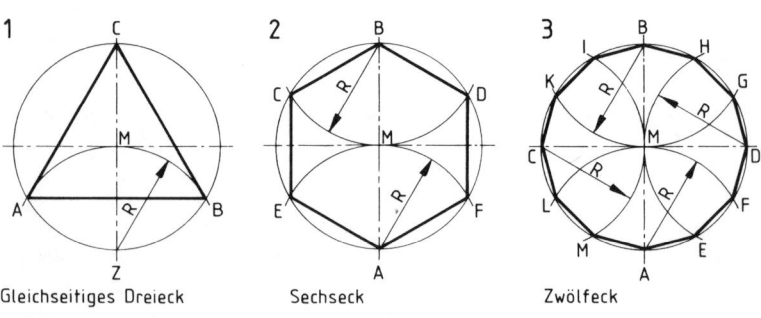

Gleichseitiges Dreieck

Sechseck

Zwölfeck

B 13.7-3

272

4	5	6

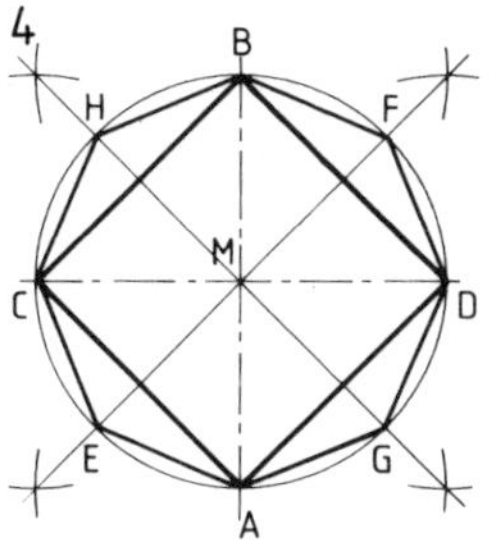

Quadrat und Achteck

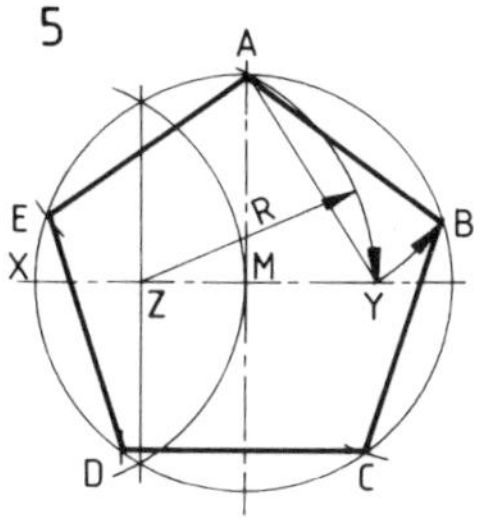

Fünfeck

Zehneck

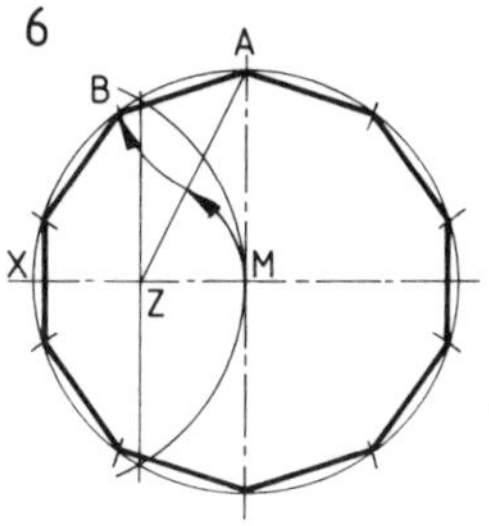

7	8

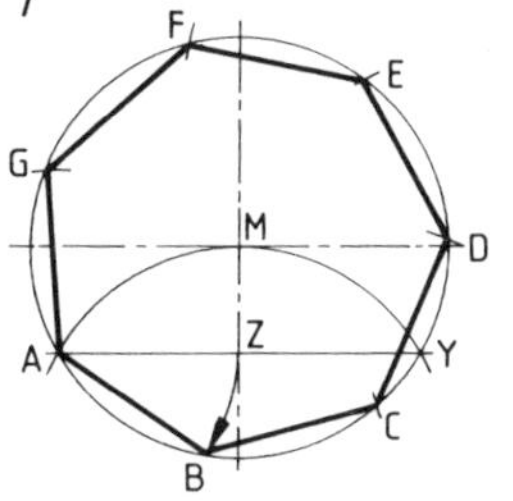

Siebeneck

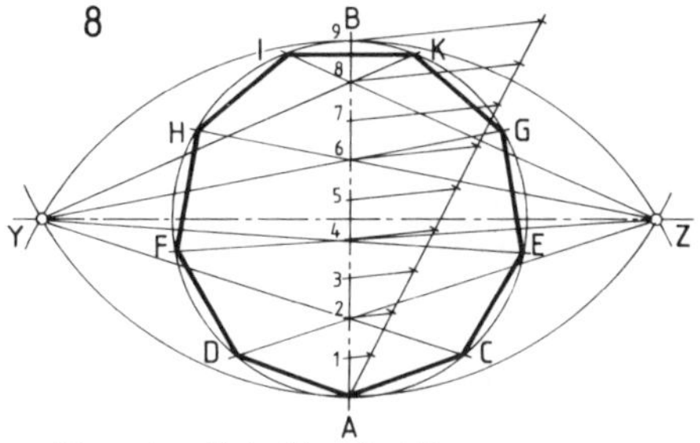

Allgemeine Vieleckkonstruktion

13.7.4 Oval, Eioval und Ellipse

Ovale sind Flächen, deren Umfänge aus Kreisteilen bestehen, die sich mit dem Zirkel zeichnen lassen. Ellipsen sind ein affines Bild des Kreises, deren Umfang sich nicht mit dem Zirkel zeichnen läßt.

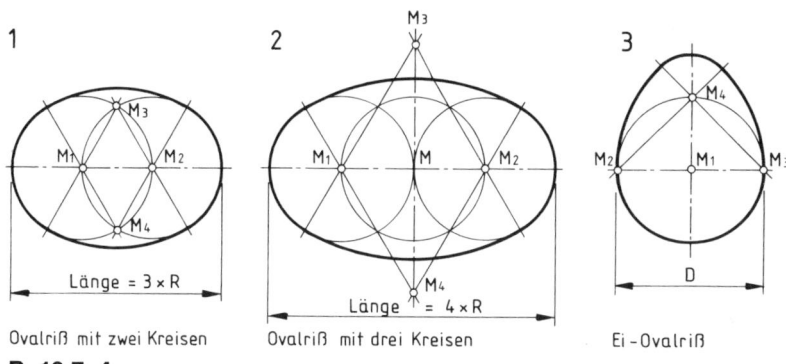

1	2	3

Ovalriß mit zwei Kreisen

Ovalriß mit drei Kreisen

Ei-Ovalriß

B 13.7-4

273

B 13.7-3 (Forts.)

(4) *Quadrat und regelmäßiges Achteck.* Die Schnittpunkte der Mittelachsen mit dem Umkreis A, B, C und D sind die Eckpunkte des Quadrats. Durch Errichten der Mittelsenkrechten auf den Quadratseiten erhält man die Eckpunkte des gleichmäßigen Achtecks E, F, G und H.

(5) *Regelmäßiges Fünfeck.* Halbmesser MX halbiert, ergibt Punkt Z. Um Z von Punkt A aus Kreisbogen geschlagen, ergibt Punkt Y. Die Strecke AY ist die Fünfeckseite, die auf dem Umkreis abzutragen ist.

(6) *Regelmäßiges Zehneck.* Halbmesser MX halbiert, ergibt Punkt Z. Um Z von Punkt M aus einen Kreisbogen geschlagen, teilt die Strecke AZ so, daß sich von Punkt A aus die Zehneckseite ergibt. Diese ist auf den Umkreis abzutragen. Das regelmäßige Zehneck kann auch aus dem Fünfeck entwickelt werden, indem man auf den Fünfeckseiten die Mittelsenkrechten errichtet. Die Schnittpunkte der Mittelsenkrechten mit dem Umkreis sind die übrigen Eckpunkte des Zehnecks.

(7) *Regelmäßiges Siebeneck.* Die Siebeneckseite AZ entspricht der halben Dreieckseite des gleichseitigen Dreiecks, siehe B 13.7-3 (1).

(8) *Allgemeine Vieleckkonstruktionen.* Durchmesser AB in so viele Teile teilen, wie das Vieleck Ecken haben soll, hier neun Teile. Um A und B Kreisbögen mit dem Durchmesser geschlagen, ergibt die Punkte Y und Z. Die von diesen Punkten über jeden zweiten Teilungspunkt hinaus gezogenen Geraden schneiden den Umkreis und ergeben somit die Eckpunkte des gewünschten regelmäßigen Vielecks, hier Neunecks.

B 13.7-4

(1) *Oval mit zwei Kreisen.* Zwei Kreise so zeichnen, daß sich jeweils Umfang des einen Kreises und Mittelpunkt des anderen schneiden. Die Schnittpunkte der Kreislinien sind die Mittelpunkte M_3 und M_4 der flachgebogenen Bogenstücke. Die Geraden durch die Mittelpunkte geben den Wechsel zwischen den Bogenstücken an. Die Länge des Ovals beträgt 3R; die Breite des Ovals ergibt sich.

(2) *Ovalriß mit drei Kreisen.* Drei Kreise so zeichnen, daß sich jeweils Mittelpunkte und Kreislinien schneiden. Die Verbindungsgeraden der Schnittpunkte der Kreise mit den Mittelpunkten M_1 bzw. M_2 ergeben die Mittelpunkte M_3 und M_4 für die flachgebogenen Bogenstücke und die Wechselpunkte der Ovalbögen. Die Länge des Ovals beträgt 4R; die Breite des Ovals ergibt sich.

(3) *Ei-Ovalriß.* Die Schnittpunkte der Mittelachsen mit dem Kreis ergeben die Einsatzpunkte M_2, M_3 und M_4 zum Zeichnen der Bogenstücke des Eiovals. Die Verbindungsgeraden der Punkte M_2 und M_4 bzw. M_3 und M_4 ergeben die Wechselpunkte der Bogenstücke.

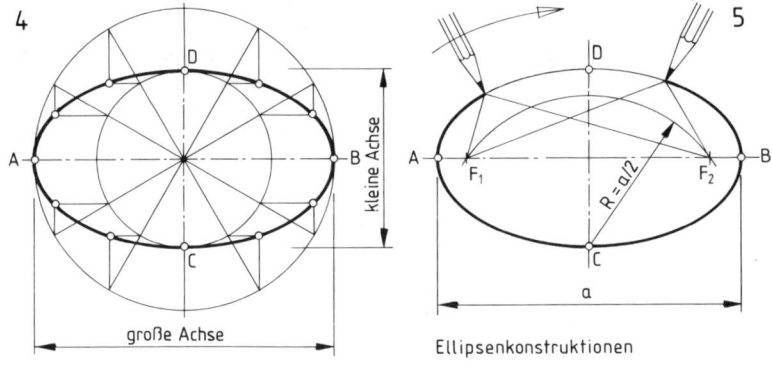

große Achse

kleine Achse

$R = a/2$

a

Ellipsenkonstruktionen

13.7.5 Bogenkonstruktionen

Stichbögen und Korbbögen sind keine Ellipsenteile, sondern bestehen aus Kreisbögen.

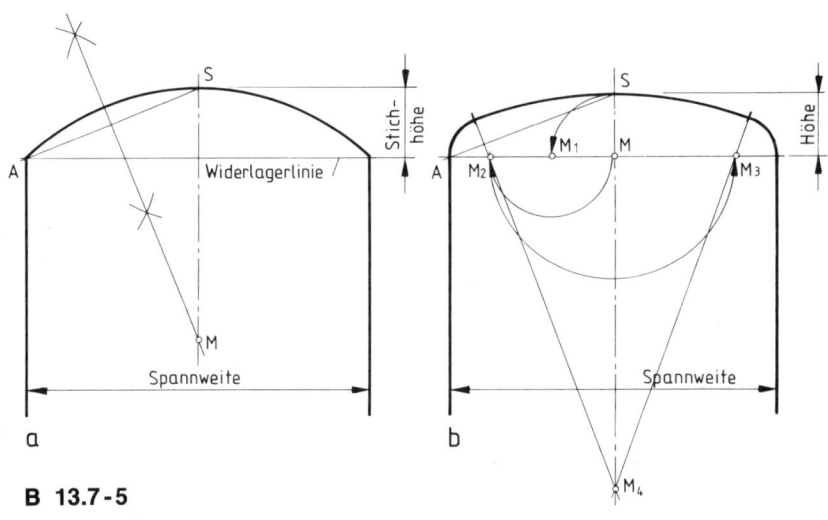

Widerlagerlinie

Stichhöhe

Höhe

Spannweite

Spannweite

a

b

B 13.7-5

B 13.7-4 (Forts.)

(4) *Ellipsenkonstruktion (Fähnchenkonstruktion).* Zwei Kreise mit dem Durchmesser der kleinen Achse und der großen Achse zeichnen. Beliebig viele Durchmesser ziehen. Durch die Schnittpunkte der Durchmesser mit dem großen Kreis senkrechte, durch die Schnittpunkte der Durchmesser mit dem kleinen Kreis waagerechte Linien ziehen. Durch die Schnittpunkte der waagerechten und senkrechten Linien geht der Umfang der Ellipse.

(5) *Ellipsenkonstruktion mit dem Bindfaden.* Gegeben ist die große Achse AB und die kleine CD. Mit der halben Achse AB = $a/2$ um C oder D einen Kreisbogen geschlagen, ergibt die Brennpunkte F_1 und F_2, in die Stifte geschlagen werden können. Um die Stifte und den Punkt D einen endlosen Faden spannen. Durch Führen eines Bleistiftes im oberen Winkel des Fadendreiecks läßt sich die Ellipse zeichnen.

B 13.7-5

(a) *Stichbogen.* Der Stichbogen ist durch die Spannweite und Stichhöhe bestimmt. Scheitelpunkt S mit Widerlagerpunkt A verbinden. Die Mittelsenkrechte auf der Strecke AS ergibt im Schnittpunkt mit der Mittelachse den Mittelpunkt M für das Zeichnen des Stichbogens.

(b) *Flacher Korbbogen.* Stichhöhe und Spannweite im Verhältnis 1:5,25 festlegen. Um M von S aus (Höhe) Kreisbogen auf die Widerlagerlinie schlagen, ergibt M_1. Um M_1 Kreisbogen mit Halbmesser MM_1 geschlagen, ergibt M_2. Um M den Punkt M_2 auf die andere Seite übertragen, ergibt M_3. Auf der Verbindungsgeraden SA eine Senkrechte errichten, die durch den Punkt M_2 geht. Der Schnittpunkt der Senkrechten mit der Mittelachse ergibt M_4.

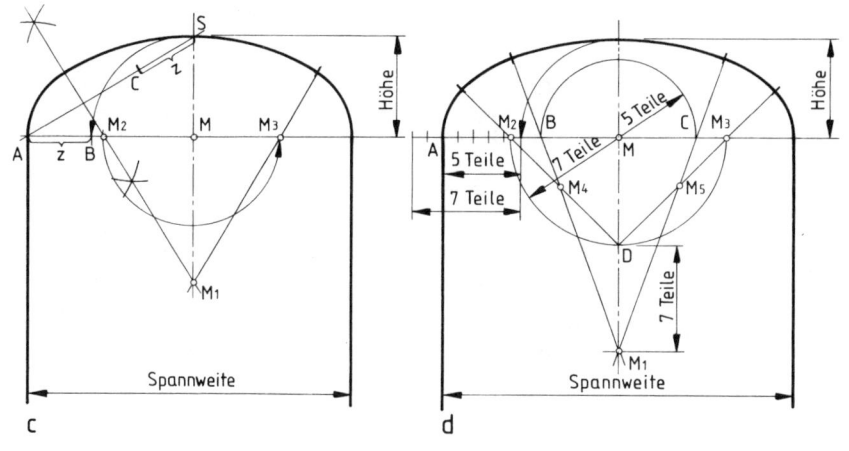

13.7.6 Bogenanschlüsse

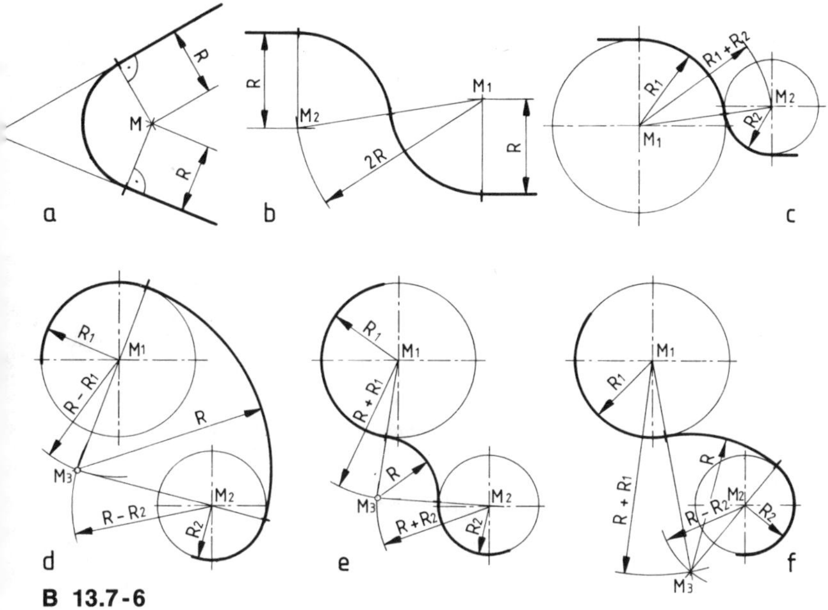

B 13.7-6

B 13.7-5 (Forts.)

(c) *Korbbogen mit drei Mittelpunkten.* Achsendifferenz z durch Kreisbogen um M mit der Höhe MS ermitteln und von S aus auf der Verbindungsgeraden AS abtragen, ergibt Punkt C. Auf Strecke AC die Mittelsenkrechte errichtet, ergibt die Punkte M_2 und M_1 sowie den Wechselpunkt der Bogenanschlüsse. M_2 um M nach rechts übertragen, ergibt M_3.

(d) *Korbbogen mit fünf Mittelpunkten.* Achsendifferenz durch Kreisbogen um M mit der Korbbogenhöhe auf die Widerlagerlinie ermitteln und diese in fünf Teile teilen. Die Widerlagerlinie um zwei Teile über Punkt A hinaus verlängern. Um M mit fünf Teilen einen Kreisbogen geschlagen, ergibt die Punkte B und C und mit sieben Teilen die Punkte M_2, M_3 und D. Von D aus sieben Teile auf der Mittelachse nach unten abgetragen, ergibt Punkt M_1. Die Geraden durch die Punkte M_1 und B sowie durch Punkte D und M_2 schneiden sich im Punkt M_4 und geben den Wechsel der Bogenlinien an. M_5 ist durch die Symmetrie sinngemäß zu finden.

B 13.7-6

(a) *Abrunden einer Ecke.* R ist gegeben. Parallelen, zu den Schenkeln des Winkels im Abstand R gezeichnet, ergeben den Schnittpunkt M. Die Lote von M aus auf die Schenkel gefällt, ergeben die Wechselpunkte von den Geraden zum Kreisbogen.

(b) *Wechselseitiger Bogenanschluß.* Halbmesser R ist bei beiden Bögen gleich. M_1 bestimmen. Kreisbogen um M_1 mit 2R und Parallele zur versetzten Geraden mit dem Abstand R ergibt M_2. Die Verbindung der Punkte M_1 und M_2 gibt den Wechsel der Bogenanschlüsse an.

(c) *Karniesförmiger Anschluß zweier Kreisbögen mit unterschiedlichen Radien.* Der Abstand der Mittelpunkte ist immer die Summe der Radien $R_1 + R_2$. Der Mittelpunkt M_2 wird durch den Höhenversatz der MIttelpunkte zueinander gefunden. Auf der Verbindungsgeraden der beiden Mittelpunkte liegt der Wechsel der Bogenanschlüsse.

(d) *Zwei Kreise sind durch einen überwölbten Kreisbogen zu verbinden.* R bestimmen (R $\geqq$ Abstand der Mittelpunkte). Von M1 Kreisbogen mit $R - R_1$ und von M_2 mit $R - R_2$ geschlagen, ergibt Schnittpunkt M_3. Die Verbindung der Mittelpunkte M_3 mit M_1 und M_2 gibt die Wechsel der Bogenanschlüsse an.

(e) *Zwei Kreise sind durch hohlen Kreisbogen zu verbinden.* R bestimmen (R $\geqq$ Abstand der Kreise). Von M_1 Kreisbogen mit $R + R_1$ und von M_2 mit $R + R_2$ geschlagen, ergibt Schnittpunkt M_3. Die Verbindung der Mittelpunkte M_3 mit M_1 und M_2 gibt die Wechsel der Bogenanschlüsse an.

(f) *Zwei Kreise sind durch wechselseitige Kreisbögen zu verbinden.* R bestimmen (R = $R_1 + R_2$). Von M_1 Kreisbogen mit $R + R_1$ und von M_2 mit $R - R_2$ geschlagen, ergibt M_3. Die Verbindung der Mittelpunkte M_3 mit M_1 und M_2 ergibt die Wechsel der Bogenanschlüsse.

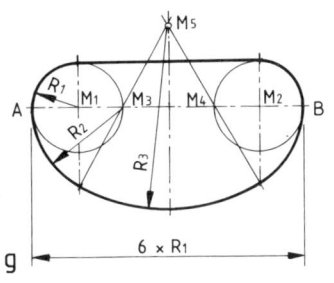

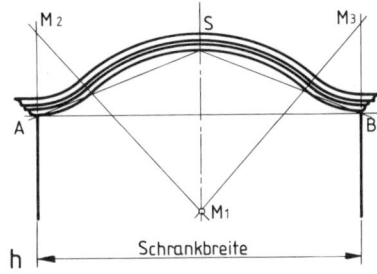

g

h

B 13.7-6 (Forts.)

(g) *Buttenriß.* Die Strecke AB in sechs gleiche Teile geteilt, ergibt die Mittelpunkte M1, M2, M3 und M4. Der Kreisbogen um M3 mit R2 ergibt den Schnittpunkt mit der verlängerten Mittelachse des Kreises um M1 mit R1. Die Verbindungsgerade durch M3 mit dem Schnittpunkt ergibt M5. Dieser Schnittpunkt sowie die Punkte A und B sind die Wechselpunkte der Bogenanschlüsse.

(h) *Konstruktion eines geschweiften Kranzgesimses.*

13.7.7 Ermittlung der Spiegelhöhe

Die Größe eines Spiegels und sein Abstand vom Fußboden richten sich nach der Größe und Breite der Person, die den Spiegel benutzen soll, und deren Augenhöhe. Der Abstand der Person zum Spiegel ist gleich dem Abstand einer angenommenen Person hinter dem Spiegel. Die Sehstrahlen von der betrachtenden Person zur betrachteten Person (hier angenommene Person hinter dem Spiegel) müssen noch in die Spiegelfläche treffen.
Bei geneigtem Spiegel knicken Fußboden-, Augen- und Kopfhöhe an der Spiegelachse symmetrisch ab, jedoch nicht die Sehstrahlen. Die Spiegelgröße und -höhe ist auch hier nach der Durchdringung der Sehstrahlen durch die Spiegelebene zu bestimmen.

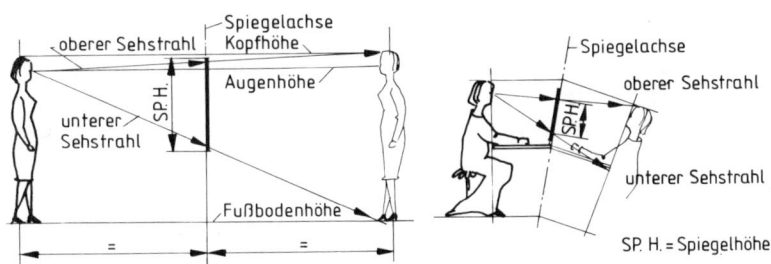

B 13.7-7 *Ermittlung der Spiegelgröße und Spiegelhöhe* bei senkrechter und geneigter Spiegelfläche.

13.8 Papierformate

Papierformate sind in DIN 476 genormt und werden als A-Reihe angegeben, z.B. DIN A 4. Man geht vom DIN-A 0-Format aus, dessen Flächeninhalt 1 m² beträgt und dessen Seiten sich wie 1:$\sqrt{2}$ verhalten. Durch Verdoppeln oder weiteres-Halbieren des DIN-A 0-Formates erhält man die anderen DIN-Formate.
In DIN 823 und DIN 824 wird die Einteilung der Zeichenblätter festgelegt. Zur Heftung ist ein Rand von 20 mm vorzusehen. Der Blattrand beträgt – vom Fertigmaß ausgehend – bei Papierformaten bis DIN A 3 = 5 mm und über DIN A 3 = 10 mm. Das Schriftfeld ist nach DIN 6711 zu zeichnen und anzuordnen (Seite 111).

Blattgrößen

Format Reihe A DIN	unbeschnittenes Blatt Kleinstmaß mm	beschnittenes Blatt Fertigmaß mm	Rand vom Fertigmaß mm
2 A 0	1230 × 1720	1189 × 1682	10
A 0	880 × 1230	841 × 1189	10
A 1	625 × 880	594 × 841	10
A 2	450 × 625	420 × 594	10
A 3	330 × 450	297 × 420	5
A 4	240 × 330	210 × 297	5

13.9 Faltung der Zeichnungen auf DIN-A 4-Format

Zeichnungen sind für das Einheften in Ordner auf DIN-A 4-Format zu falten (210×297). Zunächst werden die Längsfalten so angelegt, daß ein Heftrand von 20 mm an der linken Seite übrigbleibt und daß das Schriftfeld nach dem Falten oben liegt. Zeichenblätter ab DIN A 2 benötigen auch eine Querfaltung. Damit der umgeschlagene Teil der Zeichnung bei der Heftlochung nicht erfaßt wird, ist das Zeichenblatt oben links schräg nach hinten zu falten (B 13.9-1).

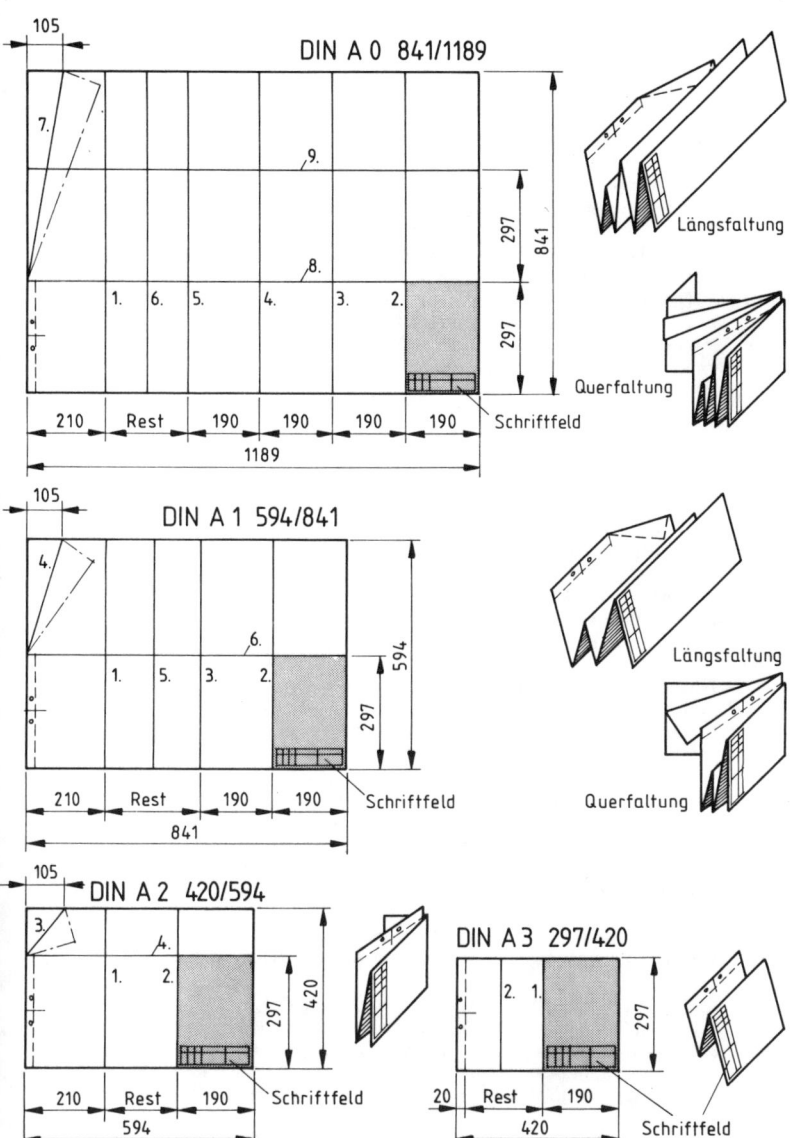

DIN A 0 841/1189

105

7.

9.

8.

1. 6. 5. 4. 3. 2.

297

841

297

Schriftfeld

210 Rest 190 190 190 190

1189

Längsfaltung

Querfaltung

DIN A 1 594/841

105

4.

6.

1. 5. 3. 2.

594

297

Schriftfeld

210 Rest 190 190

841

Längsfaltung

Querfaltung

DIN A 2 420/594

105

3.

4.

1. 2.

297

420

Schriftfeld

210 Rest 190

594

DIN A 3 297/420

2. 1.

297

20 Rest 190

420

Schriftfeld

B 13.9-1 Faltung der Zeichnungen auf DIN-A 4-Format.

13.10 DIN-Vorschriften

Dem Buch liegen folgende DIN-Vorschriften zugrunde (Stand: Herbst 1986).

DIN 5, Blatt 1, Zeichnungen, Axonometrische Projektionen; Isometrische Projektion
DIN 5, Blatt 2, Zeichnungen, Dimetrische Projektion
DIN 6 Darstellung in Zeichnungen; Ansichten, Schnitte und besondere Darstellungen
DIN 15, Blatt 1, Linien in Zeichnungen; Linienarten, Linienbreiten, Anwendung
DIN 15, Blatt 2, Linien in Zeichnungen, Anwendungsbeispiele
DIN 27 Darstellung von Gewinden, Schrauben und Muttern
DIN 30 Zeichnungsvereinfachung
DIN 199 Technische Zeichnungen; Benennungen
DIN 199, Teil 2, Begriffe im Zeichnungs- und Stücklistenwesen; Stücklisten
DIN 201 Zeichnungen; Schraffuren und Farben zur Kennzeichnung von Werkstoffen
DIN 406, Teil 1, Maßeintragung in Zeichnungen; Arten
DIN 406, Teil 2, Maßeintragung in Zeichnungen; Regeln
DIN 406, Teil 3, Maßeintragung in Zeichnungen; Bemaßung durch Koordinaten
DIN 476 Papier – Endformat
DIN 823 Zeichnungen, Blattgrößen, Maßstäbe
DIN 824 Zeichnungen; Faltung auf A 4 für Ordner
DIN 919, Blatt 1, Technische Zeichnungen für Holzverarbeitung; Grundlagen
DIN 919, Blatt 2, Technische Zeichnungen für Holzverarbeitung; Serienfertigung
DIN ISO 1302 Technische Zeichnungen; Angabe der Oberflächenbeschaffenheit in Zeichnungen
DIN 1304 Allgemeine Formelzeichen
DIN 1356 Bauzeichnungen
DIN 3142 Zeichnungen; Angabe der Oberflächenbeschaffenheit
DIN 4076, Blatt 1, Benennungen und Kurzzeichen auf dem Holzgebiet; Holzarten
DIN 4076, Blatt 3, Benennungen und Kurzzeichen auf dem Holzgebiet; Klebstoffe, Verleimungsarten, Beanspruchungsgruppen für Holz- und Leimverbindungen
DIN 6771, Blatt 1, Schriftfelder für Zeichnungen, Pläne und Listen
DIN 6771, Teil 2, Vordrucke für technische Unterlagen; Stücklisten (Vornorm)
DIN 6774 Technische Zeichnungen, Ausführungsregeln
DIN 6775 Tuscheschreib- und Tuschezeichnungsgeräte; Röhrchenfedern, Schlitzbreiten für Schablonen; Funktionsmaße, Kennzeichnung
DIN 6776, Blatt 1, Zeichnungen; Normschrift, Schriftzeichen
DIN 6783 Zeichnungen, Stücklisten, Form und Größe
DIN 6789 Zeichnungssystematik; Fertigungsgerechter Zeichnungs- und Stücklistensatz, Begriffe, Richtlinien für den Aufbau
DIN 7182 Toleranzen und Passungen, Grundbegriffe
DIN 7186, Blatt 1, Statistische Tolerierung; Begriffe, Anwendungsrichtlinien, Zeichnungsangaben
DIN 18000, Teil 2, Modulordnung im Bauwesen; Begriffe
DIN 18000, Teil 3, Modulordnung im Bauwesen; Anwendungsregeln
DIN 18202, Blatt 1, Maßtoleranzen im Hochbau; Zulässige Abmaße für die Bauausführung, Wand- und Deckenöffnungen, Nischen, Geschoß- und Podesthöhen
DIN 18202, Blatt 2, Maßtoleranzen im Hochbau; Ebenheitstoleranzen für Oberflächen von Wänden, Deckenunterseiten und Bauteilen
DIN 18202, Blatt 3, Maßtoleranzen im Hochbau; Toleranzen für die Ebenheit der Oberflächen von Rohdecken, Estrichen und Bodenbelägen
DIN 18202, Blatt 4, Maßtoleranzen im Hochbau; Abmaße für Bauwerksabmessungen
DIN 68100 Toleranzen für Längen- und Winkelmaße in der Holzbe- und -verarbeitung

Register

Wolfgang Nutsch
Handbuch der Konstruktion:
Innenausbau
372 Seiten mit 427 Abbildungen

Dieses Buch enthält in systematischer Gliederung
zahlreiche Grundelemente für die Konstruktion
von Wand- und Deckenverkleidungen,
von Einbauschränken, Trennwänden, Heizkörper-
verkleidungen sowie die Anschlag-, Einbau-
und Verschlußmöglichkeiten von Innentüren
aller Art.

Wolfgang Nutsch
Handbuch der Konstruktion:
Möbel und Einbauschränke
304 Seiten mit 540 Abbildungen

Dieses sachgerecht gegliederte Handbuch
informiert den Benutzer schnell und zuverlässig
über alle denkbaren Konstruktionsdetails
für den Bau von Möbeln und Einbauschränken.

DVA